高等学校公共基础课系列教材
长安大学教材建设专项资金资助项目

大学物理

（简明版）

主　编　徐春龙　侯兆阳
参　编　王凤龙　柯三民　高全华　卓　伟
　　　　段丞博　李　纯　赵小刚

西安电子科技大学出版社

内 容 简 介

本书分为四篇，共9章，简明而系统地讲述了质点力学、刚体力学基础、机械振动与机械波、静电场、稳恒磁场、变化的电磁场、波动光学、狭义相对论基础、量子物理基础中的基本概念、定律、定理、历史发展及在工程中的一些应用。

本书注重概念的准确、内容的简洁，中间穿插历史发展介绍和工程技术中的应用，其知识体系完整、脉络清晰、逻辑缜密，便于教学和自学。

本书在超星公司的学银在线平台建设了在线开放课程，书中还配有一定数量的例题、习题，可作为各类高等院校理工科非物理专业以及经管类、文科相关专业的大学物理教材，也可作为读者的自学参考书。

图书在版编目(CIP)数据

大学物理：简明版/徐春龙，侯兆阳主编. 一西安：
西安电子科技大学出版社，2020.8(2023.2重印)
ISBN 978-7-5606-5733-2

Ⅰ.①大… Ⅱ.①徐… ②侯… Ⅲ.①物理学—高等学校—教材 Ⅳ.①O4

中国版本图书馆CIP数据核字(2020)第112857号

策　　划　刘小莉
责任编辑　马晓娟
出版发行　西安电子科技大学出版社(西安市太白南路2号)
电　　话　(029)88202421　88201467　　邮　　编　710071
网　　址　www.xduph.com　　电子邮箱　xdupfxb001@163.com
经　　销　新华书店
印刷单位　陕西日报社
版　　次　2020年8月第1版　2023年2月第4次印刷
开　　本　787毫米×1092毫米　1/16　印张　13
字　　数　304千字
印　　数　6001～9000册
定　　价　34.00元
ISBN 978-7-5606-5733-2/O
XDUP　6035001-4

前 言

Preface

大学物理是面向高等院校理工科非物理专业开设的一门重要基础课。通过该课程的学习，一方面可以使学生掌握必要的物理基础知识；另一方面可以使学生初步掌握物理学研究问题的思路和方法，提升学生的科学技术整体素养，为后续专业课的学习打下良好的基础。

近年来，随着经济和社会的不断发展以及对人才培养需求的多样化，许多高校的理工科专业开设了少学时版本的大学物理课程，有些高校的经管类、文科类专业也开设了大学物理课程，这些变化对大学物理教材提出了新的要求。编写一本既保留物理学核心体系和思想又具广泛适用性，既保留理科特点的推理和思维训练又增加介绍物理学新技术应用的特色教材，是编者编写本书的初心。

本书适合的教学学时为60～80学时。全书包括质点力学、刚体力学基础、机械振动与机械波、静电场、稳恒磁场、变化的电磁场、波动光学、狭义相对论基础、量子物理基础共9章内容，划分为力学、电磁学、波动光学和近代物理四篇。根据教学需要，我们还在超星公司的学银在线平台(http://www.xueyinonline.com)开设了对应的“大学物理Ⅱ”在线开放课程供读者同步学习。

本书得到了长安大学教材建设专项资金的资助，由长安大学应用物理系教材编写组共同编写，徐春龙、侯兆阳任主编。编写分工如下：李纯编写第1章中的部分内容，高全华编写第2章和第5章，柯三民编写第3章，侯兆阳编写第4章和第1章中的部分内容，王凤龙编写第6章和第1章中的部分内容，徐春龙编写第7章的7.1～7.3节，赵小刚编写第7章的7.4节，卓伟编写第8章和第1章中的部分内容，段丞博编写第9章。最后，徐春龙和侯兆阳对全书进行了校对和审定。

由于编者水平有限，书中难免存在不足之处，敬请广大读者批评指正。

编　者

2020年2月

目录

第一篇 力 学

第二篇 电 磁 学

第三篇　波动光学

第四篇　近代物理

第一篇 力 学

世界万物处于永恒的运动中，而运动的形式又是多种多样的，其中物体之间或同一物体各部分之间相对位置的变化是最简单、最普遍的一种，这种运动形式称为机械运动。研究物体机械运动规律的学科称为力学。

物理学的建立就是从力学开始的。以牛顿运动定律为基础的力学称为牛顿力学或经典力学，它有严谨的理论体系和完备的研究方法，以及经过实践检验的结果。从普通的机器运转到天体运动，从海洋、大气到火箭、卫星的轨道控制，都需要用经典力学理论精确计算。此外，经典力学向其他学科渗透，又产生了许多新型学科：生物力学、地球力学、流体力学、爆炸力学等。经典力学至今仍保持着活力而处于基础理论的地位。

20世纪初，人们发现经典力学在高速和微观领域存在局限性，使得经典力学在这两个领域分别被相对论和量子力学所取代，但在一般的技术领域，如土木建筑、机械制造、水利设施等工程技术中，经典力学仍然是必不可少的重要基础理论。

本篇主要讲述质点力学、刚体力学基础以及机械振动与机械波。

第1章 质点力学

经典力学通常可以分为运动学和动力学。运动学研究机械运动的物体在空间位置随时间变化的关系，并不考虑引发物体运动状态发生改变的原因(对应本章1.1～1.4节的内容)；动力学研究物体的运动与物体间相互作用的关系(对应本章1.5～1.7节的内容)。

1.1 质点与参考系

一、质点

物体作机械运动时，为了便于研究和突出物体的运动，一般情况下，我们可以根据问题的性质和运动情况，将物体看成没有大小和形状、具有物体全部质量的点，称其为**质点**。因此，质点是实际物体经过科学抽象而形成的一个理想化模型。例如，在讨论地球绕太阳公转时，地球的平均半径虽然大到6370 km，但是比起地球和太阳之间的平均距离(约1.5×10^8 km)来说仍然是微不足道的，地球上各点运动状态的差别可以忽略不计，因而可以把地球看成质点。

二、参考系、坐标系

在确定研究对象的位置时，必须选定一个或几个其他物体作为参考，相对于它们来描述研究对象的运动，这些被选择作为参考的物体称为**参考系**。同一物体的运动，如果所选的参考系不同，则对其运动的描述就会不同。例如，在匀速直线运动的车厢中自由下落的物体，以车厢为参考系，它作直线运动；以地面为参考系，它作抛物线运动。参考系的选择是任意的，通常以相对于研究的问题方便为原则。研究地球上物体的运动时，在大多数情况下以地球为参考系最为方便。

为了定量描述物体的运动，必须在参考系上建立适当的**坐标系**。力学中常用的坐标系有直角坐标系、自然坐标系、极坐标系、柱面坐标系等。

1.2 质点运动的描述

一、位置矢量

研究质点的运动，首先得确定质点相对于参考系的位置。如图1.2.1所示，当确定了坐标系后，由坐标原点O指向质点P的矢量$\overrightarrow{OP}$来确定质点位置，这个矢量称为**位置矢量**，简称**位矢**，常用$\boldsymbol{r}$来表示。

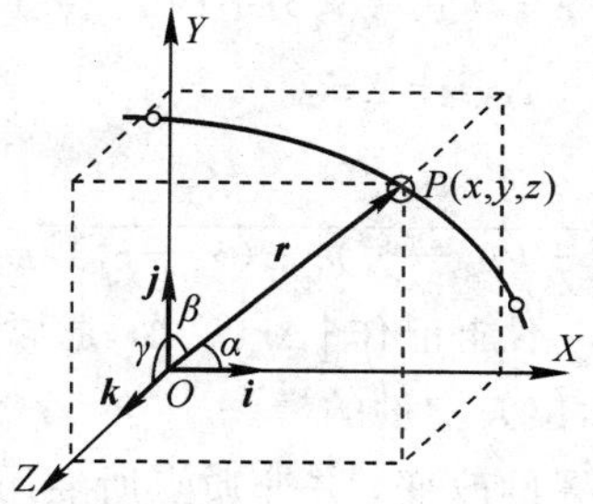

图 1.2.1 位矢

在直角坐标系中，位矢 $\boldsymbol{r}$ 可以表示为

$$\boldsymbol{r}=x\boldsymbol{i}+y\boldsymbol{j}+z\boldsymbol{k} \tag{1.2.1}$$

其中，$\boldsymbol{i}$、$\boldsymbol{j}$、$\boldsymbol{k}$ 为沿三个坐标轴方向的单位矢量；x、y、z 称为位矢 $\boldsymbol{r}$ 的三个分量。由位矢的三个分量可以求出位矢的大小以及表示方向的方向余弦。

位矢的大小：

$$|\boldsymbol{r}|=r=\sqrt{x^2+y^2+z^2}$$

位矢的方向余弦：

$$\cos\alpha=\frac{x}{r},\ \cos\beta=\frac{y}{r},\ \cos\gamma=\frac{z}{r}$$

质点运动时，其位矢 $\boldsymbol{r}$ 随时间变化，也就是说，位矢 $\boldsymbol{r}$ 是时间 t 的函数，这意味着位矢的分量 x、y、z 也是时间的函数。表示运动过程的函数式称为**运动方程**，即

$$\boldsymbol{r}=\boldsymbol{r}(t) \tag{1.2.2}$$

或

$$\begin{cases} x=x(t) \\ y=y(t) \\ z=z(t) \end{cases} \tag{1.2.3}$$

如果从式(1.2.3)中消去时间 t，便能得到质点的**运动轨迹方程**，又称**轨道方程**。

运动学的重要任务之一就是找出各种具体运动所遵循的运动方程，从而解决质点的运动问题。

二、位移

如图 1.2.2 所示，设质点沿曲线轨道运动，质点在 t 时刻位于 P_1 处，在 $t+\Delta t$ 时刻运动到 P_2 处，P_1 和 P_2 两点的位矢分别为 $\boldsymbol{r}_1$ 和 $\boldsymbol{r}_2$，则质点在 Δt 时间内位矢的增量为

$$\Delta\boldsymbol{r}=\boldsymbol{r}_2-\boldsymbol{r}_1 \tag{1.2.4}$$

我们称之为由位置 P_1 到 P_2 的**位移**，它是描述物体位置变动大小和方向的物理量。

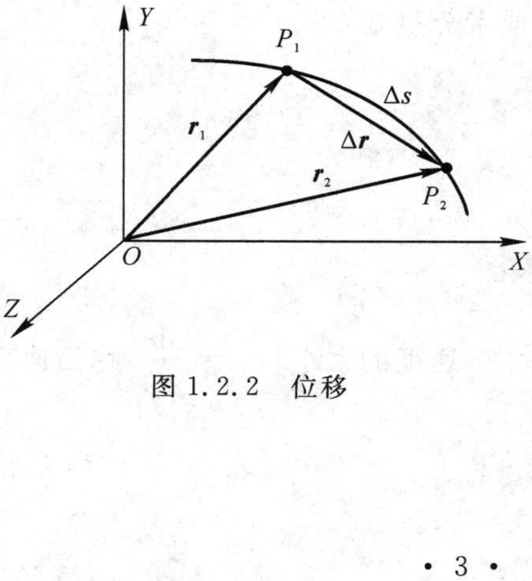

图 1.2.2 位移

在直角坐标系中，位移的表达式为

$$\Delta \boldsymbol{r}=\boldsymbol{r}_2-\boldsymbol{r}_1=(x_2-x_1)\boldsymbol{i}+(y_2-y_1)\boldsymbol{j}+(z_2-z_1)\boldsymbol{k}$$
$$=\Delta x\boldsymbol{i}+\Delta y\boldsymbol{j}+\Delta z\boldsymbol{k} \tag{1.2.5}$$

位移的大小为

$$|\Delta \boldsymbol{r}|=\sqrt{(x_2-x_1)^2+(y_2-y_1)^2+(z_2-z_1)^2}=\sqrt{\Delta x^2+\Delta y^2+\Delta z^2} \tag{1.2.6}$$

位移的大小只能记作$|\Delta \boldsymbol{r}|$，不能记作$|\Delta r|$。Δr 通常表示两个位矢的模的增量，即$\Delta r=|\boldsymbol{r}_2|-|\boldsymbol{r}_1|$，而$|\Delta \boldsymbol{r}|$则表示位矢增量的模。

必须注意，位移表示物体位置的改变，并非质点所经历的路程。如图 1.2.2 所示，位移是有向线段$\overrightarrow{P_1P_2}$，它的量值为割线的长度$|\Delta \boldsymbol{r}|$。路程是标量，即曲线$\overset{\frown}{P_1P_2}$的长度 Δs。一般来说，$|\Delta \boldsymbol{r}|\neq\Delta s$，只有在 Δt 趋于零时，才有$|\mathrm{d}\boldsymbol{r}|=\mathrm{d}s$。

三、速度

研究质点的运动，不仅要知道质点的位移，还需知道在多长时间内通过这段位移，即质点运动的快慢程度。

如图 1.2.2 所示，在时间间隔 Δt 内，质点位置变化引发位移 $\Delta \boldsymbol{r}$，那么 $\Delta \boldsymbol{r}$ 与 Δt 的比值称为质点在 t 时刻附近 Δt 时间内的**平均速度**，即

$$\bar{\boldsymbol{v}}=\frac{\Delta \boldsymbol{r}}{\Delta t} \tag{1.2.7}$$

平均速度的方向与位移 $\Delta \boldsymbol{r}$ 的方向相同。

显然，用平均速度描述运动的快慢是粗糙的，在 Δt 时间内质点的运动可以时快时慢，方向也可以不断改变，因此不能反映质点运动的真实细节。如果要精确地知道质点在某一时刻或某一位置的实际运动情况，则应使 Δt 尽量减小，即 $\Delta t\to0$，用平均速度的极限值来描述，称其为**瞬时速度**，简称**速度**，其数学表示式为

$$\boldsymbol{v}=\lim_{\Delta t\to0}\bar{\boldsymbol{v}}=\lim_{\Delta t\to0}\frac{\Delta \boldsymbol{r}}{\Delta t}=\frac{\mathrm{d}\boldsymbol{r}}{\mathrm{d}t} \tag{1.2.8}$$

速度的方向就是 $\Delta t\to0$ 时，位移 $\Delta \boldsymbol{r}$ 的极限方向，即沿质点所在处轨道的切线方向，并指向质点前进的方向。

直角坐标系中，式(1.2.8)可表示为

$$\boldsymbol{v}=\frac{\mathrm{d}\boldsymbol{r}}{\mathrm{d}t}=\frac{\mathrm{d}x}{\mathrm{d}t}\boldsymbol{i}+\frac{\mathrm{d}y}{\mathrm{d}t}\boldsymbol{j}+\frac{\mathrm{d}z}{\mathrm{d}t}\boldsymbol{k} \tag{1.2.9}$$

或者分量式：

$$\begin{cases} v_x=\dfrac{\mathrm{d}x}{\mathrm{d}t} \\ v_y=\dfrac{\mathrm{d}y}{\mathrm{d}t} \\ v_z=\dfrac{\mathrm{d}z}{\mathrm{d}t} \end{cases} \tag{1.2.10}$$

速度的大小$|\boldsymbol{v}|=\left|\dfrac{\mathrm{d}\boldsymbol{r}}{\mathrm{d}t}\right|$称为速率，用 v 表示，在直角坐标系中其数学表示式为

$$v=|\boldsymbol{v}|=\left[\left(\frac{\mathrm{d}x}{\mathrm{d}t}\right)^2+\left(\frac{\mathrm{d}y}{\mathrm{d}t}\right)^2+\left(\frac{\mathrm{d}z}{\mathrm{d}t}\right)^2\right]^{\frac{1}{2}} \tag{1.2.11}$$

速度、速率的国际单位为 m/s。

四、加速度

质点运动时，其速度大小和方向都可能随时间发生变化，加速度就是描述速度变化快慢的物理量。

如图 1.2.2 所示，在时间间隔 Δt 内，质点由位置 P_1 变化至位置 P_2，并发生速度增量 $\Delta\boldsymbol{v}=\boldsymbol{v}_2-\boldsymbol{v}_1$，我们定义平均加速度 $\overline{\boldsymbol{a}}$ 为

$$\overline{\boldsymbol{a}}=\frac{\Delta\boldsymbol{v}}{\Delta t} \tag{1.2.12}$$

同样，用平均加速度描述速度的变化也比较粗糙，为了准确地描述质点速度的变化，需引入瞬时加速度，即**加速度**。

质点在某时刻或某位置处的加速度，等于该时刻附近 Δt 趋于零时平均加速度的极限，其数学表示式为

$$\boldsymbol{a}=\lim_{\Delta t\to 0}\overline{\boldsymbol{a}}=\lim_{\Delta t\to 0}\frac{\Delta\boldsymbol{v}}{\Delta t}=\frac{\mathrm{d}\boldsymbol{v}}{\mathrm{d}t}=\frac{\mathrm{d}^2\boldsymbol{r}}{\mathrm{d}t^2} \tag{1.2.13}$$

加速度为矢量，其方向同于 $\Delta\boldsymbol{v}$ 的极限。加速度的国际单位为 $\mathrm{m/s^2}$。

在直角坐标系中，加速度可表示为

$$\boldsymbol{a}=\frac{\mathrm{d}\boldsymbol{v}}{\mathrm{d}t}=\frac{\mathrm{d}v_x}{\mathrm{d}t}\boldsymbol{i}+\frac{\mathrm{d}v_y}{\mathrm{d}t}\boldsymbol{j}+\frac{\mathrm{d}v_z}{\mathrm{d}t}\boldsymbol{k}=\frac{\mathrm{d}^2x}{\mathrm{d}t^2}\boldsymbol{i}+\frac{\mathrm{d}^2y}{\mathrm{d}t^2}\boldsymbol{j}+\frac{\mathrm{d}^2z}{\mathrm{d}t^2}\boldsymbol{k} \tag{1.2.14}$$

或者分量式：

$$\begin{cases} a_x=\dfrac{\mathrm{d}v_x}{\mathrm{d}t}=\dfrac{\mathrm{d}^2x}{\mathrm{d}t^2} \\ a_y=\dfrac{\mathrm{d}v_y}{\mathrm{d}t}=\dfrac{\mathrm{d}^2y}{\mathrm{d}t^2} \\ a_z=\dfrac{\mathrm{d}v_z}{\mathrm{d}t}=\dfrac{\mathrm{d}^2z}{\mathrm{d}t^2} \end{cases} \tag{1.2.15}$$

加速度的大小为

$$a=|\boldsymbol{a}|=\left[\left(\frac{\mathrm{d}v_x}{\mathrm{d}t}\right)^2+\left(\frac{\mathrm{d}v_y}{\mathrm{d}t}\right)^2+\left(\frac{\mathrm{d}v_z}{\mathrm{d}t}\right)^2\right]^{\frac{1}{2}}=\left[\left(\frac{\mathrm{d}^2x}{\mathrm{d}t^2}\right)^2+\left(\frac{\mathrm{d}^2y}{\mathrm{d}t^2}\right)^2+\left(\frac{\mathrm{d}^2z}{\mathrm{d}t^2}\right)^2\right]^{\frac{1}{2}} \tag{1.2.16}$$

五、运动学的基本问题

在质点运动学中，有两类常见的求解质点运动的问题。

第一类问题：已知运动方程 $\boldsymbol{r}=\boldsymbol{r}(t)$，求质点运动的速度、加速度。此类问题用定义求导可解。

第二类问题：已知加速度 $\boldsymbol{a}=\boldsymbol{a}(t)$，以及初始条件，求质点的速度、位置或位移。此类问题用积分方法求解。

例 1.2.1　一质点在 XOY 平面上运动，运动方程为 $x=3t+5$，$y=\frac{1}{2}t^2+3t-4$。式中 t 以秒(s)计，x、y 以米(m)计。

(1) 以时间 t 为变量，写出质点位置矢量的表达式；

(2) 求出 $t=1$ s 时刻和 $t=2$ s 时刻质点的位置矢量，计算这 1 s 内质点的位移；

(3) 求出质点速度矢量的表示式，计算 $t=4$ s 时刻质点的速度；

(4) 求出质点加速度矢量的表示式，计算 $t=4$ s 时刻质点的加速度。

解 (1) $\boldsymbol{r}=(3t+5)\boldsymbol{i}+\left(\frac{1}{2}t^2+3t-4\right)\boldsymbol{j}$ m

(2) 将 $t=1$，$t=2$ 分别代入(1)中求出位矢的表达式，则有

$$\boldsymbol{r}_1=8\boldsymbol{i}-0.5\boldsymbol{j}\ \text{m},\ \boldsymbol{r}_2=11\boldsymbol{i}+4\boldsymbol{j}\ \text{m}$$

这 1 s 内质点的位移为

$$\Delta\boldsymbol{r}=\boldsymbol{r}_2-\boldsymbol{r}_1=3\boldsymbol{i}+4.5\boldsymbol{j}\ \text{m}$$

(3) 根据速度的定义式，有

$$\boldsymbol{v}=\frac{\mathrm{d}\boldsymbol{r}}{\mathrm{d}t}=3\boldsymbol{i}+(t+3)\boldsymbol{j}\ \text{m/s}$$

$t=4$ s 时刻质点的速度为

$$\boldsymbol{v}_4=3\boldsymbol{i}+7\boldsymbol{j}\ \text{m/s}$$

(4) 根据加速度的定义式，有

$$\boldsymbol{a}=\frac{\mathrm{d}\boldsymbol{v}}{\mathrm{d}t}=\boldsymbol{j}\ \text{m/s}^2$$

由此可见，该质点的加速度为恒量，$t=4$ s 时刻质点的加速度仍为 $\boldsymbol{j}$ m/s^2。

例 1.2.2 一质点沿 x 轴作匀变速直线运动，加速度 a 为常量，初始 $t=0$ 时刻，$x=x_0$，$v=v_0$，试推导质点的运动方程、速度和加速度间的关系式。

解 对于一维问题，由于运动总是沿着直线进行的，因此质点的位移、速度和加速度均可看成代数量。当我们确定了 x 轴正方向时，正、负号就可以表明有关量的方向。

将加速度的定义式 $a=\frac{\mathrm{d}v}{\mathrm{d}t}$ 改写为

$$\mathrm{d}v=a\mathrm{d}t \tag{1.2.17}$$

对式(1.2.17)两端积分，有

$$\int_{v_0}^{v}\mathrm{d}v=\int_0^t a\mathrm{d}t$$

式中 a 是常量，故有

$$v=v_0+at \tag{1.2.18}$$

再将定义式 $v=\frac{\mathrm{d}x}{\mathrm{d}t}$ 代入式(1.2.18)，得 $\frac{\mathrm{d}x}{\mathrm{d}t}=v_0+at$，即

$$\mathrm{d}x=(v_0+at)\mathrm{d}t$$

对上式两端积分，有

$$\int_{x_0}^{x}\mathrm{d}x=\int_0^t(v_0+at)\mathrm{d}t$$

可得

$$x=x_0+v_0t+\frac{1}{2}at^2 \tag{1.2.19}$$

加速度 $a=\frac{\mathrm{d}v}{\mathrm{d}t}$ 还可以改写为 $a=\frac{\mathrm{d}v}{\mathrm{d}t}=\frac{\mathrm{d}v}{\mathrm{d}x}\frac{\mathrm{d}x}{\mathrm{d}t}=v\frac{\mathrm{d}v}{\mathrm{d}x}$，即

$$a\mathrm{d}x = v\mathrm{d}v$$

对上式两端积分，有

$$v^2 - v_0^2 = 2a(x - x_0) \tag{1.2.20}$$

式(1.2.18)～式(1.2.20)在中学阶段虽已有所接触，但这里严格采用了高等数学微积分的知识。应特别注意的是，这些关系式只适用于质点作匀变速直线运动的情况，质点作一般直线运动时，加速度不是常量，这些关系式不再适用。

例 1.2.3　设质点沿 x 轴作直线运动，加速度 $a=2t$，初始 $t=0$ 时，$x_0=0$，$v_0=0$。试求 $t=2$ s时质点的速度和位置。

解　由题意知加速度不是常量，故本题不能用例 1.2.2 中的匀变速直线运动公式求解。

将 $a=2t$ 代入式(1.2.17)，有

$$\mathrm{d}v = 2t\mathrm{d}t$$

对上式两端积分，有

$$\int_{v_0}^{v} \mathrm{d}v = \int_0^t 2t\mathrm{d}t$$

可得

$$v = \frac{\mathrm{d}x}{\mathrm{d}t} = t^2 \tag{1.2.21}$$

改写式(1.2.21)并积分，可得

$$\int_{x_0}^{x} \mathrm{d}x = \int_0^t t^2 \mathrm{d}t$$

$$x = \frac{1}{3}t^3 \tag{1.2.22}$$

把 $t=2$ s 分别代入式(1.2.21)和式(1.2.22)，可得

$$v = 4 \text{ m/s},\ x = \frac{8}{3} = 2.67 \text{ m}$$

1.3　自然坐标系中的平面曲线运动与角量描述

本节中，我们将研究平面上质点的一般曲线运动，对此，自然坐标系比较简洁，而圆周运动还可方便地以角量描述。

一、自然坐标系概念

如图 1.3.1 所示，当质点运动轨迹已知时，在运动轨迹上任取一点 O，将其作为坐标原点，可以用质点距离原点的轨道长度 s 来确定质点任意时刻的位置 P，以轨迹法向和切向的单位矢量($\boldsymbol{n}$，$\boldsymbol{\tau}$)作为其独立的坐标方向，这样的坐标系称为**自然坐标系**，s 称为自然坐标。用自然坐标描述一般曲线运动比较方便。

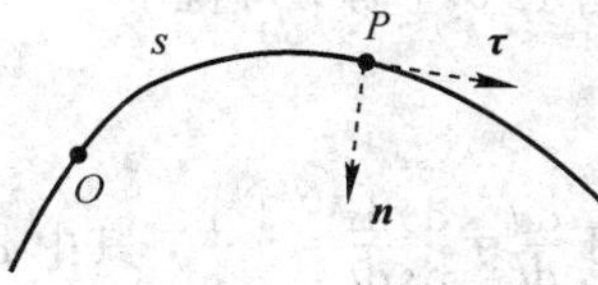

图 1.3.1　自然坐标系

二、自然坐标系中的平面曲线运动

1. 速度

速度的大小即速率，方向沿切向 $\boldsymbol{\tau}$，因此速度的大小和方向可以简明地表示为

$$\boldsymbol{v}=v\boldsymbol{\tau}=\frac{\mathrm{d}s}{\mathrm{d}t}\boldsymbol{\tau} \tag{1.3.1}$$

2. 加速度

如图 1.3.2(a)所示，设质点沿曲线轨道运动，质点在 t 时刻位于 P_1 处，在 $t+\Delta t$ 时刻运动到 P_2 处，质点在 P_1 和 P_2 两点的速度分别为 $\boldsymbol{v}_1$ 和 $\boldsymbol{v}_2$，在 Δt 时间内速度增量为 $\Delta\boldsymbol{v}$。图 1.3.2(b)表示 $\boldsymbol{v}_1$、$\boldsymbol{v}_2$ 和 $\Delta\boldsymbol{v}$ 之间的关系，$\Delta\boldsymbol{v}$ 就是矢量 $\overrightarrow{BC}$。在矢量 $\overrightarrow{AC}$ 上截取 $|\overrightarrow{AD}|=|\overrightarrow{AB}|=|\boldsymbol{v}_1|$，则剩下部分 $|\overrightarrow{DC}|=|\overrightarrow{AC}|-|\overrightarrow{AB}|=|\boldsymbol{v}_2|-|\boldsymbol{v}_1|$，矢量记为 $\Delta\boldsymbol{v}_\tau$；连接 BD，并记其矢量为 $\Delta\boldsymbol{v}_n$。这样就将速度增量 $\Delta\boldsymbol{v}$ 分解为两部分，即 $\Delta\boldsymbol{v}=\Delta\boldsymbol{v}_n+\Delta\boldsymbol{v}_\tau$。根据加速度的定义，有

$$\boldsymbol{a}=\lim_{\Delta t\to 0}\frac{\Delta\boldsymbol{v}}{\Delta t}=\lim_{\Delta t\to 0}\frac{\Delta\boldsymbol{v}_n}{\Delta t}+\lim_{\Delta t\to 0}\frac{\Delta\boldsymbol{v}_\tau}{\Delta t}$$

令 $\lim\limits_{\Delta t\to 0}\frac{\Delta\boldsymbol{v}_n}{\Delta t}=\boldsymbol{a}_n$，$\lim\limits_{\Delta t\to 0}\frac{\Delta\boldsymbol{v}_\tau}{\Delta t}=\boldsymbol{a}_\tau$，则有

$$\boldsymbol{a}=\boldsymbol{a}_n+\boldsymbol{a}_\tau \tag{1.3.2}$$

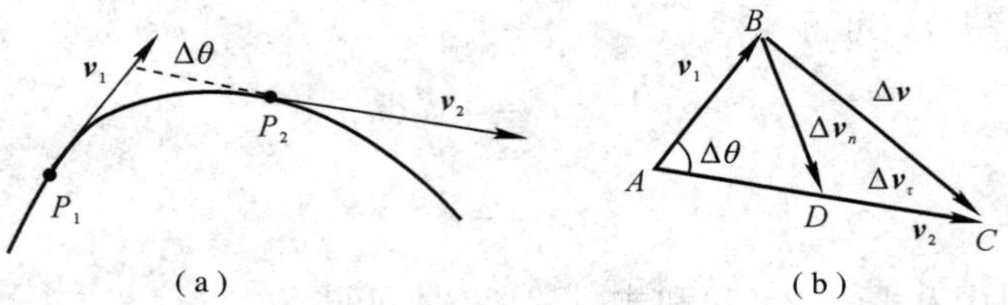

图 1.3.2 切向加速度和法向加速度

下面分别讨论 $\boldsymbol{a}_n$、$\boldsymbol{a}_\tau$ 的物理意义。

$\boldsymbol{a}_n$ 的方向与 $\Delta t\to 0$ 时 $\Delta\boldsymbol{v}_n$ 的极限方向一致。由图 1.3.2(b)可见，$\Delta t\to 0$ 时，$\Delta\theta\to 0$，$\Delta\boldsymbol{v}_n$ 的极限方向与 $\boldsymbol{v}_1$ 垂直，因此质点位于 B 点时，$\boldsymbol{a}_n$ 的方向沿着该处轨迹曲线的法线方向，故称 $\boldsymbol{a}_n$ 为**法向加速度**。$\boldsymbol{a}_n$ 的大小为

$$a_n=|\boldsymbol{a}_n|=\left|\lim_{\Delta t\to 0}\frac{\Delta\boldsymbol{v}_n}{\Delta t}\right|$$

由图 1.3.2(b)可见，$\Delta t\to 0$ 时，$|\Delta\boldsymbol{v}_n|=v_1\Delta\theta$。注意到 B 点可以是圆周上任意一点，因此省去 v_1 下标，可得

$$a_n=v\lim_{\Delta t\to 0}\frac{\Delta\theta}{\Delta t}=v\frac{\mathrm{d}\theta}{\mathrm{d}t} \tag{1.3.3}$$

由于 $\frac{\mathrm{d}\theta}{\mathrm{d}t}=\frac{\mathrm{d}\theta}{\mathrm{d}s}\frac{\mathrm{d}s}{\mathrm{d}t}=v\frac{1}{\rho}$，其中 $\rho=\frac{\mathrm{d}s}{\mathrm{d}\theta}$ 为过 B 点的曲率圆的曲率半径，故式(1.3.3)可写为

$$a_n=\frac{v^2}{\rho}$$

$\boldsymbol{a}_\tau$ 的方向与 $\Delta t\to 0$ 时 $\Delta\boldsymbol{v}_\tau$ 的极限方向一致。由图 1.3.2(b)可见，$\Delta t\to 0$ 时，$\Delta\theta\to 0$，$\Delta\boldsymbol{v}_\tau$ 的极限方向将沿着 B 点处的切线方向，因此 $\boldsymbol{a}_\tau$ 称为**切向加速度**。$\boldsymbol{a}_\tau$ 的大小为

$$a_\tau = |\boldsymbol{a}_\tau| = \left| \lim_{\Delta t \to 0} \frac{\Delta \boldsymbol{v}_\tau}{\Delta t} \right| = \frac{\mathrm{d}v}{\mathrm{d}t}$$

综上讨论，质点在曲线运动中的加速度为

$$\boldsymbol{a} = a_n \boldsymbol{n} + a_\tau \boldsymbol{\tau} = \frac{v^2}{\rho} \boldsymbol{n} + \frac{\mathrm{d}v}{\mathrm{d}t} \boldsymbol{\tau} \tag{1.3.4}$$

即质点在曲线运动中的加速度等于法向加速度和切向加速度的矢量和。

加速度的大小为

$$a = |\boldsymbol{a}| = \sqrt{a_n^2 + a_\tau^2} = \left[\left(\frac{v^2}{\rho} \right)^2 + \left(\frac{\mathrm{d}v}{\mathrm{d}t} \right)^2 \right]^{\frac{1}{2}} \tag{1.3.5}$$

加速度的方向可由下式确定：

$$\tan\theta = \frac{a_n}{a_\tau} \tag{1.3.6}$$

当质点作匀速圆周运动时，由于速度仅有方向的变化，而无大小的变化，任何时刻质点的切向加速度均为零，故有 $\boldsymbol{a} = \boldsymbol{a}_n = a_n \boldsymbol{n}$，可见法向加速度只反映速度方向的变化。当质点作变速直线运动时，由于 $\rho \to \infty$，任何时刻质点的法向加速度均为零，故有 $\boldsymbol{a} = \boldsymbol{a}_\tau = a_\tau \boldsymbol{\tau}$，可见切向加速度只反映速度大小的变化。

三、圆周运动的角量描述

质点作圆周运动时，由于其轨道的曲率半径处处相等，而速度方向始终在圆周的切线方向上，因此采用平面极坐标系来描述圆周运动比较方便。

如图 1.3.3 所示，一质点绕圆心 O 作半径为 R 的圆周运动，选圆心为极坐标系的原点，OO' 为极轴，质点沿圆周运动时极径是一个常量 R，极径与极轴的夹角 θ 称为**角位置**。通常规定从极轴沿逆时针方向得到的 θ 角为正，反之为负，因而角位置 θ 是一个代数量。任意时刻 t 质点的位置可用角位置 θ 完全确定，这时 θ 是 t 的函数，可表示为

$$\theta = \theta(t) \tag{1.3.7}$$

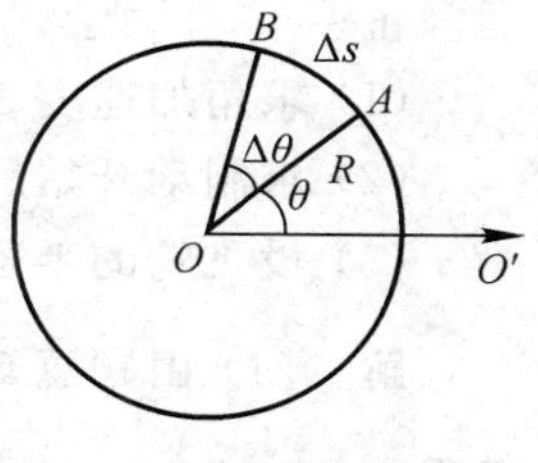

图 1.3.3　圆周运动的描述

这就是质点作圆周运动时以角位置表示的运动学方程。

如图 1.3.3 所示，t 时刻质点位于 A 点，角位置为 θ，经历 Δt 至时刻 $t+\Delta t$，质点位于 B，角位置 θ 发生增量 $\Delta\theta$，$\Delta\theta$ 能够唯一描述该质点经历的位置改变，称 $\Delta\theta$ 为**角位移**。质点作平面圆周运动时，其角位移只有两种可能的方向，一般规定沿逆时针转向的角位移取正值，沿顺时针转向的角位移取负值。在国际单位制中，角位移的单位是弧度(rad)。

如前述引入速度和加速度的方法一样，我们也可以引入**角速度 $\boldsymbol{\omega}$** 和**角加速度 $\boldsymbol{\beta}$**，其大小表示为

$$\omega = \lim_{\Delta t \to 0} \frac{\Delta\theta}{\Delta t} = \frac{\mathrm{d}\theta}{\mathrm{d}t} \tag{1.3.8}$$

$$\beta = \lim_{\Delta t \to 0} \frac{\Delta\omega}{\Delta t} = \frac{\mathrm{d}\omega}{\mathrm{d}t} \tag{1.3.9}$$

在国际单位制中，角速度和角加速度的单位分别为弧度每秒(rad/s)和弧度每二次方秒(rad/s^2)。

四、角量与线量的关系

质点作圆周运动时，既可以用线量描述，也可以用角量描述。显然，线量和角量之间存在一定的联系。

如图 1.3.3 中，弧长 Δs、角度 $\Delta\theta$ 之间的关系为 $\Delta s=R\Delta\theta$，当 $\Delta\theta\to 0$ 时，

$$ds=Rd\theta \tag{1.3.10}$$

根据这一关系，不难证明在圆周运动中，线量和角量之间存在如下关系：

$$\begin{cases} v=\dfrac{ds}{dt}=R\dfrac{d\theta}{dt}=R\omega \\ a_n=\dfrac{v^2}{R}=R\omega^2 \\ a_\tau=\dfrac{dv}{dt}=R\dfrac{d\omega}{dt}=R\beta \end{cases} \tag{1.3.11}$$

类似于质点匀变速直线运动的公式，在角加速度的大小 β 为常量的匀加速圆周运动中，有

$$\begin{cases} \omega=\omega_0+\beta t \\ \theta=\theta_0+\omega_0 t+\dfrac{1}{2}\beta t^2 \\ \omega^2-\omega_0^2=2\beta(\theta-\theta_0)=2\beta\Delta\theta \end{cases} \tag{1.3.12}$$

式中：θ_0、ω_0 分别为初始角位置与初始角速度大小。

例 1.3.1 一飞轮以转速 $n=1500$ rad/min 转动，受制动后而均匀地减速，经 $t=50$ s 后静止。

(1) 求角加速度 β 和从制动开始到静止飞轮的转数；

(2) 求制动开始后 $t=25$ s 时飞轮的角速度 ω；

(3) 设飞轮的半径 $R=1$ m，求 $t=25$ s 时飞轮边缘上任一点的速度和加速度。

解 (1) 由题意知 $\omega_0=2\pi n=2\pi\dfrac{1500}{60}=50\pi$ rad/s，当 $t=50$ s 时 $\omega=0$，由式(1.3.12)可得

$$\beta=\frac{\omega-\omega_0}{t}=\frac{-50\pi}{50}=-3.14\ \text{rad/s}^2$$

从制动开始到静止，飞轮的角位移及转数分别为

$$\theta-\theta_0=\omega_0 t+\frac{1}{2}\beta t^2=50\pi\times 50-\frac{\pi}{2}\times 50^2=1250\pi\ \text{rad}$$

$$N=\frac{1250\pi}{2\pi}=625\ \text{rev}$$

(2) $t=25$ s 时飞轮的角速度为

$$\omega=\omega_0+\beta t=50\pi-25\pi=25\pi\ \text{rad/s}$$

(3) $t=25$ s 时飞轮边缘上任一点的速度为

$$v=R\omega=25\pi=78.5\ \text{m/s}$$

相应的切向加速度和向心加速度分别为

$$a_\tau=R\beta=-\pi=-3.14\ \text{m/s}^2$$

$$a_n=R\omega^2=(25\pi)^2=6.16\times 10^3\ \text{m/s}^2$$

1.4　相 对 运 动

运动的描述具有相对性：当选取不同的参考系时，对同一物体的运动的描述就会不同。例如，研究匀速运动的火车车厢中小球的自由下落运动时，若选取地面为参考系，则小球作抛体运动；若选取火车本身为参考系，则小球作直线运动。对小球运动的描述不同是因为火车参考系相对于地面参考系在运动。在研究地面附近物体的运动时，通常把地面看作**静止参考系**，而其他相对地面运动的参考系看作**运动参考系**。

对同一个物体，它相对于静止参考系的运动称为**绝对运动**，相对于运动参考系的运动称为**相对运动**。运动参考系相对于静止参考系的运动称为**牵连运动**。一般性地讨论同一物体的绝对运动、相对运动之间的关系较为复杂，这里我们仅说明运动参考系相对静止参考系作平动时的情况。

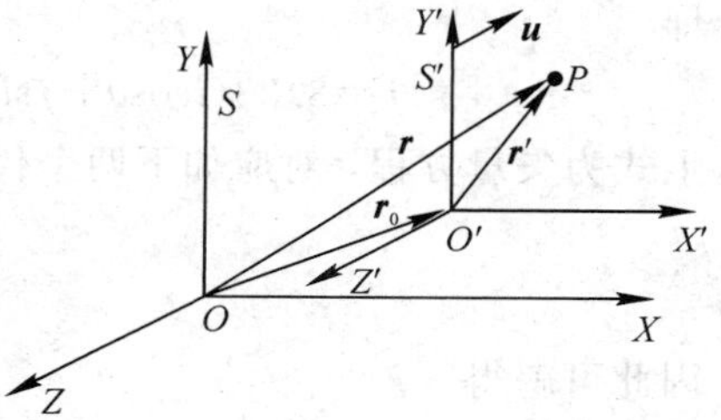

图 1.4.1　相对运动

一个物体相对于另一个物体运动时，若在运动物体内任意作的一条直线始终保持与自身平行，就称这种运动为**平动**。平动的物体内各点运动的速度、加速度都相同。如图 1.4.1 所示，有一个静止参考系 S，其上固连坐标系 $OXYZ$，还有一个运动参考系 S'，其上固连坐标系 $O'X'Y'Z'$，S' 系相对于 S 系以速度 $\boldsymbol{u}$ 平动。一个质点在空间中运动，它在 S 系及 S' 系中的位矢分别为 $\boldsymbol{r}$（称为**绝对位矢**）和 $\boldsymbol{r}'$（称为**相对位矢**），S' 系的原点 O' 相对 S 系的原点 O 的位矢为 $\boldsymbol{r}_0$（称为**牵连位矢**）。由矢量加法的三角形法则可知，它们之间有如下关系：

$$\boldsymbol{r}=\boldsymbol{r}'+\boldsymbol{r}_0 \tag{1.4.1}$$

即绝对位矢等于相对位矢与牵连位矢的矢量和。将式(1.4.1)两边对时间求导，得

$$\boldsymbol{v}=\boldsymbol{v}'+\boldsymbol{v}_0 \tag{1.4.2}$$

式中：$\boldsymbol{v}=\dfrac{\mathrm{d}\boldsymbol{r}}{\mathrm{d}t}$是质点相对 S 系的速度，称为**绝对速度**；$\boldsymbol{v}'=\dfrac{\mathrm{d}\boldsymbol{r}'}{\mathrm{d}t}$是质点相对 S' 系的速度，称为**相对速度**；$\boldsymbol{v}_0=\dfrac{\mathrm{d}\boldsymbol{r}_0}{\mathrm{d}t}$是 S' 系相对 S 系的速度，称为**牵连速度**。将式(1.4.2)两边对时间求导，得

$$\boldsymbol{a}=\boldsymbol{a}'+\boldsymbol{a}_0 \tag{1.4.3}$$

其中：$\boldsymbol{a}=\dfrac{\mathrm{d}\boldsymbol{v}}{\mathrm{d}t}$是质点相对 S 系的加速度，称为**绝对加速度**；$\boldsymbol{a}'=\dfrac{\mathrm{d}\boldsymbol{v}'}{\mathrm{d}t}$是质点相对 S' 系的加速度，称为**相对加速度**；$\boldsymbol{a}_0=\dfrac{\mathrm{d}\boldsymbol{v}_0}{\mathrm{d}t}$是 S' 系相对 S 系的加速度，称为**牵连加速度**。$\boldsymbol{r}$、$\boldsymbol{v}$、$\boldsymbol{a}$ 描述质点的绝对运动，$\boldsymbol{r}'$、$\boldsymbol{v}'$、$\boldsymbol{a}'$ 描述质点的相对运动，$\boldsymbol{r}_0$、$\boldsymbol{v}_0$、$\boldsymbol{a}_0$ 描述运动参考系相对静止参考系的牵连运动，因此式(1.4.1)～式(1.4.3)也可以总结为

$$\text{绝对运动} = \text{相对运动} + \text{牵连运动} \tag{1.4.4}$$

需要指出的是，式(1.4.1)～式(1.4.3)仅适用于物体运动速度远小于光速的情况。当物体运动速度可与光速相比时，必须考虑相对论效应来改写上述公式。

例 1.4.1 有一小船相对于河水以匀速率 $v' = 30.0$ km/h 行驶，河水相对于平行的两岸向东流动，其速度大小为 $V=15.0$ km/h。试求：小船该如何驾驶方能够垂直河岸横渡此河？如果河宽 $l=500$ m，则小船需要多长时间完成此次横渡？

解 我们的研究对象为小船，因此选河岸为静止参考系，取固连其上的直角坐标系 OXY，原点 O 即小船的出发点；选河水为运动参考系，取固连其上的直角坐标系 $O'X'Y'$，并设小船出发的瞬间原点 O' 与 O 重合，根据式 (1.4.2)，有

$$\boldsymbol{v}=\boldsymbol{v}'+\boldsymbol{V}$$

小船相对于运动参考系 O' 的速度大小 $v'=30.0$ km/h$=8.33$ m/s，小船相对于岸的绝对速度 $\boldsymbol{v}=v\boldsymbol{j}$，而河水相对于岸的牵连速度大小 $V=15.0$ km/h$=4.17$ m/s，故有

$$\begin{cases}\boldsymbol{v}=v\boldsymbol{j}\\ \boldsymbol{v}'=8.33(\boldsymbol{i}\cos\theta+\boldsymbol{j}\sin\theta)\\ \boldsymbol{V}=4.17\boldsymbol{i}\end{cases}$$

即

$$v\boldsymbol{j}=8.33(\boldsymbol{i}\cos\theta+\boldsymbol{j}\sin\theta)+4.17\boldsymbol{i}=(8.33\cos\theta+4.17)\boldsymbol{i}+8.33\sin\theta\boldsymbol{j}$$

上式为矢量方程，对应如下两个代数方程：

$$\begin{cases}8.33\cos\theta+4.17=0\\ 8.33\sin\theta=v\end{cases}$$

因此可解得

$$\begin{cases}v=7.21\ \text{m/s}=26.0\ \text{km/h}\\ \theta=120°=\dfrac{2\pi}{3}\end{cases}$$

横渡时间为

$$\Delta t=\frac{l}{v}=\frac{500}{7.21}=69.3\ \text{s}$$

1.5 牛顿运动定律

前面我们不考虑物体的受力来研究物体作机械运动的规律，即讨论了质点运动学，现在我们来讨论质点动力学，即研究作用于物体的力和物体机械运动状态变化之间的关系。牛顿运动定律是质点动力学的基本定律，也是经典力学的基础。1687 年，牛顿出版了《自然哲学的数学原理》，首次向世界展示了牛顿运动定律，其主要包括牛顿运动三定律、力的叠加原理和万有引力定律。

一、牛顿运动三定律

牛顿第一定律：任何物体都将保持静止或匀速直线运动状态，直到其他物体的作用迫使其改变这种状态为止。

物体保持静止或匀速直线运动状态的性质称为惯性。惯性大小用物体的质量来度量。牛顿第一定律也称为惯性定律，它表明力是物体运动状态发生改变的原因。由于现实中并不存在完全不受力的物体，因此牛顿第一定律也可以表述为：对于任何物体，只要其他物

体作用于它的所有力的合力为零，则该物体就保持静止或匀速直线运动状态。即牛顿第一定律给出了物体受力的平衡条件。

牛顿第二定律：任意时刻物体动量对时间的变化率等于该时刻作用于该物体的所有力的合力，即

$$\boldsymbol{F}=\frac{\mathrm{d}(m\boldsymbol{v})}{\mathrm{d}t}=\frac{\mathrm{d}\boldsymbol{p}}{\mathrm{d}t} \tag{1.5.1}$$

式中：$\boldsymbol{F}$ 为物体所受所有力的合力；m 为物体质量；$\boldsymbol{v}$ 为物体运动速度；t 为时间；$\boldsymbol{p}=m\boldsymbol{v}$ 为物体动量。

若物体的质量不随时间变化，则式(1.5.1)可变为

$$\boldsymbol{F}=m\frac{\mathrm{d}\boldsymbol{v}}{\mathrm{d}t}=m\boldsymbol{a} \tag{1.5.2}$$

这就是大家熟悉的牛顿第二定律的表达形式。它表明物体的加速度大小与合力大小成正比，与质量大小成反比，加速度方向与合力方向相同。一般工程应用中，质量都可以看作是不变的，式(1.5.2)能够适用。但对于某些变质量问题，如发射的火箭，喷气导致其质量减少，此时式(1.5.2)不再适用，但式(1.5.1)仍然成立，即用动量形式表示的牛顿第二定律更具有普适性。牛顿第二定律表明：**力是一个物体对另一个物体的作用，这种作用能迫使物体改变其运动状态，即产生加速度。**

应用式(1.5.2)分析具体力学问题时，需要选取适当的参考系和坐标系，将它写成投影分量形式。例如，直角坐标系中可以写成

$$\begin{cases} F_x=ma_x=m\dfrac{\mathrm{d}v_x}{\mathrm{d}t}=m\dfrac{\mathrm{d}^2x}{\mathrm{d}t^2} \\ F_y=ma_y=m\dfrac{\mathrm{d}v_y}{\mathrm{d}t}=m\dfrac{\mathrm{d}^2y}{\mathrm{d}t^2} \\ F_z=ma_z=m\dfrac{\mathrm{d}v_z}{\mathrm{d}t}=m\dfrac{\mathrm{d}^2z}{\mathrm{d}t^2} \end{cases} \tag{1.5.3}$$

研究平面曲线运动时，在自然坐标系中可以写成

$$\begin{cases} F_n=ma_n=m\dfrac{v^2}{\rho} \\ F_\tau=ma_\tau=m\dfrac{\mathrm{d}v}{\mathrm{d}t} \end{cases} \tag{1.5.4}$$

牛顿第三定律：当物体 A 以力 $\boldsymbol{F}$ 作用于物体 B 时，物体 B 也同时以力 $\boldsymbol{F}'$ 作用于物体 A，力 $\boldsymbol{F}$ 和 $\boldsymbol{F}'$ 总是大小相等、方向相反，且力的作用线在同一条直线上，即

$$\boldsymbol{F}=-\boldsymbol{F}' \tag{1.5.5}$$

应用牛顿第三定律时需要注意：作用力和反作用力总是成对的同时出现、同时消失，分别作用在两个物体上，并且是属于同一性质的力。

二、力学中常见的几种力

力学中常见的力有万有引力、重力、弹性力、摩擦力等。

1. 万有引力

任何有质量的物体之间都存在相互吸引的力，这种力称为万有引力。

万有引力定律：设有两个质点，质量分别为 m_1 和 m_2，相隔距离为 r，它们之间的万有引力 $\boldsymbol{F}$ 的大小与这两个质点的质量乘积 m_1m_2 成正比，与它们之间的距离的平方 r^2 成反比，$\boldsymbol{F}$ 的方向沿着两个质点的连线方向，大小为

$$F=G\frac{m_1m_2}{r^2} \tag{1.5.6}$$

或表示为矢量形式，如图 1.5.1 所示，质点 m_2 所受质点 m_1 的万有引力为

$$\boldsymbol{F}_{21}=-G\frac{m_1m_2}{r^2}\boldsymbol{r}_0 \tag{1.5.7}$$

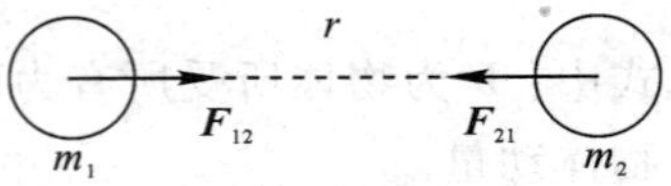

图 1.5.1　万有引力

式中：$G=6.67\times10^{-11}\ \mathrm{N\cdot m^2/kg^2}$ 称为引力常量；$\boldsymbol{r}_0$ 为由施力质点 m_1 指向受力质点 m_2 方向的单位矢量；负号表示引力 $\boldsymbol{F}_{21}$ 的方向与 $\boldsymbol{r}_0$ 的方向相反，指向施力质点 m_1。

式(1.5.7)即为万有引力定律的数学表达形式。

2. 重力

地球表面附近尺寸不太大的物体所受地球对它的万有引力可以近似为该物体的重力。若忽略地球自转的影响并将地球看作质量 M、半径 R 的均匀球体，地球表面视作平面，则质量为 m 的物体所受重力方向为铅直向下指向地心，大小为

$$P=G\frac{mM}{R^2}=mg \tag{1.5.8}$$

式中：$g=\dfrac{GM}{R^2}\approx9.8\ \mathrm{m/s^2}$ 即为重力加速度。实际上由于地球自转且地球并非质量均匀的完美球体，在地球表面不同地区重力加速度的数值略有差异，但在一般的工程应用中这种差异可以忽略不计。

3. 弹性力

物体间因相互接触而发生形变，变形的物体将力图恢复原来的形状，从而彼此之间产生相互作用力，这种力称为弹性力。这里我们简单介绍常见的三种弹性力：法向力、张力、胡克力。

两个物体因相互挤压而发生形变，这种形变产生的压力(或支承力)的作用线通过两物体的接触点并垂直于过接触点的公切面，即沿法线方向，因此通常把压力称为正压力，把支承力称为法向反力，或者统称为法向力。例如：静止在桌面上的杯子与桌面间的作用力。

物体与柔软的绳子相连，当绳子被拉紧时，物体与绳子都发生形变，因此产生的相互作用力总是沿着绳子方向，物体受力指向背离物体方向，绳子受力的指向总是使绳子拉紧，这种力称为张力。绳子内部各部分之间也有张力，一般情况下绳上各处张力大小不相等，但当绳子自身质量可以忽略不计时，绳上的张力大小可视为处处相等。

胡克研究了一些固体材料的形变后，于 1678 年提出了**胡克定律：当固体材料受到不大的外力作用而发生不大的形变时，材料中引发的弹性力大小与形变大小成线性关系。**满足胡克定律的材料被称为线弹型或胡克型材料。我们所熟悉的(轻质)弹簧在弹性形变限度内，弹簧上的弹性回复力即为一种典型的胡克力。若弹簧发生小幅伸长，伸长量(形变量)为 x，则按胡克定律，弹性回复力大小为

$$f = -kx \tag{1.5.9}$$

式中：比例系数 $k(>0)$ 称为**劲度系数**或**倔强系数**，其值取决于弹簧材料与制作结构；负号表示力的方向与形变反向。

4. 摩擦力

常见的摩擦力有静摩擦力、滑动摩擦力。

当两个相互接触的物体保持相对静止但有相对滑动趋势时，二者接触面间出现的相互作用的摩擦力称为**静摩擦力**。静摩擦力的作用线在两物体接触处的公切面内，方向总是与物体相对滑动趋势的方向相反。静摩擦力的大小与物体所受其他外力有关。实验表明，最大静摩擦力 $\boldsymbol{f}_{\mathrm{m}}$ 的大小与法向力 $\boldsymbol{N}$ 的大小成正比，即

$$f_{\mathrm{m}} = \mu_0 N \tag{1.5.10}$$

式中：μ_0 称为静摩擦系数，它与物体接触表面的材料及状况有关。

当两个相接触的物体相对滑动时，二者接触面间出现的相互作用的摩擦力称为滑动摩擦力。滑动摩擦力的作用线也在两物体接触处的公切面内，方向总是与物体相对滑动的方向相反。滑动摩擦力 $\boldsymbol{f}$ 的大小与法向力 $\boldsymbol{N}$ 的大小成正比，即

$$f = \mu N \tag{1.5.11}$$

式中：μ 称为滑动摩擦系数，它与物体接触表面的材料、状况及相对滑动速度大小有关。一般地，滑动摩擦系数小于最大静摩擦系数。

三、牛顿定律的应用

应用牛顿定律求解质点动力学问题的一般方法步骤如下：

(1) 选择研究对象(被隔离体)；

(2) 进行受力分析，画出受力图；

(3) 选取适当参考系(默认取地面为参考系)和坐标系；

(4) 列牛顿运动定律的方程并求解；

(5) 讨论结果的物理意义，判断其是否合理。

下面举例说明。

例 1.5.1　如图 1.5.2 所示，不可伸缩的轻绳绕过一固定于天花板的轻质定滑轮 O，轻绳两端各悬挂质量分别为 m_1、m_2 的物体。试求物体 m_1、m_2 的加速度，以及轻绳中张力的大小。

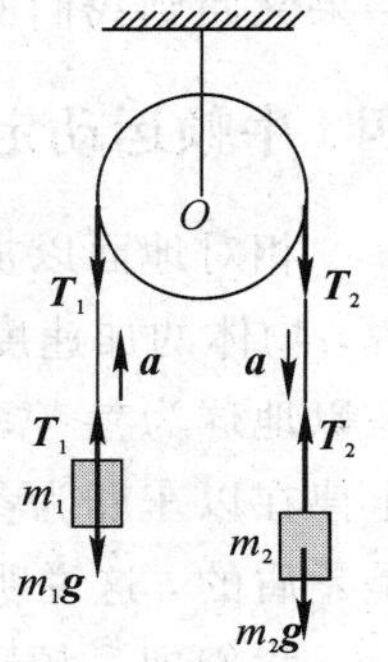

图 1.5.2　例 1.5.1 图

解　本例题也是设计升降机配重时可能要考虑的情况。

为明确运动趋势以便计算，不妨设 $m_2 > m_1$，则 m_1 上升而 m_2 下降。因为轻绳不可伸缩，所以 m_1 与 m_2 的加速度大小相等，都为 a。分别对物体 m_2、m_1 应用隔离法。

对于质量 m_2 的物体，受到竖直向下的地球重力 $m_2 g$、竖直向上的轻绳张力 T_2，则有

$$T_2 - m_2 g = -m_2 a$$

对于质量 m_1 的物体，也受到竖直向下的地球重力 $m_1 g$、竖直向上的轻绳张力 T_1，则有

$$T_1 - m_1 g = m_1 a$$

轻质的滑轮与轻绳，意味着绳中各处张力大小相等，即

$$T_1 = T_2$$

联立以上三式，解得

$$a = \frac{m_2 - m_1}{m_2 + m_1} g$$

$$T_1 = T_2 = \frac{2m_2 m_1}{m_2 + m_1} g$$

开始我们假设 $m_2 > m_1$，因此算出的结果必然有 $a > 0$，即加速度的方向与图示一致；反之若 $m_2 < m_1$，则必然有 $a < 0$，此时加速度的方向与图示相反。

例 1.5.2 如图 1.5.3 所示，一质量为 m 的子弹以初速率 v_0 自地面竖直向上射出，设子弹所受空气阻力 $\boldsymbol{f}$ 的大小与子弹速度 $\boldsymbol{v}$ 大小的平方成正比，而方向与速度方向相反，即 $f = -kv^2$(k 为阻力系数，常量)。求子弹上升能达到的最大高度 x_{m}。

解 取子弹为研究对象，上升过程中子弹受重力和空气阻力作用，初始时刻 $x=0$，$v=v_0$，子弹上升达到最大高度时 $x=x_{\mathrm{m}}$，$v=0$，则根据牛顿第二定律，有

$$-mg - kv^2 = m\frac{dv}{dt}$$

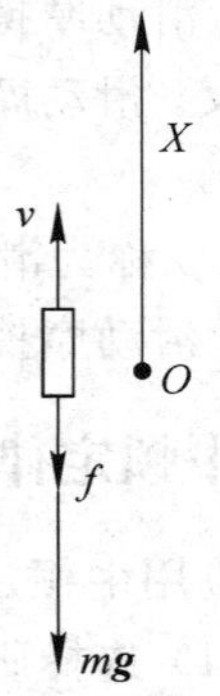

图 1.5.3　例 1.5.2 图

将 $\frac{\mathrm{d}v}{\mathrm{d}t} = \frac{\mathrm{d}v}{\mathrm{d}x} \cdot \frac{\mathrm{d}x}{\mathrm{d}t} = v\frac{\mathrm{d}v}{\mathrm{d}x}$ 代入上式，得

$$-mg - kv^2 = mv\frac{\mathrm{d}v}{\mathrm{d}x}$$

分离变量并积分，有

$$\int_0^{x_{\mathrm{m}}} \mathrm{d}x = \int_{v_0}^{0} -\frac{v}{g + \frac{k}{m}v^2}\mathrm{d}v$$

解得

$$x_{\mathrm{m}} = \frac{m}{2k}\ln\left(1 + \frac{k}{mg}v_0^2\right)$$

显然，初速度越大，上升的最大高度越高。若 k 很小即阻力很小时可做近似 $x_{\mathrm{m}} \approx \frac{v_0^2}{2g}$，结果又回到我们所熟悉的不考虑阻力的情况。

四、牛顿运动定律的适用范围

相对地面以加速度 $\boldsymbol{a}$ 运动着的车厢里，有一静止的物体，对静止在车厢中的观察者来说，物体的加速度为零；但对地球上的观察者来说，物体的加速度是 $\boldsymbol{a}$。如果牛顿运动定律在以地球为参考系时是适用的，则由此得出物体受到不为零的合力的结论；如果牛顿运动定律在以车厢为参考系时亦适用，则由此得出物体所有合力为零的结论。这两种结论显然是矛盾的，这说明牛顿运动定律不能同时适用于上述两种参考系。

我们把牛顿定律成立的参考系称为**惯性参考系**，简称**惯性系**；否则为非惯性系。上述加速运动的车厢就是非惯性系。一个参考系是否为惯性系，只能根据实验来确定。例如，研究地球表面附近的物体运动时，可以将地面视为一个惯性系。实验表明：**一切相对已知惯性系作匀速直线运动的参考系都是惯性系。**

毫无疑问，以牛顿运动定律为基础的经典力学从创立起就取得了巨大成功，无论是我

们熟悉的地面上物体的运动，还是太阳系中遥远行星的运动，均可完美解释和预言；但是当人们研究微观粒子的运动或是物体的高速(可以光速比拟)运动时，牛顿定律却无法解释实验中出现的新现象、新结果。物理学发展表明，微观粒子的运动遵循量子力学的规律，而高速运动遵循相对论力学规律。经典的牛顿力学只适用于宏观物体的低速运动，不适用于微观粒子和高速领域。但目前我们遇到的绝大多数工程实际问题，仍然属于宏观、低速情况，牛顿力学仍是分析解决这些问题的重要工具。

1.6　动量与动量守恒定律

牛顿第二定律给出了力的瞬时效果，物体在外力作用下立即产生瞬时加速度，但有些时候我们关心的是在力对物体作用一段时间后物体的运动状态。本节我们将讨论力的时间累积效应，根据牛顿运动定律，导出单个质点和质点系的动量定理，并进一步讨论动量守恒定律。

一、质点的动量定理

现在我们直接从牛顿第二定理的微分形式 $\boldsymbol{F}=\frac{\mathrm{d}\boldsymbol{p}}{\mathrm{d}t}$ 出发，考察力的时间累积效应。

将 $\boldsymbol{F}=\frac{\mathrm{d}\boldsymbol{p}}{\mathrm{d}t}$ 分离变量，得

$$\boldsymbol{F}\mathrm{d}t=\mathrm{d}\boldsymbol{p} \tag{1.6.1}$$

将式(1.6.1)从 t_1 到 t_2 这段有限时间进行积分，即得

$$\int_{t_1}^{t_2}\boldsymbol{F}\mathrm{d}t=\int_{p_1}^{p_2}\mathrm{d}\boldsymbol{p}=\boldsymbol{p}_2-\boldsymbol{p}_1 \tag{1.6.2}$$

左侧积分表示外力在这段时间内的累积量，叫作力的冲量，用 $\boldsymbol{I}$ 表示，即

$$\boldsymbol{I}=\int_{t_1}^{t_2}\boldsymbol{F}\mathrm{d}t$$

于是，式(1.6.2)可表示为

$$\boldsymbol{I}=\boldsymbol{p}_2-\boldsymbol{p}_1 \tag{1.6.3}$$

式(1.6.2)和式(1.6.3)表明：在某段时间内质点动量的增量，等于作用于该质点上的合力在同一段时间内的冲量，这就是质点的动量定理。

冲量是矢量。在恒力作用的情况下，冲量的方向与恒力的方向相同；在变力作用的情况下，冲量的方向与动量增量的方向相同。动量定理使人们认识到：力在一段时间内的累积效应，使物体动量产生了增量。要产生同样的动量增量，如果力较大则需要积累的时间较短，如果力较小则需要积累的时间较长。但只要力的时间累积量一样，就能产生同样的动量增量。冲量的国际单位为 N·s。

动量定理在碰撞或冲击问题中有重要意义。我们将两物体在碰撞的瞬间相互作用的力称为冲力。图 1.6.1 就是冲力瞬变示意图。由于在冲击、碰撞中作用的时间极短，因此冲力的数值变化迅速，较难测量冲力的瞬时值。但是，根据动量定理，我们可以较容易地测出物体在碰撞或冲击前后的动量，从而计算

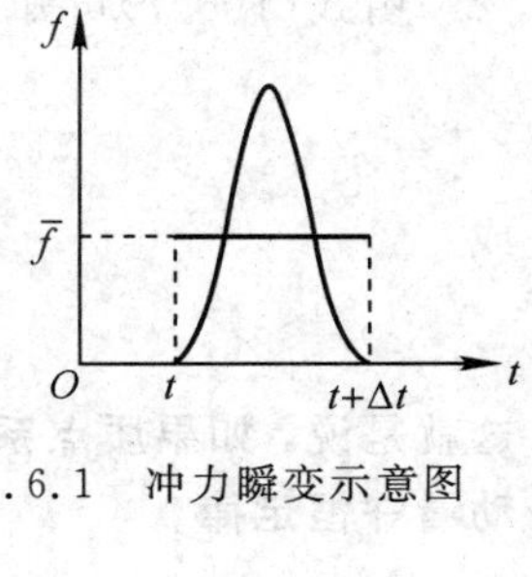

图 1.6.1　冲力瞬变示意图

出冲量的量值。如果能测定冲力的作用时间，就可对冲力的平均大小 $\overline{f}$ 做出估算，然后估算冲力的峰值。在实际问题中，如果作用时间极短，两物体内部间冲力远大于外部有限大小的力(如重力)，则有限大小的外力往往可以忽略而使问题得到简化。此外，在物体动量的变化给定时，常常用延长(缩短)作用时间来减小(增大)冲力。

二、质点系的动量定理

如果研究的对象是多个质点，则称其为**质点系**，也称作系统。单质点可作为质点系的特例。质点系内质点之间的作用力称为内力。质点系以外物体对质点系内质点的作用力称为外力。由牛顿第三定律可知，内力必定是成对出现的，且每对内力的方向都为沿两质点连线的方向。

假设质点系是由有相互作用的多个质点组成的，如图 1.6.2 所示，设质量为 m_i 的第 i 个质点的速度为 $\boldsymbol{v}_i$，其受到的合外力为 $\boldsymbol{F}_i$，合内力为 $\boldsymbol{f}_i$，则对该质点应用质点的动量定理表示为，有

$$\boldsymbol{I}_i = \int_{t_1}^{t_2}(\boldsymbol{F}_i + \boldsymbol{f}_i)\mathrm{d}t = \int_{\boldsymbol{p}_{i1}}^{\boldsymbol{p}_{i2}}\mathrm{d}\boldsymbol{p}_i = \Delta\boldsymbol{p}_i = m_i\boldsymbol{v}_{i2} - m_i\boldsymbol{v}_{i1} \tag{1.6.4}$$

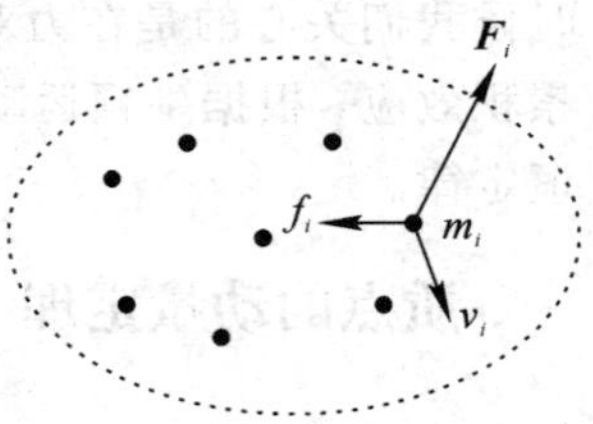

图 1.6.2　质点系

对 i 求和：

$$\sum_i\int_{t_1}^{t_2}(\boldsymbol{F}_i + \boldsymbol{f}_i)\mathrm{d}t = \sum_i\Delta\boldsymbol{p}_i \tag{1.6.5}$$

注意到求和与积分可交换运算次序，于是有

$$\int_{t_1}^{t_2}\Big(\sum_i\boldsymbol{F}_i + \sum_i\boldsymbol{f}_i\Big)\mathrm{d}t = \int_{t_1}^{t_2}\Big(\sum_i\boldsymbol{F}_i\Big)\mathrm{d}t + \int_{t_1}^{t_2}\Big(\sum_i\boldsymbol{f}_i\Big)\mathrm{d}t = \Delta\Big(\sum_i\boldsymbol{p}_i\Big) \tag{1.6.6}$$

根据牛顿第三定律，质点系所有内力之和为零，亦即

$$\sum_i\boldsymbol{f}_i = \boldsymbol{0}$$

则

$$\int_{t_1}^{t_2}\Big(\sum_i\boldsymbol{F}_i\Big)\mathrm{d}t = \Delta\Big(\sum_i\boldsymbol{p}_i\Big) = \sum_i m_i\boldsymbol{v}_{i2} - \sum_i m_i\boldsymbol{v}_{i1} \tag{1.6.7}$$

这就是质点系动量定理的数学表达式，即**在某段时间内质点系总动量的增量，等于作用于该质点系上在同一段时间内合外力的冲量**。这个结论说明内力对质点系的总动量没有贡献，但由式(1.6.6)可知，在质点系内部动量的传递和交换中，则由内力起作用。

三、动量守恒定律

由式(1.6.7)可知，若 $\sum_i\boldsymbol{F}_i = \boldsymbol{0}$，则有

$$\sum_i m_i\boldsymbol{v}_{i2} - \sum_i m_i\boldsymbol{v}_{i1} = \boldsymbol{0} \tag{1.6.8}$$

或

$$\sum_i m_i\boldsymbol{v}_{i2} = \sum_i m_i\boldsymbol{v}_{i1}$$

这就是说，**如果质点系不受外力或所受合外力为零，则质点系的总动量保持不变**。这就是**动量守恒定律**。

动量守恒定律的适用条件是系统内各质点不受外力或合外力为零。在应用时，如果在极短的时间内，系统所受的外力远小于内力而忽略不计，例如碰撞过程、爆炸等问题，就可以应用动量守恒定律来处理。如果系统所受的合外力不为零，但外力在某个方向上的分量之和为零，则此时尽管系统的总动量不守恒，但在该方向动量的分量却是守恒的。

由于动量是相对量，因此运用动量守恒定律时，必须将各质点动量统一到同一惯性系中。此外，我们在讨论动量守恒定律时，是从牛顿运动定律出发的，但不能认为动量守恒定律只是牛顿运动定律的推论。动量守恒定律是比牛顿运动定律更为普遍的规律，在某些过程中，特别是在微观领域中，牛顿运动定律不成立，但动量守恒定律依然成立。

例 1.6.1　如图 1.6.3 所示，一弹性球质量 $m=0.20$ kg，速度 $v=5$ m/s，与墙碰撞后以原速率弹回，且碰撞前后的运动方向和墙的法线所夹的角度都是 $\alpha=60°$，设球和墙碰撞的时间 $\Delta t=0.05$ s，求在碰撞时间内，球和墙的平均相互作用力。

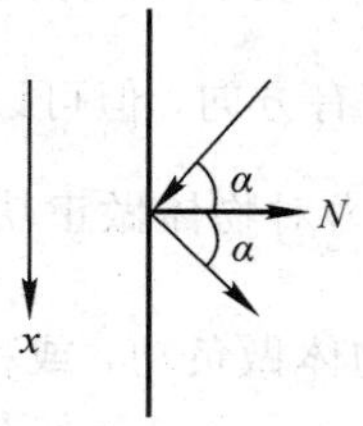

图 1.6.3　例 1.6.1 图

解　以球为研究对象，设墙对球的平均作用力为 $\bar{\boldsymbol{f}}$，球在碰撞前后的速度为 $\boldsymbol{v}_1$ 和 $\boldsymbol{v}_2$，由动量定理可得

$$\bar{\boldsymbol{f}}\Delta t=m\boldsymbol{v}_2-m\boldsymbol{v}_1=m\Delta\boldsymbol{v}$$

将冲量和动量分别沿图中 N 和 x 两个方向进行分解，可得

$$\bar{f}_x\Delta t=mv\sin\alpha-mv\sin\alpha=0$$

$$\bar{f}_N\Delta t=mv\cos\alpha-(-mv\cos\alpha)=2mv\cos\alpha$$

解方程，得

$$\bar{f}_x=0$$

$$\bar{f}_N=\frac{2mv\cos\alpha}{\Delta t}=\frac{2\times0.2\times5\times0.5}{0.05}=20\ \text{N}$$

按照牛顿第三定律，球对墙的平均作用力与 $\bar{\boldsymbol{f}}$ 的大小相等而方向相反，即垂直于墙面向里。

1.7　功　和　能

一个运动的物体在力的作用下，经历一个过程后由其初始状态改变到终末状态。我们知道，任何过程都是在一定的时间和空间内进行的，1.6 节中我们讨论了力的时间累积效应，本节我们将讨论力的空间积累效应，进而讨论功和能的关系，最后导出机械能守恒定律。

一、功、功率

为了表示力的空间累积效应，我们引入功的概念。在力学中，功的最基本定义是恒力的功。如图 1.7.1 所示，一物体作直线运动，在恒力 $\boldsymbol{F}$ 作用下物体发生位移 $\Delta\boldsymbol{r}$，$\boldsymbol{F}$ 与 $\Delta\boldsymbol{r}$ 的夹角为 θ，则恒力 $\boldsymbol{F}$ 所做的功定义为：力在位移方向上的投影与该物体位移大小的乘积。若用 A 表示功，则有

$$A=F\cos\theta|\Delta\boldsymbol{r}|$$

按矢量标积的定义，上式可写为

$$A=\boldsymbol{F}\cdot\Delta\boldsymbol{r} \tag{1.7.1}$$

即恒力的功等于力与质点位移的标积。

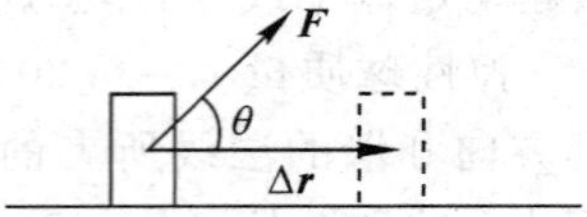

图 1.7.1　恒力的功

显然，功为标量，它只有大小，没有方向，但可以有正负，这取决于力 $\boldsymbol{F}$ 与位移 $\Delta\boldsymbol{r}$ 间的夹角 θ。当 $0\leqslant\theta<\frac{\pi}{2}$ 时，功为正值，力对物体做正功；当 $\theta=\frac{\pi}{2}$ 时，功为零，力对物体不做功；当 $\frac{\pi}{2}<\theta\leqslant\pi$ 时，功为负值，力对物体做负功，或称克服某力做功。

如果物体受到变力作用或作曲线运动，则上面所讨论的功的计算公式就不能直接套用了。如图 1.7.2 所示，质点由位置 a 沿曲线位移到位置 b 的过程可分割成许多足够小的元位移 $\mathrm{d}\boldsymbol{r}$，使得元位移上对应的力 $\boldsymbol{F}$ 可看成恒力，则力在这段元位移上所做的元功为

$$\mathrm{d}A=\boldsymbol{F}\cdot\mathrm{d}\boldsymbol{r} \tag{1.7.2}$$

力 $\boldsymbol{F}$ 在轨道 ab 上所做的总功等于所有元功的代数和，即

$$A=\int_a^b\mathrm{d}A=\int_a^b\boldsymbol{F}\cdot\mathrm{d}\boldsymbol{r}=\int_a^b F\cos\alpha|\mathrm{d}\boldsymbol{r}|=\int_a^b F_\tau\mathrm{d}s \tag{1.7.3}$$

式中：$\mathrm{d}s=|\mathrm{d}\boldsymbol{r}|$；$F_\tau$ 是 $\boldsymbol{F}$ 在元位移方向上(即切向)的投影。式(1.7.3)就是计算变力做功的一般方法。

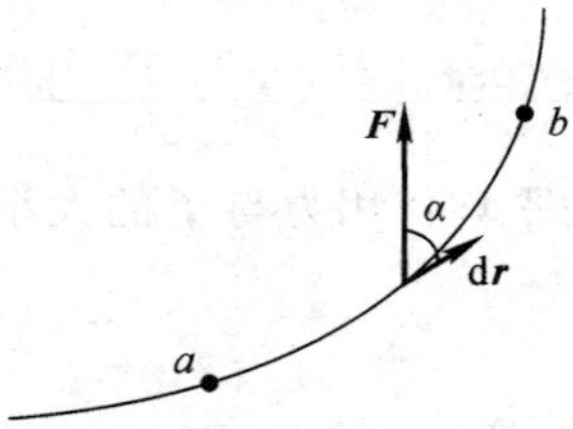

图 1.7.2　变力的功

在直角坐标系中，

$$\boldsymbol{F}=F_x\boldsymbol{i}+F_y\boldsymbol{j}+F_z\boldsymbol{k}$$
$$\mathrm{d}\boldsymbol{r}=\mathrm{d}x\boldsymbol{i}+\mathrm{d}y\boldsymbol{j}+\mathrm{d}z\boldsymbol{k}$$

则式(1.7.3)可表示为

$$A=\int_a^b(F_x\mathrm{d}x+F_y\mathrm{d}y+F_z\mathrm{d}z)$$

力在单位时间内所做的功，称为功率。设在时间 Δt 内，力 $\boldsymbol{F}$ 所做的功为 ΔA，则力在

这段时间内的平均功率 $\overline{P}$ 为

$$\overline{P}=\frac{\Delta A}{\Delta t} \tag{1.7.4}$$

当 $\Delta t\to 0$ 时，某时刻的瞬时功率为

$$P=\lim_{\Delta t\to 0}\overline{P}=\lim_{\Delta t\to 0}\frac{\Delta A}{\Delta t}=\frac{\mathrm{d}A}{\mathrm{d}t}=\boldsymbol{F}\cdot\frac{\mathrm{d}\boldsymbol{r}}{\mathrm{d}t}=\boldsymbol{F}\cdot\boldsymbol{v} \tag{1.7.5}$$

即瞬时功率(简称功率)等于力和速度的标积。功率是标量。功率表示力做功快慢的程度。

在国际单位制中，功的单位是 N·m，称为焦耳(J)，功率的单位是 J/s，称为瓦特(W)。

二、保守力的功

当对各种力所做的功进行计算时，发现有一类力其功的大小只与物体的始、末位置有关，而与所经历的路径无关，这类力被称为**保守力**，例如重力、万有引力、弹簧弹性力等。

1. 重力的功

质量为 m 的质点在重力作用下由 A 点沿任意路径移到 B 点，如图 1.7.3 所示，选取地面为坐标原点，Z 轴垂直于地面，向上为正，重力只有 Z 方向的分量，即 $F_Z=-mg$，则该运动过程中重力做功为

$$A=\int_{z_0}^{z}F_z\mathrm{d}z=\int_{z_0}^{z}-mg\,\mathrm{d}z=-(mgz-mgz_0) \tag{1.7.6}$$

式(1.7.6)表明，重力所做的功只由质点相对于地面的始、末位置 z_0 和 z 来决定，而与所通过的路径无关。

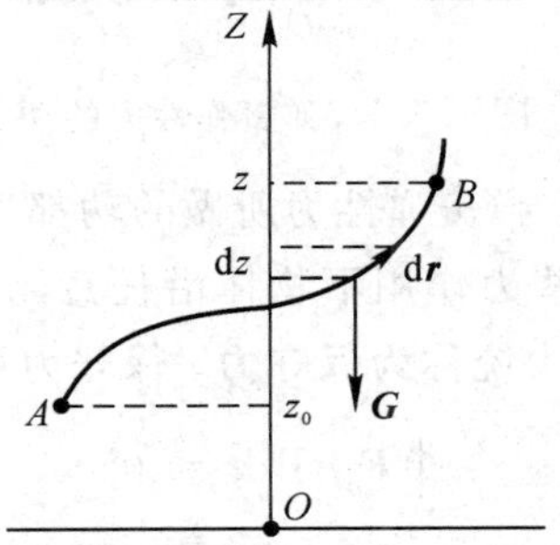

图 1.7.3　重力的功

2. 万有引力的功

质量分别为 m 和 M 的两个质点，质点 m 相对于 M 的初位置为 $\boldsymbol{r}_A$，末位置为 $\boldsymbol{r}_B$，如图 1.7.4 所示，质点 m 受到 M 的引力为

$$\boldsymbol{F}=-G\frac{mM}{r^2}\boldsymbol{r}_0$$

式中 $\boldsymbol{r}_0$ 表示 m 相对 M 位矢的单位矢量，则引力的元功为

$$\mathrm{d}A=\boldsymbol{F}\cdot\mathrm{d}\boldsymbol{r}=-G\frac{mM}{r^2}\boldsymbol{r}_0\cdot\mathrm{d}\boldsymbol{r} \tag{1.7.7}$$

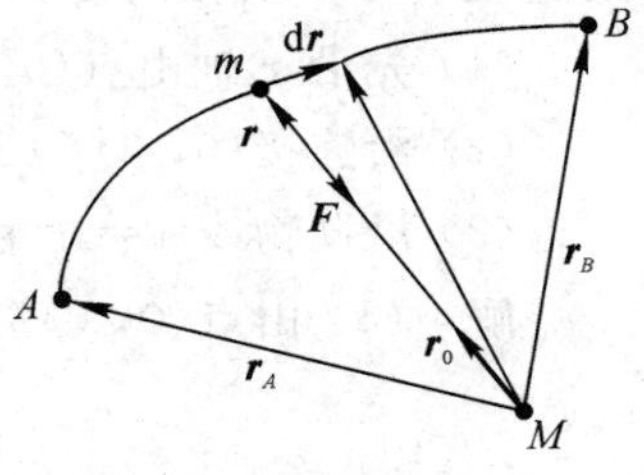

图 1.7.4　万有引力的功

因为 $\boldsymbol{r} \cdot \mathrm{d}\boldsymbol{r} = r \cdot \mathrm{d}r$，又 $\boldsymbol{r}_0 = \dfrac{\boldsymbol{r}}{r}$，所以

$$\mathrm{d}A = -G\frac{mM}{r^2}\mathrm{d}r \tag{1.7.8}$$

于是质点 m 从 A 点移动到 B 点的过程中，万有引力做的功为

$$A = \int_{r_A}^{r_B} -G\frac{mM}{r^2}\mathrm{d}r = -\left[\left(-G\frac{mM}{r_B}\right) - \left(-G\frac{mM}{r_A}\right)\right] \tag{1.7.9}$$

式(1.7.9)表明，万有引力所做的功也只与质点的始、末位置有关，而与具体路径无关。

3. 弹性力的功

此处，弹性力指弹簧上的胡克力。如图 1.7.5 所示，水平桌面上有一劲度系数为 k 的轻质弹簧，其左端固定，右端系一质量为 m 的物体。设弹簧伸长方向为 X 轴正向，坐标原点 O 为弹簧处于原长时物体的位置，也是 X 轴，则弹性力的元功为

$$\mathrm{d}A = \boldsymbol{f} \cdot \mathrm{d}\boldsymbol{r} = -kx\mathrm{d}x$$

当物体沿 X 轴由位置 x_1 移动到位置 x_2 时，弹性力所做的功为

$$A = \int_{x_1}^{x_2} -kx\,\mathrm{d}x = -\left(\frac{1}{2}kx_2^2 - \frac{1}{2}kx_1^2\right) \tag{1.7.10}$$

式(1.7.10)表明，弹簧弹性力所做的功也只与弹簧的始、末位置有关，而与弹簧的中间形变过程无关。

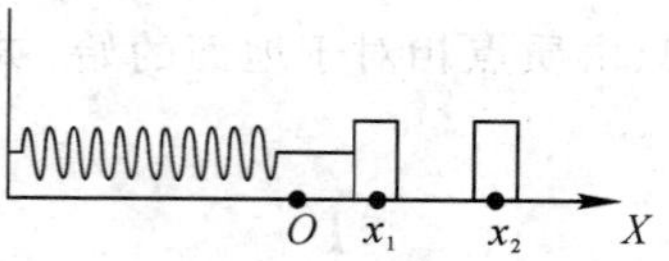

图 1.7.5　弹簧弹性力的功

由此可见，重力、万有引力、弹簧弹性力所做的功都只与物体的始、末位置有关，而与具体的路径无关，或者说，当这些力作用下物体沿任意闭合路径绕行一周时，它们做的功均为零，我们把具有这种特性的力统称为**保守力**。保守力可用下面的数学式来定义：

$$\oint_l \boldsymbol{F}_{保} \cdot \mathrm{d}\boldsymbol{r} = 0 \tag{1.7.11}$$

在物理学中，除了上面讲的力之外，以后要讲的静电力也是保守力。我们把没有这种特性的力称为**非保守力**。摩擦力就是非保守力，它做的功是与路径有关的。

例 1.7.1　设质点所受外力 $\boldsymbol{F} = (y^2 - x^2)\boldsymbol{i} + 3xy\boldsymbol{j}$，求质点由点(0，0)运动到点(2，4)的过程中力 $\boldsymbol{F}$ 所做的功：

(1) 先沿 x 轴由点(0，0)运动到点(2，0)，再平行 y 轴由点(2，0)运动到点(2，4)；

(2) 沿连接(0，0)、(2，4)两点的直线；

(3) 沿抛物线 $y = x^2$ 由点(0，0)运动到点(2，4)(单位为国际单位制)。

解　(1) 由点(0，0)沿 x 轴到点(2，0)，此时 $y=0$，$\mathrm{d}y=0$，故

$$A_1 = \int_0^2 F_x \mathrm{d}x = \int_0^2 (-x^2)\mathrm{d}x = -\frac{8}{3}\ \mathrm{J}$$

由点(2，0)平行 y 轴到点(2，4)，此时 $x=2$，$\mathrm{d}x=0$，故

$$A_2 = \int_0^4 F_y \mathrm{d}y = \int_0^4 (6y)\mathrm{d}y = 48\ \mathrm{J}$$

因此

$$A = A_1 + A_2 = 45\ \frac{1}{3}\ \mathrm{J}$$

(2) 因为由原点到点(2, 4)的直线方程为 $y=2x$，故

$$A = \int_0^2 F_x \mathrm{d}x + \int_0^4 F_y \mathrm{d}y = \int_0^2 (4x^2 - x^2)\mathrm{d}x + \int_0^4 \frac{3}{2}y^2 \mathrm{d}y = 40\ \mathrm{J}$$

(3) 因为 $y=x^2$，所以：

$$A = \int_0^2 (x^4 - x^2)\mathrm{d}x + \int_0^4 3y^{\frac{3}{2}} \mathrm{d}y = 42\ \frac{2}{15}\ \mathrm{J}$$

可见题中的力是非保守力。

三、质点的动能定理

力对物体做功后，物体的运动状态将发生变化。

设有一质点沿任一曲线运动，在曲线上取任一元位移 $\mathrm{d}\boldsymbol{r}$，则合力 $\boldsymbol{F}$ 在这段元位移上的功为

$$\mathrm{d}A = \boldsymbol{F} \cdot \mathrm{d}\boldsymbol{r} = m\frac{\mathrm{d}\boldsymbol{v}}{\mathrm{d}t} \cdot \boldsymbol{v}\mathrm{d}t = m\boldsymbol{v} \cdot \mathrm{d}\boldsymbol{v} \tag{1.7.12}$$

与 $\boldsymbol{r} \cdot \mathrm{d}\boldsymbol{r} = r\mathrm{d}r$ 类似，$\boldsymbol{v} \cdot \mathrm{d}\boldsymbol{v} = v\mathrm{d}v$，所以

$$\mathrm{d}A = mv\mathrm{d}v = \mathrm{d}\left(\frac{1}{2}mv^2\right) \tag{1.7.13}$$

若质点由初位置 1 处运动到末位置 2 处，其速率由 v_1 增至 v_2，则有

$$A = \int_1^2 \mathrm{d}A = \int_{v_1}^{v_2} \mathrm{d}\left(\frac{1}{2}mv^2\right) = \frac{1}{2}mv_2^2 - \frac{1}{2}mv_1^2$$

即

$$A = \int_1^2 \boldsymbol{F} \cdot \mathrm{d}\boldsymbol{r} = \frac{1}{2}mv_2^2 - \frac{1}{2}mv_1^2 \tag{1.7.14}$$

式中的 $\frac{1}{2}mv^2$ 称为质点的**动能**，用 E_k 表示，即

$$E_k = \frac{1}{2}mv^2$$

引入动能后，式(1.7.14)又可写为

$$A = E_{k2} - E_{k1} \tag{1.7.15}$$

式(1.7.15)说明**作用于质点的合外力在某一路程中对质点所做的功，等于质点在同一路程的始、末两个状态动能的增量**，这就是**质点的动能定理**。质点的动能定理告诉我们：当 $A>0$ 时，作用于质点上的合外力做正功，质点的动能增加；当 $A<0$ 时，作用于质点上的合外力做负功，质点的动能减少。

质点动能定理还说明了作用于质点的合力在某一过程中对质点所做的功，只与运动质点在该过程的始、末两个状态的动能有关，而与质点在运动过程中动能变化的细节无关。只要知道了质点在某过程的始、末两个状态的动能，就知道了作用于质点的合力在该过程

中对质点所做的功，它为我们分析、研究某些动力学问题提供了方便。

动能和功的单位是一样的，但是意义不同。功反映力的空间累积效应，是个过程量；动能表示物体的运动状态，是个状态量。功是物体在某过程中能量改变的一种量度。

例 1.7.2 质量为 10 kg 的物体沿 x 轴无摩擦地滑动，$t=0$ 时物体静止于原点。

(1) 若物体在力 $F=3+4t$(N)的作用下运动了 3 s，它的速度增加为多大？

(2) 若物体在力 $F=3+4x$(N)的作用下移动了 3 m，它的速度增加为多大？

解 (1) 由动量定理 $\int_0^t F\mathrm{d}t = mv$ 得

$$v = \int_0^t \frac{F}{m}\mathrm{d}t = \int_0^3 \frac{3+4t}{10}\mathrm{d}t = 2.7 \text{ m/s}$$

(2) 由动能定理 $\int_0^x F\mathrm{d}x = \frac{1}{2}mv^2$ 得

$$v = \sqrt{\int_0^x \frac{2F}{m}\mathrm{d}x} = \sqrt{\int_0^3 \frac{2(3+4x)}{10}\mathrm{d}x} = 2.3 \text{ m/s}$$

四、势能

我们在前面的讨论中已指出，保守力的功与质点运动的路径无关，仅取决于相互作用的两个质点初态 1 和终态 2 的相对位置，如重力、万有引力、弹簧力的功，其值分别为

$$A_{重} = -(mgz_2 - mgz_1)$$

$$A_{引} = -\left[\left(-G\frac{mM}{r_2}\right) - \left(-G\frac{mM}{r_1}\right)\right]$$

$$A_{弹} = -\left(\frac{1}{2}kx_2^2 - \frac{1}{2}kx_1^2\right)$$

可以看出，保守力做功总是等于一个相对位置决定的函数增量的负值，而做功是与能量的改变量相关联的。因此，上述由相对位置决定的函数必定是某种能量的函数形式，我们将其称为势能函数，用 E_p 表示，则

$$A_{保} = \int_1^2 \boldsymbol{F}_{保} \cdot \mathrm{d}\boldsymbol{r} = -(E_{\mathrm{p}2} - E_{\mathrm{p}1}) = -\Delta E_\mathrm{p} \tag{1.7.16}$$

即保守力在某一过程中做的功，等于该过程始、末两个状态势能增量的负值。

保守力做功只给出了势能之差，要确定空间某点势能还必须选定一个参考位置，规定质点在该位置的势能为零，通常称这一位置为**零势能点**。当确定了零势能点后，空间任意 p 点的势能为

$$E_p = E_p - 0 = \int_p^{\text{"0"}} \boldsymbol{F}_{保} \cdot \mathrm{d}\boldsymbol{r} \tag{1.7.17}$$

即质点在某一位置所具有的势能，等于把质点从该点沿任意路径移动到势能零点时保守力所做的功。这样如果取离地面高度 $z=0$ 的点为重力势能零点，则重力势能函数为

$$E_{\mathrm{p}重} = mgz \tag{1.7.18}$$

如果取无穷远处为万有引力势能零点，则万有引力势能函数为

$$E_{\mathrm{p}引} = -G\frac{mM}{r} \tag{1.7.19}$$

如果取弹簧原长处为坐标原点和弹性势能零点，则弹性势能函数为

$$E_{p弹}=\frac{1}{2}kx^2 \tag{1.7.20}$$

应当强调，势能既取决于系统内物体之间相互作用的形式，又取决于物体之间的相对位置，所以势能是属于物体系统的，不为单个物体所具有。此外，某处系统势能的量值具有相对意义，与零势能点的选取有关，零势能点可以任意选取，但以简便为原则，而两点之间的势能差是绝对的，与势能零点的选取无关。

五、质点系的动能定理与功能原理

1. 质点系的动能定理

现在我们把单个质点的动能定理推广到质点系。设质点系由两个质点 1 和 2 组成，它们的质量分别为 m_1 和 m_2，如图 1.7.6 所示，系统的外力 $\boldsymbol{F}_1$ 和 $\boldsymbol{F}_2$ 分别作用于质点 1 和 2 上，两个质点的内力用 $\boldsymbol{f}_{12}$ 和 $\boldsymbol{f}_{21}$ 表示，在这些力的作用下，质点 1 和 2 沿各自的路径 s_1、s_2 运动。对质点 1 应用质点动能定理，有

$$\int \boldsymbol{F}_1\cdot \mathrm{d}\boldsymbol{r}_1+\int \boldsymbol{f}_{12}\cdot \mathrm{d}\boldsymbol{r}_1=\Delta E_{k1}$$

同样，对质点 2 应用质点动能定理，有

$$\int \boldsymbol{F}_2\cdot \mathrm{d}\boldsymbol{r}_2+\int \boldsymbol{f}_{21}\cdot \mathrm{d}\boldsymbol{r}_2=\Delta E_{k2}$$

以上两式相加，得

$$\int \boldsymbol{F}_1\cdot \mathrm{d}\boldsymbol{r}_1+\int \boldsymbol{F}_2\cdot \mathrm{d}\boldsymbol{r}_2+\int \boldsymbol{f}_{12}\cdot \mathrm{d}\boldsymbol{r}_1+\int \boldsymbol{f}_{21}\cdot \mathrm{d}\boldsymbol{r}_2=\Delta E_{k1}+\Delta E_{k2}$$

式中：$\Delta E_{k1}+\Delta E_{k2}$ 是系统动能的增量，用 ΔE_k 表示；$\int \boldsymbol{F}_1\cdot \mathrm{d}\boldsymbol{r}_1+\int \boldsymbol{F}_2\cdot \mathrm{d}\boldsymbol{r}_2$ 为系统外力的功，用 $A_{外}$ 表示；$\int \boldsymbol{f}_{12}\cdot \mathrm{d}\boldsymbol{r}_1+\int \boldsymbol{f}_{21}\cdot \mathrm{d}\boldsymbol{r}_2$ 为系统内力的功（注意，由于系统内各质点位移可能不相同，因此系统内力做功之和不一定为零），用 $A_{内}$ 表示。因此，该式可以写成

$$A_{外}+A_{内}=\Delta E_k \tag{1.7.21}$$

这就是**质点系的动能定理**，它说明**质点系从一个状态运动到另一个状态时动能的增量，等于作用于质点系上的所有力在这一过程中所做的功的总和。**

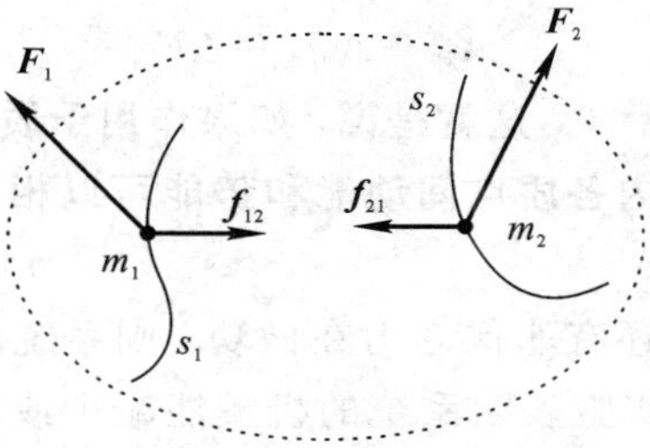

图 1.7.6 两质点组成的质点系示意图

2. 质点系的功能原理

对系统的内力来说，它们有保守力和非保守力之分，所以内力的功可分为保守内力的功 $A_{内保}$ 和非保守内力的功 $A_{内非}$。保守内力的功可用系统势能增量的负值表示，即

$$A_{内保}=-\Delta E_p$$

这样，式(1.7.21)可写为

$$A_{外}+A_{内非}=\Delta E_k+\Delta E_p=\Delta E \qquad (1.7.22)$$

式中：ΔE 为系统机械能的增量。式(1.7.22)表明，**质点系机械能的增量等于外力与非保守内力做功的总和**，这就是质点系的**功能原理**。顺便指出，由于势能的大小与零势能点的选取有关，因此在运用功能原理时，应先指明系统范围，并确定势能零点。

例 1.7.3 如图 1.7.7 所示，一轻弹簧一端系于固定斜面的上端，另一端连着质量为 m 的物块，物块与斜面的摩擦系数为 μ，弹簧的劲度系数为 k，斜面倾角为 θ，今将物块由弹簧的原长拉伸 l 后从静止释放，求物块第一次静止时的位置。

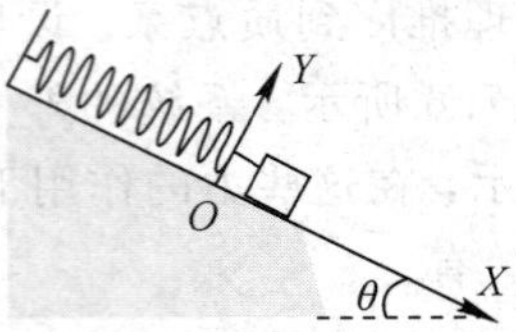

图 1.7.7 例 1.7.3 图

解 以弹簧、物块和地球为系统，取弹簧原长处为坐标原点，沿斜面向下为 X 轴正向，且以原点为弹性势能和重力势能零点，则由功能原理知，在物块滑至 x 处时，有

$$-\mu mg\cos\theta(l-x)=\left(\frac{1}{2}mv^2+\frac{1}{2}kx^2-mgx\sin\theta\right)-\left(\frac{1}{2}kl^2-mgl\sin\theta\right)$$

物块静止位置与 $v=0$ 对应，故有

$$\frac{1}{2}kx^2-mgx(\sin\theta+\mu\cos\theta)+mgl(\sin\theta+\mu\cos\theta)-\frac{1}{2}kl^2=0$$

解此二次方程，得

$$x=\frac{2mg(\sin\theta+\mu\cos\theta)}{k}-l$$

另一根 $x=l$，即初始位置，舍去。

六、机械能守恒定律与能量守恒定律

根据质点系的功能原理容易看出：

$$A_{外}+A_{内非}=\Delta E$$

当 $A_{外}=0$ 且 $A_{内非}=0$ 时，$\Delta E=0$，这就是说，**如果作用于质点系的所有外力与非保守力都不做功，则运动过程中质点系内各质点间动能和势能可以相互转换，但机械能的总值保持不变**。这就是**机械能守恒定律**。

如果系统内除保守力外，还有非保守力在做功，则系统的机械能必将发生变化，这时机械能不再守恒。但是，大量实验表明系统的机械能减少或增加的同时，必然有等值的其他形式的能量(如电磁能、化学能及核能等)在增加或减少，而使系统的机械能和其他形式能量的总和保持不变。由此可见，机械能守恒定律仅是上述情况的一个特例，自然界还存在着比它更为普遍的定律。

大量事实证明，在**孤立系统内，不论发生何种变化过程，各种形式的能量之间无论怎样转换，系统的总能量将保持不变**，这就是**能量守恒定律**。能量守恒定律不仅适用于物质的机械运动、热运动、电磁运动、核子运动等物理运动形式，而且也适用于化学运动、生物运动等运动形式。由于运动是物质的存在形式，而能量又是物质运动的量度，因此，能量守恒定律的深刻含义是：运动既不能消失也不能创造，它只能由一种形式转换为另一种形式，能量的守恒在数量上体现了运动的守恒。

例 1.7.4 两个物块分别固结在一轻质弹簧两端并放置在光滑水平面上，如图 1.7.8 所示，先将两个物块水平拉开，使弹簧伸长 l，然后无初速度释放。已知：两个物块的质量分别为 m_1、m_2，弹簧的劲度系数为 k，求释放后两个物块的最大相对速度。

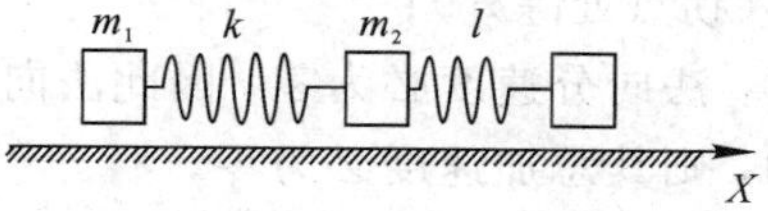

图 1.7.8 例 1.7.4 图

解 选地面为参考系，从物块被释放至两个物块相对速度最大的过程，两个物块和弹簧系统动量守恒，又系统无非保守内力与外力，故系统机械能守恒。设两个物块相对速度最大时，两个物块的速度大小分别为 v_1、v_2，则有

$$m_1 v_1 + m_2 v_2 = 0$$

最大相对速度对应其初势能全部转化为动能的情况，于是有

$$\frac{1}{2}kl^2 = \frac{1}{2}m_1 v_1^2 + \frac{1}{2}m_2 v_2^2$$

联立以上两式，解得

$$v_1 = \sqrt{\frac{m_2 k l^2}{m_1(m_1+m_2)}},\ v_2 = -\sqrt{\frac{m_1 k l^2}{m_2(m_1+m_2)}}$$

两个物块的最大相对速度的大小为

$$|v_1 - v_2| = \sqrt{\frac{(m_1+m_2)kl^2}{m_1 m_2}}$$

习 题 1

1.1 有一运动的质点，其运动方程为 $\boldsymbol{r}=3t^2\boldsymbol{i}+t\boldsymbol{j}+\boldsymbol{k}$(SI)。求：其任意 t 时刻的速度和加速度。

1.2 在 x 轴上作变加速直线运动的质点，已知其初速度为 v_0，初始位置为 x_0，加速度 $a=ct^2$(c 为常数)。求：其速度与时间的关系及运动方程。

1.3 一艘正在行驶的汽艇，在关闭发动机后，有一个与它速度相反的加速度，其大小与速率的平方成正比，即 $a=-kv^2$(k 为常数)，已知 v_0 是关闭发动机时汽艇的速度。试求：

(1) 该汽艇速度随时间的变化关系；

(2) 该汽艇行驶距离随时间的变化关系。

1.4 一物体悬挂在弹簧上作竖直振动，其加速度为 $a=-ky$，(k 为常数，y 是以平衡位置为原点所测得的坐标)，假定振动的物体在坐标 y_0 处的速度为 v_0。求：速度 v 与坐标 y 的函数关系式。

1.5　以下关于加速度的说法是否正确？为什么？

(1) 速度为零，加速度一定为零；

(2) 当速度和加速度方向一致，但加速度量值减小时，速度的值一定增加；

(3) 速度很大，加速度也一定很大；

(4) 若物体作匀速率运动，则其总加速度必为零。

1.6　以下关于沿曲线运动的说法是否正确？为什么？

(1) 切向加速必不为零；

(2) 法向加速度必不为零(拐点处除外)；

(3) 由于速度沿切线方向，法向分速度必为零，因此法向加速度必为零；

(4) 若物体作匀速率运动，则其总加速度必为零。

1.7　一质点沿半径为 R 的圆周运动，运动方程为 $\theta=3+2t^2$(SI)。求：任意 t 时刻质点的法向加速度和角加速度。

1.8　在半径为 R 的圆周上运动的质点，其速率与时间关系为 $v=kt^2$(k 为常数)。求：

(1) 从 $t=0$ 到 t 时刻之间，质点走过的路程；

(2) t 时刻质点的切向加速度。

1.9　如图所示，一个半径为 $R=1.0$ m 的轻圆盘，可以绕一水平轴自由转动。一根轻绳绕在盘子的边缘，其自由端拴一物体 A。在重力作用下，物体 A 从静止开始匀加速地下降，在 $\Delta t=2.0$ s 内下降的距离 $h=0.4$ m。求：物体开始下降后 3 s 末，圆盘边缘上任一点的切向加速度与法向加速度。

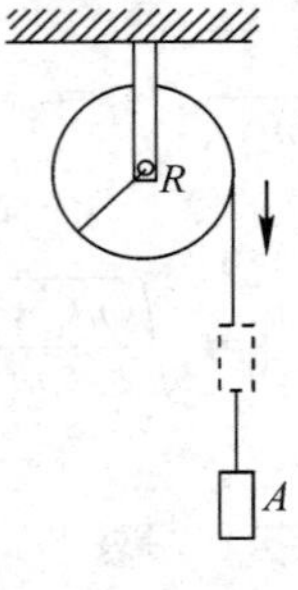

题 1.9 图

1.10　一列火车沿半径 $R=500$ m 的圆轨道运动，并且切向加速度是一个恒定的值。若火车进入圆轨道时的速率 $v_1=15$ m/s，走过 $\Delta s=375$ m 路程后速率 $v_2=10$ m/s，求：

(1) 火车走完这段路程需要的时间；

(2) 火车进入圆轨道 15 s 后加速度的大小。

1.11　质量为 m 的质点沿 OX 轴正向运动，设质点通过坐标点 x 时的速度为 $v=kx$ (k 为常数)，求：

(1) 作用在质点上的合外力；

(2) 质点从 $x=x_0$ 运动到 $x=2x_0$ 处所需的时间。

1.12　一质量为 m 的子弹以速度 v_0 水平射入沙土中，设子弹所受阻力与速度反向，大小与速度大小成正比，比例系数为 k，忽略子弹的重力，求：

(1) 子弹射入沙土后，速度随时间变化的函数式；

（2）子弹进入沙土的最后深度。

1.13 一质点受力 $\boldsymbol{F}=3x^2\boldsymbol{i}$(SI)作用，沿 x 轴正方向运动，求从 $x=0$ m 运动到 $x=2$ m 过程中力所做的功。

1.14 一人造地球卫星绕地球作椭圆运动，近地点为 A，远地点为 B。A、B 两点距地心分别为 r_1 及 r_2，设卫星质量为 m，地球质量为 M，万有引力常量为 G。求：卫星在 A、B 两点引力势能之差和动能之差。

1.15 一颗子弹在枪筒里前进时所受的合力大小为 $F=200-\frac{2\times10^5}{3}t$(SI)，子弹从枪口射出时的速率为 200 m/s，假设子弹离开枪口时的合力刚好为零，求：

（1）子弹走完枪筒全长所用的时间；

（2）子弹在枪筒中所受力的冲量。

1.16 一个力 $\boldsymbol{F}$ 作用在质量为 1.0 kg 的质点上，使之沿 x 轴运动，已知在此力作用下质点的运动方程为 $x=3t-4t^2+t^3$(SI)。求：在 0～4 s 的时间间隔内，力 $\boldsymbol{F}$ 的冲量大小以及对质点所做的功。

第 2 章　刚体力学基础

前面，我们通过对质点运动的研究建立了经典力学的基本框架，然而，当我们讨论像电机转子的转动、炮弹的自旋、车轮的滚动、桥梁的平衡等问题时，物体的形状、大小往往起到很重要的作用。这时，我们必须考虑物体的形状和大小以及形状和大小发生变化的问题。但是，如果在研究物体运动时，把形状和大小以及它们的变化都考虑在内，会使问题变得相当复杂。值得庆幸的是，在很多情况下，物体在受力和运动时形变都很小，基本上保持原来大小和形状不变，为了便于研究及抓住问题的主要方面和本质方面，人们提出了“刚体”这一理想模型。本章讲述刚体力学的基础知识，主要包括刚体绕定轴转动的转动定律、动能定理、动量矩守恒定律及其应用。

2.1　刚体定轴转动运动学

一、刚体的概念

实验表明，任何物体在受到外力作用时，形状和大小都会发生变化。例如汽车过桥，桥墩将发生压缩变形，桥身将发生弯曲变形等。对一般物体来说，在外力作用下其形变很小，对所研究的问题影响也不大，为了研究问题方便，我们就认为这个物体在力的作用下将保持其形状和大小不变。我们**把这种在力作用下，形状和大小都保持不变的物体，称为刚体**。物体可以看作大量质点组成的，因此刚体也可定义为：在力作用下，组成物体的所有质点之间的距离始终保持不变。例如在研究汽车车轮上各点的速度和加速度时，在研究转动飞轮的运动规律时，就可以把车轮、飞轮看作刚体。物体受力的作用总是要发生形变的，因此，没有真正的刚体。刚体是力学中一个十分有用的理想模型。

二、刚体的基本运动

刚体的运动一般是比较复杂的，其中最简单、最基本的运动形式是平动和转动。研究刚体的平动和转动是研究刚体复杂运动的基础。

如图 2.1.1 所示，刚体在运动过程中，**如果刚体上任意一条直线都始终保持与自身平行，则这种运动称作平动**。根据刚体平动的特点，可以证明刚体在平动过程中的任意一段时间内，构成刚体的各质元都在做完全相同的运动，各质元的速度和加速度都是相同的。因此，对于刚体平动，只要了解其上任一质元的运动，就可以掌握整个刚体的运动情况。也就是说，对刚体平动的研究可归结为对质点运动的研究。

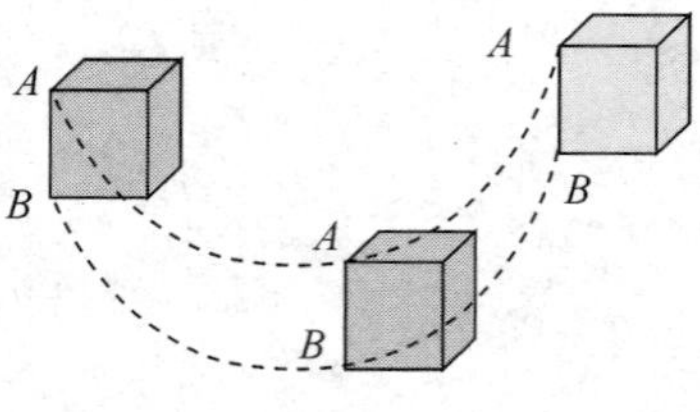

图 2.1.1　刚体的平动

通常用刚体的质心运动来代表做平动刚体的运动。

刚体运动时，若刚体中所有质元都绕同一直线做圆周运动，这种运动称为**转动**，这条直线称为**转轴**。在刚体转动过程中，如果转轴相对参考系是固定不动的，这样的转动称为**刚体的定轴转动**，如门的转动、电机转子的转动等。本章主要介绍刚体定轴转动的一些基本规律。

三、刚体定轴转动的描述

研究刚体的定轴转动时，可定义：垂直于转轴的平面为转动平面，该转动平面与转轴的交点为转动中心，这样刚体上任一质元都将在通过该质元的转动平面内绕转动中心做圆周运动。因此，刚体的定轴转动实质上就是刚体上各个质元在各自的转动平面内绕各自的转动中心的圆周运动。

显然，刚体做定轴转动时，在相同的一段时间内，刚体上转动半径不同的各质元，其位移、速度、加速度一般都各不相同，但各质元对自身转动中心转过的角度却是相同的，而且其角速度和角加速度也是相同的，因此用角量来描述刚体的定轴转动较为方便。前面讨论过的角位移、角速度和角加速度等概念及公式、角量和线量的关系，都可用来描述刚体的定轴转动。

如图 2.1.2 所示，刚体绕 Z 轴做定轴转动，在刚体上任取一转动平面，以转动中心 O 点为极点建立极坐标系，从 O 出发引一条射线 OX 为极轴，则转动平面上任一点 P 的位置，就可用极轴 OX 到极径 OP 的夹角 θ 来描述，θ 称为描述刚体定轴转动的**角坐标**，当面对 Z 轴观察时，通常选逆时针方向为参考正方向。

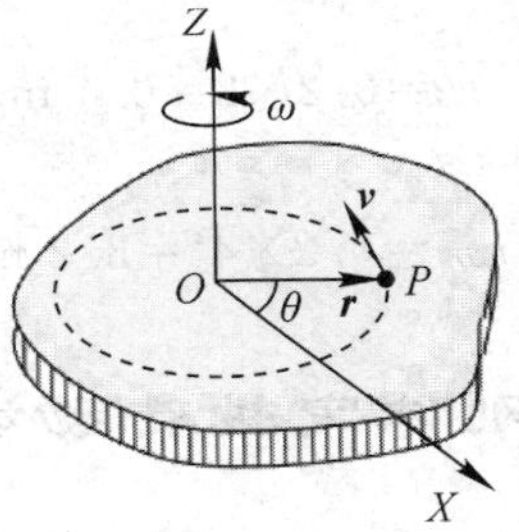

图 2.1.2　刚体的定轴转动

刚体定轴转动时，角坐标是时间的单值连续函数，即 $\theta=\theta(t)$ 称为**刚体绕定轴转动的运动学方程**。

Δt 时间内角位置的增量 $\Delta\theta=\theta(t+\Delta t)-\theta(t)$ 称为刚体定轴转动的**角位移**。

为了描述刚体绕定轴转动的快慢和方向，引入**角速度**，用 ω 表示，定义为

$$\omega=\lim_{\Delta t\to 0}\frac{\Delta\theta}{\Delta t}=\frac{\mathrm{d}\theta}{\mathrm{d}t} \tag{2.1.1}$$

同时，引入角加速度来描述刚体定轴转动过程中角速度的变化状态，用 β 表示，定义为

$$\beta=\lim_{\Delta t\to 0}\frac{\Delta\omega}{\Delta t}=\frac{\mathrm{d}\omega}{\mathrm{d}t}=\frac{\mathrm{d}^2\theta}{\mathrm{d}t^2} \tag{2.1.2}$$

根据角量与对应线量间的关系可得，刚体中任意质元的角量与线量间的关系为

$$v=r\omega$$

$$a_\tau=\frac{\mathrm{d}v}{\mathrm{d}t}=r\beta$$

$$a_n=\frac{v^2}{r}=r\omega^2$$

式中 r 为质元距其转动中心的距离。

可见刚体定轴转动的描述方法，类似于质点圆周运动的角量描述。当我们规定了逆时针旋转为正参考方向后，θ、$\Delta\theta$、ω、β 各量均可视为代数量。

例 2.1.1　一飞轮的半径为0.2 m，绕通过其中心的固定水平轴转动，其运动学方程为 $\theta=t^2+2t+2(\text{rad})$。求：

(1) $t=1$ 秒时的角速度；

(2) $t=1$ 秒时飞轮边缘上一点的线速度、切向加速度和法向加速度的大小。

解　(1) 根据式(2.1.1)，得

$$\omega=\frac{d\theta}{dt}=2t+2$$

把 $t=1$ 秒代入上式，得

$$\omega=4\ \text{rad/s}$$

(2) 根据式(2.1.2)，得

$$\beta=\frac{d\omega}{dt}=2\ \text{rad/s}^2$$

由角量和线量的关系得 $t=1$ 秒时线速度大小为

$$v=r\omega=0.2\times4=0.8\ \text{m/s}$$

$t=1$ 秒时切向加速度大小为

$$a_\tau=r\beta=0.2\times2=0.4\ \text{m/s}^2$$

$t=1$ 秒时法向加速度大小为

$$a_n=r\omega^2=0.2\times4^2=3.2\ \text{m/s}^2$$

2.2　刚体定轴转动动力学

力是使物体平动状态发生改变的原因，而力矩是使刚体转动状态发生改变的原因，本节讨论刚体定轴转动的动力学规律。

一、刚体定轴转动的转动定律

1. 力矩

一个具有固定转轴的静止物体，在外力作用下可能发生转动，也可能不发生转动。由实验可知，物体转动与否不仅与力的大小有关，而且与力的作用点以及力的方向有关。因此，在转动中必须研究力矩的作用。

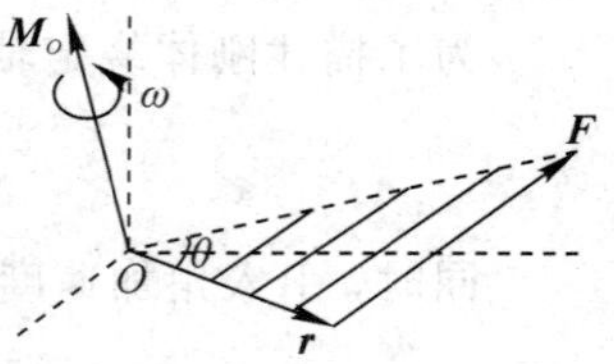

图 2.2.1　力对点的力矩

我们首先引入力对一参考点的力矩。如图 2.2.1 所示，O 是空间一点，$\boldsymbol{F}$ 是作用力，P 表示力的作用点。**力的作用点相对于 O 点的位置矢量 $\boldsymbol{r}$ 与力 $\boldsymbol{F}$ 的矢积称为力对 O 点的力矩**，表示为

$$\boldsymbol{M}_O=\boldsymbol{r}\times\boldsymbol{F}\tag{2.2.1}$$

可见，力对点的力矩是矢量，其大小等于位置矢量 $\boldsymbol{r}$ 和力 $\boldsymbol{F}$ 为邻边的平行四边形的面积，记为

$$M_O = rF\sin\theta$$

其中，θ 是位置矢量 $\boldsymbol{r}$ 和力 $\boldsymbol{F}$ 的夹角。力矩 $\boldsymbol{M}_O$ 的方向垂直于 $\boldsymbol{r}$ 和 $\boldsymbol{F}$ 确定的平面，指向由右手螺旋法则判断。因为力矩依赖于力的作用点的位置矢量 $\boldsymbol{r}$，所以同一个力对空间不同点的力矩是不同的。

在国际单位制中，力矩的单位为 N·m。

下面讨论作用在物体上的力对转轴的力矩。如图 2.2.2(a)所示，假设 Z 轴为物体转轴，力 $\boldsymbol{F}$ 在物体的转动平面内，O 点为对应的转动中心，P 为力的作用点，力的作用点相对于 O 点的位置矢量为 $\boldsymbol{r}$。力 $\boldsymbol{F}$ **相对 Z 轴的力矩**定义为

$$M_Z = rF\sin\theta \tag{2.2.2}$$

式中：r 为力的作用点的位置矢量的大小；F 表示作用力的大小；θ 是面对 Z 轴观察，由 $\boldsymbol{r}$ 逆时针转至 $\boldsymbol{F}$ 所转过的角度；M_Z 是代数量，角 θ 决定着 M_Z 的正负，正负表示力矩的方向沿 Z 轴正或负方向。

在图 2.2.2(a)中，OB 垂直于力 $\boldsymbol{F}$ 的作用线，故 OB 表示 Z 轴与力 $\boldsymbol{F}$ 的垂直距离，称为**力臂**，以字母 d 表示。由于 $d=|r\sin\theta|$，故式(2.2.2)还可表示为

$$M_Z = \pm Fd \tag{2.2.3}$$

即力 $\boldsymbol{F}$ 对 Z 轴的力矩大小等于力的大小与力臂的乘积。

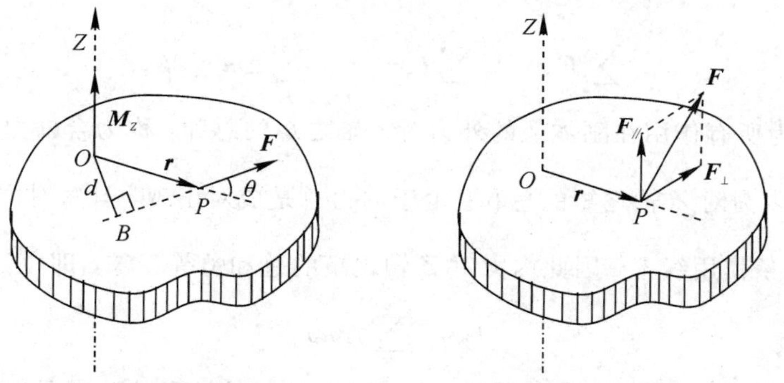

(a) 力在转动平面内　　(b) 力不在转动平面内

图 2.2.2　力对轴的力矩

上面讨论的都是力在转动平面内的情况，如果力 $\boldsymbol{F}$ 与转动平面有一夹角，则将 $\boldsymbol{F}$ 沿转动平面和垂直于转动平面两个方向分解，如图 2.2.2(b)所示，即 $\boldsymbol{F}=\boldsymbol{F}_\perp+\boldsymbol{F}_{/\!/}$，由于 $\boldsymbol{F}_{/\!/}$ 与轴平行不改变物体绕轴转动的状态，因此 $\boldsymbol{F}_{/\!/}$ 对轴的力矩为零。因此，$\boldsymbol{F}$ 对轴的力矩为 $M_Z=rF_\perp\sin\theta$。今后为讨论方便，除特殊声明外，一律视力 $\boldsymbol{F}$ 在参考平面内或平行于参考平面。

上面既定义了力对点的力矩，又讨论了力对轴的力矩，可以证明其关系是这样的：**力 $\boldsymbol{F}$ 对 Z 轴上任意一点的力矩在 Z 轴上的投影等于力 $\boldsymbol{F}$ 对 Z 轴的力矩**。

在定轴转动中，如果有几个外力同时作用在刚体上时，则它们的作用相当于某单个力矩的作用，这个力矩称为这些力的合力矩。实验指出，合力矩的量值等于这几个力各自的力矩的代数和。

2. 刚体定轴转动的转动定律

我们把刚体看作一个特殊的质点系，利用熟悉的质点规律和力矩的定义，推导刚体定轴转动的转动定律。

如图 2.2.3 所示，设一刚体绕固定轴 Z 转动，某时刻，转动的角速度为 ω，角加速度为 β。在刚体上任取一质元 Δm_i，它距转轴的距离为 r_i，受到的合外力用 $\boldsymbol{F}_i$ 表示，所受内力合力为 $\boldsymbol{f}_i$。刚体绕固定轴 Z 转动时，质元 Δm_i 以 O 为圆心、以 r_i 为半径作圆周运动，对 Δm_i 应用牛顿第二定律，可得

$$\boldsymbol{F}_i+\boldsymbol{f}_i=\Delta m_i\boldsymbol{a}_i \tag{2.2.4}$$

将此矢量方程两边都投影到质元 Δm_i 圆轨迹的切向和法向上，则有

$$F_{i\tau}+f_{i\tau}=\Delta m_i a_{i\tau} \tag{2.2.5}$$

$$F_{in}+f_{in}=\Delta m_i a_{in} \tag{2.2.6}$$

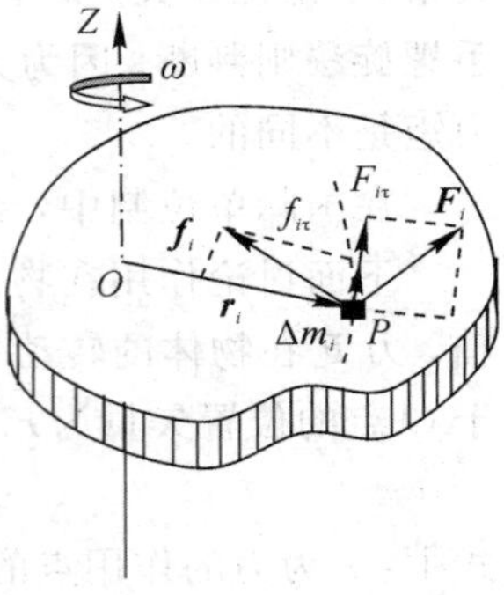

图 2.2.3 刚体转动定律

由于 F_{in} 和 f_{in} 延长线都通过转轴，其力矩均为零，对刚体定轴转动没有贡献，所以仅讨论切向方程。将式(2.2.5)两边同乘以 r_i，并应用角量和线量的关系 $a_{i\tau}=r_i\beta$，可得

$$F_{i\tau}r_i+f_{i\tau}r_i=\Delta m_i r_i^2\beta \tag{2.2.7}$$

式中：$F_{i\tau}r_i$ 表示作用在 Δm_i 上的外力产生的对 Z 轴的转动力矩；$f_{i\tau}r_i$ 表示作用在 Δm_i 上的内力产生的对 Z 轴的转动力矩。将式(2.2.7)对整个刚体求和，并考虑到各质元角加速度相同，可得

$$\sum_i F_{i\tau}r_i+\sum_i f_{i\tau}r_i=\left(\sum_i \Delta m_i r_i^2\right)\beta \tag{2.2.8}$$

式中：$\sum\limits_i F_{i\tau}r_i$ 为所有作用在刚体上的外力对 Z 轴之矩的总和，称为合外力矩，用 M_Z 表示；$\sum\limits_i f_{i\tau}r_i$ 为所有内力对 Z 轴之矩的总和。由于内力总是成对出现，且每对内力大小相等、方向相反，且在一条作用线上，因此内力对 Z 轴之矩的总和恒等于零，即 $\sum\limits_i f_{i\tau}r_i=0$。令

$$J_Z=\sum_i \Delta m_i r_i^2 \tag{2.2.9}$$

称为刚体的转动惯量，用字母 J 表示。这样，式(2.2.8)的结果就可表示为

$$M_Z=J_Z\beta \tag{2.2.10}$$

称为刚体定轴转动的**转动定律**，可表述为：**绕定轴转动的刚体的角加速度与作用在刚体的合外力矩成正比，与刚体的转动惯量成反比。**

应当注意，转动定律中的各物理量都是相对于同一转轴的；转动定律描述的是力矩的瞬时作用，其在刚体力学中的作用与牛顿第二定律在质点力学中的地位类似；将式(2.2.10)与质点力学中的牛顿第二定律 $\boldsymbol{F}=m\boldsymbol{a}$ 对比，可见 J_Z 与 m 具有类似的地位，m 可描述质点的平动惯性，那么 J_Z 应是描述刚体的转动惯性的一个物理量。

3. 转动惯量

由式(2.2.9)转动惯量 J_Z 的定义可以看出：刚体的转动惯量等于刚体中各个质元的质量与其距转轴距离的平方的乘积之和。

若刚体的质量分布是不连续的，则转动惯量为

$$J_Z = \sum_i \Delta m_i r_i^2 \qquad (2.2.11)$$

若刚体的质量分布是连续的，则转动惯量为

$$J_Z = \int_m r^2 \mathrm{d}m \qquad (2.2.12)$$

式中：r 为 $\mathrm{d}m$ 到转轴的距离。在国际单位制中，转动惯量的单位是 $\mathrm{kg \cdot m^2}$。

进一步分析表明，刚体转动惯量的大小与以下三个因素有关：

(1) 与刚体的总质量有关；

(2) 与刚体质量对轴的分布有关，质量分布离轴越远，转动惯量越大；

(3) 与轴的位置有关，对同一物体，转轴位置不同对应的转动惯量不同。

对于有规则几何形状的刚体，可以用计算的方法求其转动惯量，但一般情况下，因刚体形状复杂，或质量分布不均匀，计算起来十分麻烦，此时常常通过实验进行测量。

例 2.2.1　如图 2.2.4 所示，一质量均匀分布的细杆，长为 L，质量为 m。试求：它对通过中心 O 并与杆垂直的转轴 Z 的转动惯量。

解　如图 2.2.4 所示，以转轴 Z 与杆的交点 O 为原点，沿杆的方向建立 OX 轴。在杆上坐标为 x 处取长度为 $\mathrm{d}x$ 的微元，根据题意，这一微元的质量 $\mathrm{d}m$ 为

$$\mathrm{d}m = \frac{m}{L}\mathrm{d}x$$

质元 $\mathrm{d}m$ 到垂直轴 Z 的距离为 x，质元 $\mathrm{d}m$ 对垂直轴的转动惯量为

$$\mathrm{d}J_Z = x^2 \mathrm{d}m$$

故而，整个棒对过 O 点的垂直轴 Z 的转动惯量为

$$J_Z = \int_{-\frac{L}{2}}^{\frac{L}{2}} x^2 \frac{m}{L}\mathrm{d}x = \frac{1}{12}mL^2$$

讨论：如图 2.2.4 所示，若转轴通过杆的一端 O_1 时，同理可求得杆的转动惯量为 $J_Z = \frac{1}{3}mL^2$。可见，刚体转动惯量的大小与转轴位置有关。

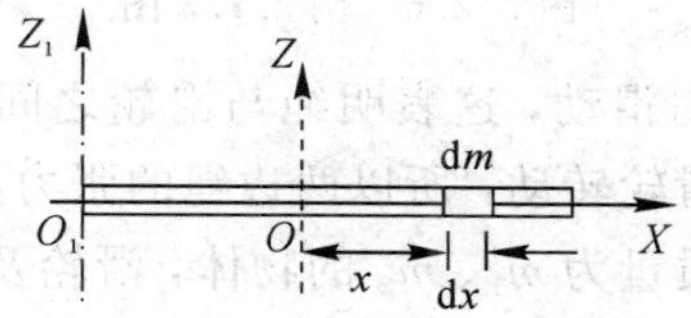

图 2.2.4　例 2.2.1 图

例 2.2.2　如图 2.2.5 所示，一质量均匀分布的圆盘，质量为 m，半径为 R，试求其对过中心并垂直于圆盘的转轴的转动惯量。

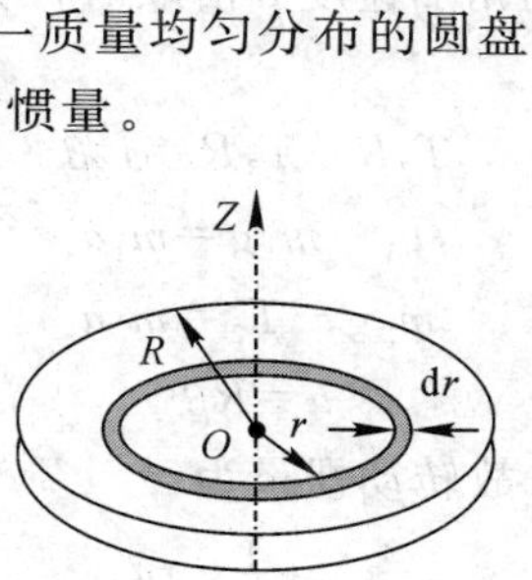

图 2.2.5　例 2.2.2 图

解 如图 2.2.5 所示，在离转轴的距离为 r 至 $r+dr$ 处取一小圆环，面积为 $dS=2\pi r dr$，质量为 $dm=\sigma dS$，其中 $\sigma=\frac{m}{\pi R^2}$为圆盘的质量面密度，则小圆环对轴的转动惯量为 $dJ_Z=r^2 dm=2\pi\sigma r^3 dr$，而整个圆盘的转动惯量为

$$J_Z=\int_0^m r^2 dm=2\pi\sigma\int_0^R r^3 dr=\frac{\pi}{2}\sigma R^4$$

把圆盘的质量面密度 $\sigma=\frac{m}{\pi R^2}$代入，可得

$$J_Z=\frac{1}{2}mR^2$$

通常情况下，可将滑轮视为上述刚体模型。

4. 转动定律的应用

刚体绕定轴转动的问题，通常采用“隔离法”进行研究，解题步骤与牛顿第二定律类似。

例 2.2.3 如图 2.2.6 所示，已知滑轮是质量均匀分布的圆盘，质量为 m，半径为 R，跨过滑轮的轻绳连接两个质量分别为 m_1 和 m_2 的物体。假定绳为不可伸缩的轻绳，绳与滑轮间无相对滑动，且滑轮轴处的摩擦可忽略不计。求：绳中的张力及滑轮的角加速度。

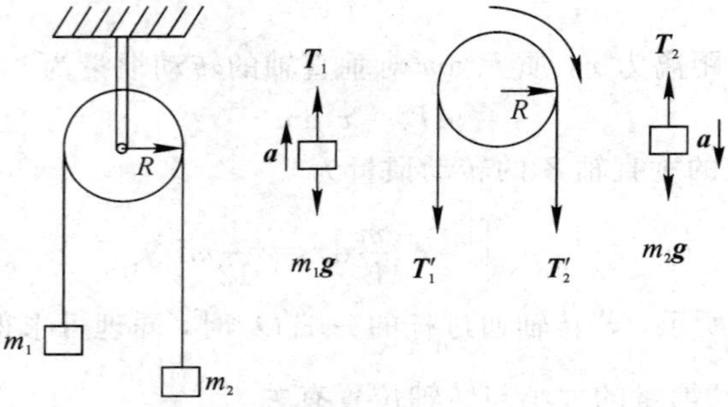

图 2.2.6 例 2.2.3 图

解 因为滑轮与绳间无相对滑动，这表明绳与滑轮之间有静摩擦，正是这一摩擦力带动滑轮转动，又因为绳要带动滑轮转动，所以两边绳的张力不相等。

首先采用隔离法，分别选质量为 m_1、m_2 的物体，滑轮及绳与滑轮接触部分三者为研究对象，它们的受力如图 2.2.6 所示。设重物 m_2 的加速度为 a，指向下，因为绳不可伸缩，故 m_1 和 m_2 加速度大小相等，滑轮的角加速度 β 沿顺时针方向为正，分别写出滑轮及重物的动力学方程和辅助方程。

$$T_2R-T_1R=J_Z\beta$$
$$T_1-m_1g=m_1a$$
$$m_2g-T_2=m_2a$$
$$a=R\beta$$

滑轮可视为质量均匀分布的圆盘，故转动惯量为

$$J_Z=\frac{1}{2}mR^2$$

联立求解得

$$\beta=\frac{2(m_2-m_1)}{[2(m_1+m_2)+m]R}g$$

$$T_1=\frac{(4m_2+m)m_1}{2(m_1+m_2)+m}g$$

$$T_2=\frac{(4m_1+m)m_2}{2(m_1+m_2)+m}g$$

从结果可以看出来 $T_2\neq T_1$，这是因为滑轮质量不为零，要使滑轮转动状态发生变化，必须有 $T_2\neq T_1$。需要指出的是，绳与滑轮之间的静摩擦力是其间无相对滑动的原因，也是使滑轮转动的动力。

二、力矩的功与刚体定轴转动动能定理

1. 力矩的功

如图 2.2.7 所示，刚体可绕 Z 轴转动，设在转动平面内的某一外力 $\boldsymbol{F}_i$ 作用于 P 点，在刚体定轴转动的同时刚体上 P 点也在绕 O 点作圆周运动，P 点对应的位置矢量为 $\boldsymbol{r}_i$。在刚体转过一角位移 $\mathrm{d}\theta$ 时，P 点的元位移为 $\mathrm{d}\boldsymbol{r}$。按功的定义，外力 $\boldsymbol{F}_i$ 所做的元功 $\mathrm{d}A_i$ 为

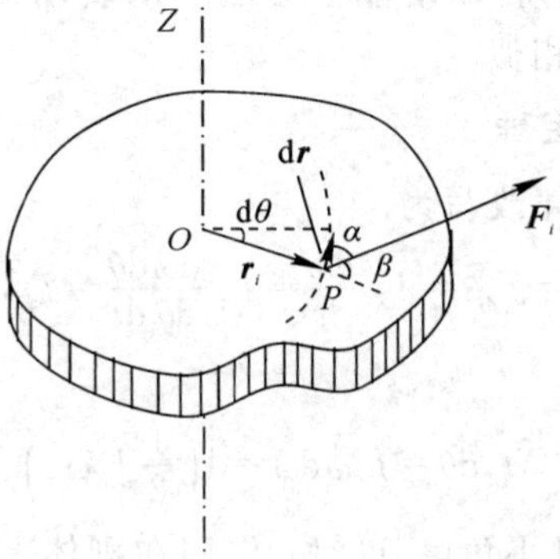

图 2.2.7　力矩所做的功

$$\mathrm{d}A_i=\boldsymbol{F}_i\cdot\mathrm{d}\boldsymbol{r}=F_i|\mathrm{d}\boldsymbol{r}|\cos\alpha$$

式中：α 为 $\boldsymbol{F}_i$ 和 $\mathrm{d}\boldsymbol{r}$ 的夹角，将 $F_i\cos\alpha=F_{i\tau}$，$|\mathrm{d}\boldsymbol{r}|=r_i\mathrm{d}\theta$ 代入上式，得到

$$\mathrm{d}A_i=F_{i\tau}r_i\mathrm{d}\theta=M_{iZ}\mathrm{d}\theta \tag{2.2.13}$$

其中，M_{iZ}表示外力 $\boldsymbol{F}_i$ 相对于转轴 Z 的力矩，可见 $\mathrm{d}A_i$ 也是外力矩的元功。式(2.2.13)表明：外力矩所作的元功就等于外力矩与角位移的乘积。

若刚体在多个外力作用下，转过一角位移 $\mathrm{d}\theta$，则外力矩的总元功 $\mathrm{d}A$ 就等于各外力矩元功的代数和，即

$$\mathrm{d}A=\sum_i\mathrm{d}A_i=\sum_i M_{iZ}\mathrm{d}\theta=M_Z\mathrm{d}\theta \tag{2.2.14}$$

其中，$\sum\limits_i M_{iZ}=M_Z$ 为作用在刚体上的各外力对固定转轴的力矩的代数和，称为合外力矩。式(2.2.14)表明：合外力矩所作的元功等于合外力矩与角位移的乘积。

刚体由角坐标 θ_1 旋转到 θ_2 的过程中合外力矩做的总功为

$$A=\int_{\theta_1}^{\theta_2}M_Z\mathrm{d}\theta \tag{2.2.15}$$

这里需要指出，因为刚体是一个特殊质点系，一对相互作用的内力的相对位移为零，故一对内力所做的功为零，我们只需考虑合外力矩的功。

2. 刚体定轴转动的转动动能

刚体可以看成是由许多质点组成的特殊的质点系，所以刚体的转动动能就是刚体上每个质点动能的总和。设刚体以角速度 ω 绕固定轴 Z 转动，其上各个质元都在各自的转动平面内以角速度 ω 作圆周运动。设某质元的质量为 Δm_i，离转轴的距离为 r_i，则该质元的动能为

$$E_{ki}=\frac{1}{2}\Delta m_i v_i^2$$

考虑到角量和线量的关系 $v_i=r_i\omega$，则整个刚体的转动动能为

$$E_k=\sum_i E_{ki}=\sum_i \frac{1}{2}\Delta m_i v_i^2=\frac{1}{2}\left(\sum_i \Delta m_i r_i^2\right)\omega^2=\frac{1}{2}J_Z\omega^2$$

所以刚体的转动动能为

$$E_k=\frac{1}{2}J_Z\omega^2 \tag{2.2.16}$$

此式表明，刚体绕定轴转动时的转动动能等于刚体的转动惯量与角速度平方乘积的一半。它与质点的动能在形式上非常相似。

3. 刚体定轴转动的动能定理

将刚体定轴转动的转动定律改写为

$$M_Z=J_Z\beta=J_Z\frac{d\omega}{dt}=J_Z\frac{d\omega}{d\theta}\frac{d\theta}{dt}=J_Z\omega\frac{d\omega}{d\theta}$$

移项整理为

$$M_Z d\theta=J_Z\omega d\omega=d\left(\frac{1}{2}J_Z\omega^2\right)$$

式中 $M_Z d\theta=dA$，表示刚体转过小角度 $d\theta$ 时，作用在刚体上的合外力矩所做的元功，可进一步写为

$$dA=d\left(\frac{1}{2}J_Z\omega^2\right) \tag{2.2.17}$$

此式表明：作用在刚体上的合外力矩所做的元功，等于刚体定轴转动动能的微分。

若绕定轴转动的刚体在外力作用下，从初态 $\theta=\theta_1$，$\omega=\omega_1$，变到末态 $\theta=\theta_2$，$\omega=\omega_2$，则积分可得

$$\int_{\theta_1}^{\theta_2} M_Z d\theta=\int_{\omega_1}^{\omega_2} d\left(\frac{1}{2}J_Z\omega^2\right)$$

即

$$A=\frac{1}{2}J_Z\omega_2^2-\frac{1}{2}J_Z\omega_1^2 \tag{2.2.18}$$

式中 $A=\int_{\theta_1}^{\theta_2} M_Z d\theta$ 表示刚体角速度从 ω_1 变到 ω_2 这一过程中，作用于刚体上的合外力矩所做的功。式(2.2.18)表明：**合外力矩对定轴转动刚体所做的功等于刚体转动动能的增量，** 称为**刚体定轴转动时的动能定理**。

如果刚体受到保守力的作用，则也可以引入势能的概念。对包含有刚体的系统，如果

运动过程中仅有保守力做功，则系统机械能守恒。

例 2.2.4　一根质量分布均匀、长为 l 的刚性细杆，可绕 A 端的光滑水平固定轴在铅垂平面内转动，如图 2.2.8 所示。现将杆从水平位置($\theta_1=0$，$\omega_1=0$)释放。试求：杆转到铅垂位置$\left(\theta_2=\dfrac{\pi}{2}\right)$的过程中重力所做的功及杆在铅垂位置时的角速度。

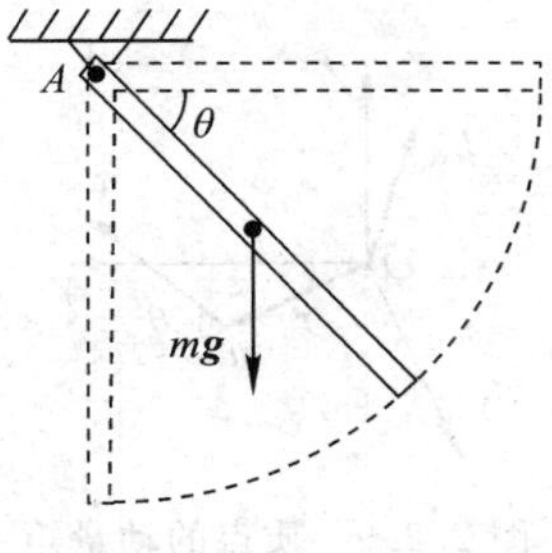

图 2.2.8　例 2.2.4 图

解　如图 2.2.8 所示，当杆转过一个角位移元 $d\theta$ 时，重力矩的元功为

$$dA=M_Z d\theta=mg\ \frac{l}{2}\cos\theta d\theta$$

杆从角坐标 $\theta_1=0$ 转到 $\theta_2=\dfrac{\pi}{2}$ 的过程中，重力矩对杆所做的功为

$$A=\int_0^{\frac{\pi}{2}} mg\ \frac{l}{2}\cos\theta d\theta=\frac{mgl}{2}$$

杆在水平位置时的角速度 $\omega_1=0$，转到竖直位置时角速度为 ω，根据定轴转动刚体的动能定理，有

$$\frac{mgl}{2}=\frac{1}{2}J_Z\omega^2$$

杆对水平轴的转动惯量为

$$J_Z=\frac{1}{3}ml^2$$

求得

$$\omega=\sqrt{\frac{3g}{l}}$$

因为此过程中只有重力矩做功，故使用机械能守恒求解角速度，结果一致。

三、动量矩与动量矩守恒

1. 质点的动量矩和动量矩守恒定律

1）质点的动量矩

在研究物体平动时，可以用动量来描述物体的运动状态。在研究物体的转动问题时，通常需要引入动量矩(或角动量)来描述物体的转动状态。

设某一时刻质量为 m 的质点运动速度为 $\boldsymbol{v}$，该时刻质点相对于参考点 O 的位矢为 $\boldsymbol{r}$，如图 2.2.9 所示，则质点的动量为 $\boldsymbol{p}=m\boldsymbol{v}$，我们定义**质点 $\boldsymbol{m}$ 相对于参考点 $\boldsymbol{O}$ 的动量矩**(又称

为角动量)为

$$\boldsymbol{L}_O=\boldsymbol{r}\times\boldsymbol{p}=\boldsymbol{r}\times(m\boldsymbol{v}) \tag{2.2.19}$$

质点的动量矩 $\boldsymbol{L}_O$ 是一个矢量，其大小为

$$L_O=rmv\sin\theta$$

式中 θ 为矢径 $\boldsymbol{r}$ 与 v 的夹角。$\boldsymbol{L}_O$ 方向由右手螺旋法则确定，如图 2.2.9 所示。

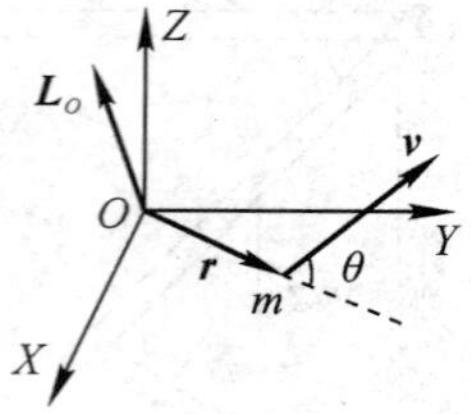

图 2.2.9　质点的动量矩

如图 2.2.10 所示，若质点在垂直于 Z 轴的转动平面 OXY 内做半径为 r 圆周运动，这时质点对转动中心 O 点的动量矩 $\boldsymbol{L}_O$ 只有两种可能的指向，沿 Z 轴正向或负向，可视为代数量。与力矩情况相似，当质点在垂直于 Z 轴的转动平面内运动时，质点相对于转动中心 O 点的动量矩，也称为质点相对于 Z 轴的动量矩，记为 L_Z。设某一时刻质点在转动平面内做半径为 r 的圆周运动，速度为 $\boldsymbol{v}$，则质点相对于 Z 轴的动量矩为

$$L_Z=rmv=mr^2\omega \tag{2.2.20}$$

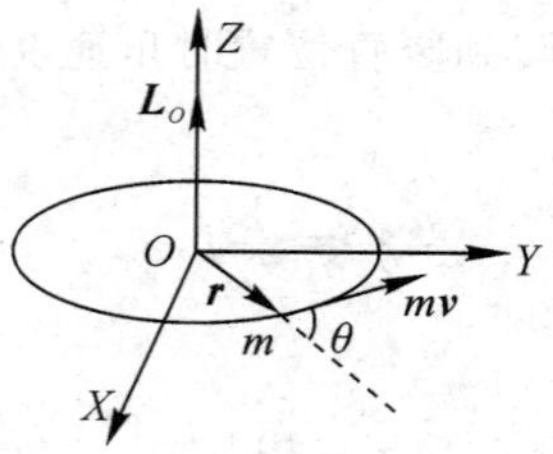

图 2.2.10　质点做圆周运动的动量矩

需要注意，质点的动量矩 $\boldsymbol{L}_O$ 与矢径 $\boldsymbol{r}$ 和 $\boldsymbol{p}$ 动量有关，即与参考点的选择有关，因此在描述质点的动量矩时，必须指明是相对于哪一点的动量矩。在国际单位制中，动量矩的单位是 $\mathrm{kg\cdot m^2/s}$。

2) 质点的动量矩守恒定律

根据质点的动量矩 $\boldsymbol{L}_O=\boldsymbol{r}\times m\boldsymbol{v}$，等式两边对时间求导，得

$$\frac{\mathrm{d}\boldsymbol{L}_O}{\mathrm{d}t}=\boldsymbol{r}\times\frac{\mathrm{d}(m\boldsymbol{v})}{\mathrm{d}t}+\frac{\mathrm{d}\boldsymbol{r}}{\mathrm{d}t}\times m\boldsymbol{v}$$

因为 $\frac{\mathrm{d}(m\boldsymbol{v})}{\mathrm{d}t}=\boldsymbol{F}$，$\frac{\mathrm{d}\boldsymbol{r}}{\mathrm{d}t}=\boldsymbol{v}$，所以上式可写为

$$\frac{\mathrm{d}\boldsymbol{L}_O}{\mathrm{d}t}=\boldsymbol{r}\times\boldsymbol{F}+\boldsymbol{v}\times m\boldsymbol{v}$$

又因为 $\boldsymbol{r}\times\boldsymbol{F}=\boldsymbol{M}_O$，$\boldsymbol{v}\times m\boldsymbol{v}=\boldsymbol{0}$，故

$$\boldsymbol{M}_O=\frac{\mathrm{d}\boldsymbol{L}_O}{\mathrm{d}t}$$

该式表明：相对于某一参考点，质点的动量矩对时间的变化率等于质点所受到的合外力矩。

若

$$\boldsymbol{M}_O=\boldsymbol{0}$$

则

$$\frac{\mathrm{d}\boldsymbol{L}_O}{\mathrm{d}t}=\boldsymbol{0}$$

即

$$\boldsymbol{L}_O=\boldsymbol{r}\times m\boldsymbol{v}=\text{常矢量} \tag{2.2.21}$$

这就是**质点的动量矩守恒定律：相对某一参考点，若质点所受的合外力矩为零，则质点对该点的动量矩保持不变。**

应当注意，质点动量矩守恒的条件是合外力矩 $\boldsymbol{M}_O=\boldsymbol{0}$，这可能有两种情况：一是合力为零；另一种是合力不为零，但力的作用线通过参考点（这样的力称为有心力），从而合力矩为零。比如行星绕太阳的运动，卫星绕地球的运动，电子绕原子核的运动等都是在有心力作用下的运动，它们的动量矩都是守恒的。

例 2.2.5　如图 2.2.11 所示，质量为 m 的小球拴于不可伸长的轻绳上，绳的另一端通过光滑的竖直管用手拉住，使 m 在光滑水平桌面上作匀速圆周运动，当绳长为 R 时以速率为 $\boldsymbol{v}_0$ 转动，求把绳向下拉到$\dfrac{R}{2}$时，设此时小球仍做匀速圆周运动，手对物体所做的功。

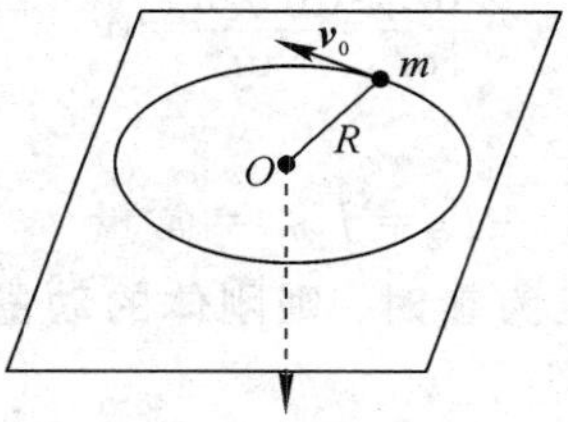

图 2.2.11　例 2.2.5 图

解　设小球作半径为$\dfrac{R}{2}$的圆周运动时速率为 v。因为物体在水平方向上只受到绳子的拉力，该力对圆心 O 的力矩为零，所以物体对 O 的动量矩守恒，故有

$$mv_0R=mv\frac{R}{2}$$

即

$$v=2v_0$$

此过程中，物体动能的增量为

$$\Delta E_{\mathrm{k}}=\frac{1}{2}mv^2-\frac{1}{2}mv_0^2=\frac{3}{2}mv_0^2$$

根据质点的动能定理，此即手对物体所做的功。

2. 刚体的动量矩和动量矩守恒定律

1) 刚体的动量矩

如图 2.2.12 所示，刚体绕 Z 轴以角速度 ω 转动，刚体上每一质元都以相同的角速度 ω 绕轴 Z 在转动平面内做圆周运动。设刚体中某质元的质量为 Δm_i，到转轴的距离为 r_i，根据式(2.2.20)该质元相对于 Z 轴的动量矩为 $L_{zi}=\Delta m_i r_i^2\omega$，方向沿 Z 轴正方向，则刚体对 Z 轴的动量矩就是每个质元对转轴的动量矩之和，即

$$L_Z = \sum_i \Delta m_i r_i^2 \omega = J_Z \omega \tag{2.2.22}$$

称为**刚体对转轴的动量矩**。

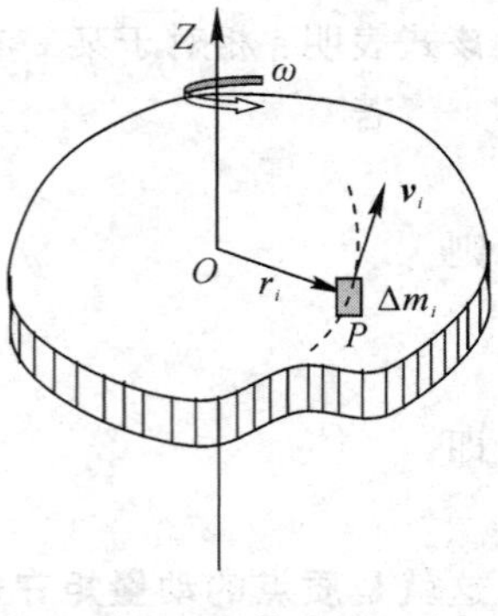

图 2.2.12　刚体的动量矩

2) 动量矩守恒定律

刚体作定轴转动时，根据转动定律 $M_Z=J_Z\beta=J_Z\dfrac{d\omega}{dt}$，因为刚体对固定轴的转动惯量是一个恒量，所以

$$M_Z=\frac{dJ_Z\omega}{dt}=\frac{dL_Z}{dt}$$

式中 $L_Z=J_Z\omega$。该式表明：对固定转轴，刚体动量矩对时间的变化率等于刚体所受到的合外力矩。

若刚体所受的合外力矩 M_Z 恒等于零，即

$$\frac{dL_Z}{dt}=\frac{dJ_Z\omega}{dt}=0$$

则

$$L_Z=J_Z\omega=\text{常量} \tag{2.2.23}$$

该式表明：**若刚体所受的合外力矩为零时，则刚体的动量矩保持不变**，称为**动量矩守恒定律**，也叫作**角动量守恒定律**。

可以证明，如果作用在可变形物体上的合外力矩总为零，则在运动过程中，可变形物体的动量矩也是守恒的，也就是说，动量矩守恒定律不仅适用于刚体而且适用于可变形的物体。比如芭蕾舞演员、跳水运动员，可以依靠改变自身的转动惯量以改变身体绕竖直转轴的角速度，从而做出许多优美而漂亮的舞姿。动量矩守恒定律在工程中也有广泛应用，比如直升机在尾部装置一个在竖直平面内转动的尾翼，产生一个反向动量矩，以抵消主翼在水平面内旋转时产生的动量矩，从而避免直升机在水平面打转，这些都可用动量矩守恒定律进行解释。

动量矩守恒定律与动量守恒定律、能量守恒定律一样，是自然界中的普遍规律之一。它不仅适用于包括天体在内的宏观领域，而且适用于原子、原子核等微观领域。

例 2.2.6　如图 2.2.13 所示，长为 l、质量为 m_1 的均质细杆一端悬挂在水平光滑固定轴 O 上，另一端受束缚使杆呈水平状态。解除束缚，杆将自水平位置无初速地自由下摆，至铅垂位置与质量 m_2 的物块做完全弹性碰撞，之后，细杆仍沿原方向摆动，物块在水平面上滑行了一段距离后停止。设物块与水平面间的摩擦系数 μ 处处相等。求物块在水平面上滑行的距离。

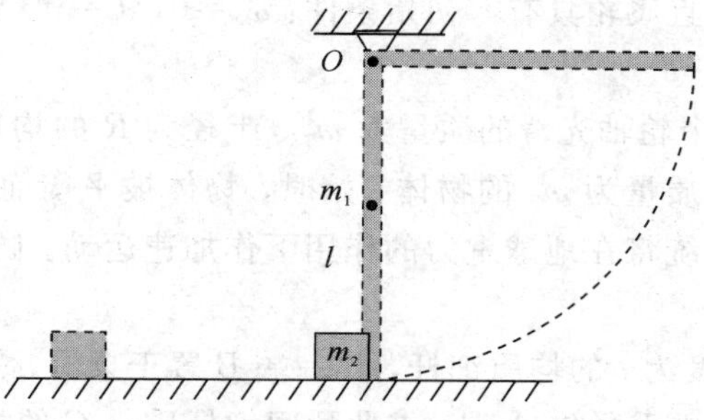

图 2.2.13　例 2.2.6 图

解　此题可分为三个简单的过程：

(1) 选细杆、地球系统为研究对象，细杆由水平位置摆至竖直位置但尚未与物块相碰过程中，仅重力矩做功，故机械能守恒。设细杆摆到竖直位置时的角速度为 ω，并以细杆中心为重力势能零点，则有

$$\frac{1}{2}m_1gl=\frac{1}{2}J_Z\omega^2$$

其中细杆的转动惯量为

$$J_Z=\frac{m_1l^2}{3}$$

(2) 选细杆、物块系统为研究对象，细杆与物块做完全弹性碰撞过程中，对转轴的合外力矩为零，故动量矩及动能守恒。设碰撞结束后细杆的角速度为 ω'，物块速度为 v，则有

$$J_Z\omega=J_Z\omega'+lm_2v$$

$$\frac{1}{2}J_Z\omega^2=\frac{1}{2}J_Z\omega'^2+\frac{1}{2}m_2v^2$$

(3) 选物块为研究对象，设碰撞结束物块在水平面上滑行 s 后停止，此过程中摩擦力做功物块动能发生变化，根据质点的动能定理，得

$$-\mu m_2gs=0-\frac{1}{2}m_2v^2$$

联立上面的公式，可得

$$s=\frac{6m_1^2l}{(m_1+3m_2)^2\mu}$$

习　题　2

2.1　诸如潮汐、台风等可能造成的内黏滞作用，地球的自转角速度实际上正在变慢。据观测，1987 年地球完成自转 365 圈的时间比 1900 年多用了 1.14 秒，设想变慢是逐年均匀发生的，试求该期间地球自转的平均角加速度。

2.2　设定轴转动转轮的角位置 θ 与时间 t 有函数关系 $\theta=\frac{t^3}{3}+\frac{t^2}{2}+t+5$，式中各量均为国际单位，求 t 时刻该转轮的角速度及角加速度。

2.3　有一被制动的发动机飞轮，制动伊始开启计时，设飞轮的角加速度 $\beta=-6t$，式中各量均为国际单位，并且飞轮具有零初始条件：$\omega_0=0$，$\theta_0=0$。求此后飞轮转动的角速度及角坐标。

2.4　如图所示为一个轮轴光滑的质量为 m_1、半径为 R 的均质圆盘形滑轮，滑轮上绕有轻绳，轻绳的另一端系质量为 m_2 的物体。始时，物体被平衡而整个系统处于静止状态，解除平衡，物体和滑轮系统将在地球重力的作用下作加速运动。试求：物体下落距离 s 时滑轮的角速度及角加速度。

2.5　质量为 m、长度为 l 的均质细杆，其一端 B 置于桌沿，另一端 A 被手托扶呈水平位形，如图所示。现突然松手释放 A 端，求此瞬间细杆质心 C 的加速度、(绕 B 端的)角加速度。

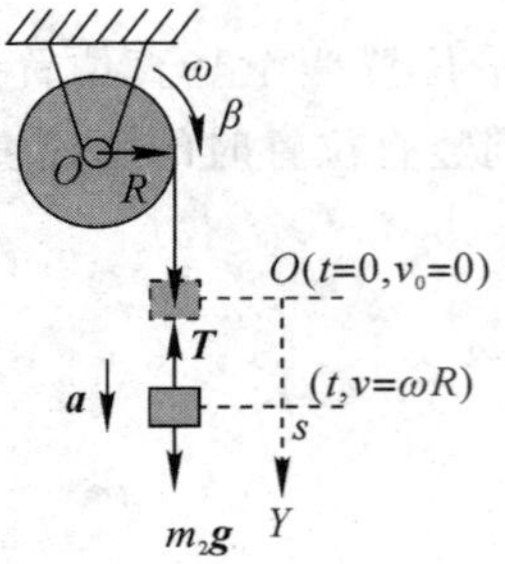

题 2.4 图

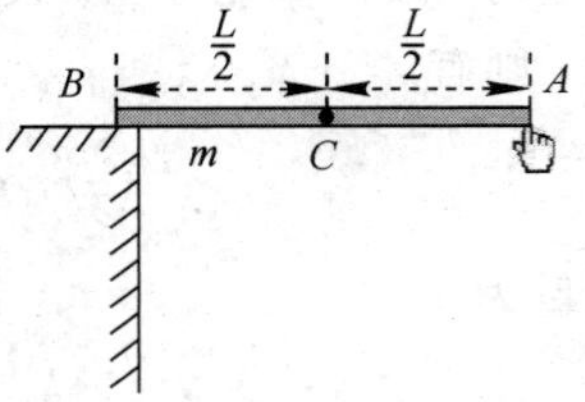

题 2.5 图

2.6　如图所示为一个质量为 m_1、半径为 R 的均质圆盘，绕过圆心 O 的竖直光滑轴以匀角速度 ω_0 转动着，随后，有一个质量为 m_2 的气枪铅弹以速度 v_0 沿垂直于半径的方向射向圆盘边缘并嵌入。试分析此后系统的角速度情况。

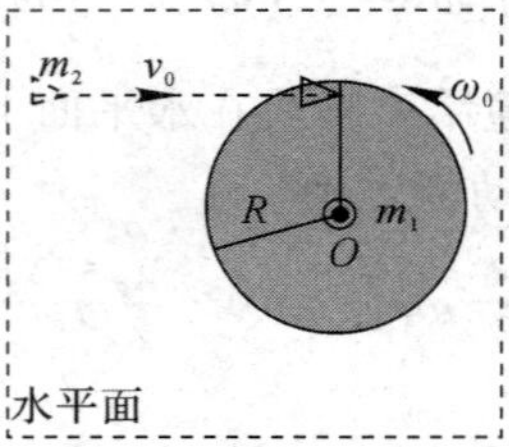

题 2.6 图

2.7　今有一长度为 l、质量分布不均匀的杆，可绕垂直于纸面的光滑轴 O 在铅垂面内自由摆动，设其上 P 点线质量密度为 $\lambda=2+3x$，如图所示。现将杆从水平位置释放，求杆转至竖直位置的过程中，地球重力对其所做的功。

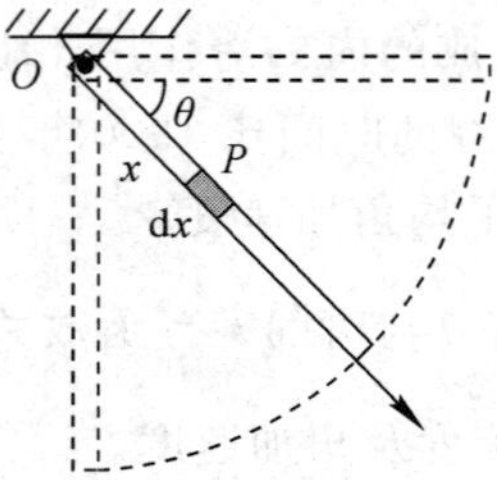

题 2.7 图

2.8　质量为 m_1、长度为 L 的均质细杆，可绕过点 O 并垂直于杆的光滑水平轴自由摆动，现呈竖直静止状态，如图所示。而后，一质量为 m_2 的子弹沿水平方向以速度 v_0 袭来，射入杆的下端旋即又以速度 v 水平穿出。求子弹穿出瞬间细杆获得的角速度。

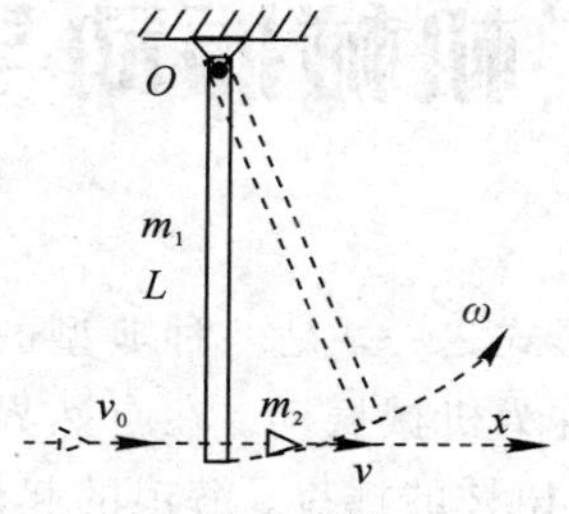

题 2.8 图

2.9　设人造地球卫星在地球引力作用下沿平面椭圆轨道运动，地球中心可以看作固定点，且为椭圆轨道的一个焦点。卫星的近地点 A 离地面的距离为 439 km，远地点 B 离地面的距离为 2384 km。已知卫星在近地点的速度为 $v_A = 8.12$ km/s，求卫星在远地点 B 的速度大小。设地球的平均半径为 $R = 6370$ km。

2.10　今有质量为 m_1、半径为 R 的均匀圆盘形平台，以恒定角速度 ω_0 围绕通过中心 O 的光滑铅直轴转动，平台转轴处站一质量为 m_2 的人，如图所示。试问，若此人离开转轴前往平台边缘再止步，则平台的角速度将为多大？

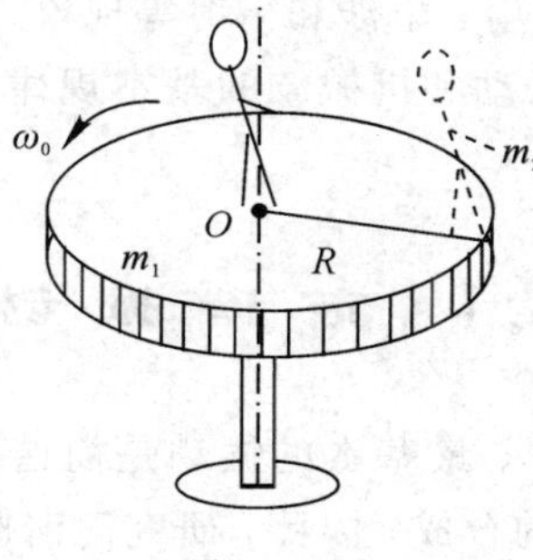

题 2.10 图

第3章 机械振动与机械波

振动是自然界最常见的运动形式之一，是一种典型的周期性运动。我们把物体在其稳定平衡位置附近所做的往复运动称为机械振动。在自然界、工程技术和日常生活中经常能见到机械振动现象，例如，微风中树枝的摇曳、海浪的起伏、钟摆的摆动、心脏的跳动、单摆的运动、弹簧振子的振动、火车过桥时引起桥梁的振动等都是机械振动。广义地说，任何一个物理量(如物体的位置矢量，物体的动能、交流电路中的电流、电压、震荡电路中的电场强度或磁场强度等)在某个定值附近反复变化，都可称为振动。尽管各种振动的物理本质并不相同，但在数学描述上却是相同的。因此，研究机械振动的规律有助于了解其他各种振动的规律。

振动在空间的传播过程称为波动，简称波。机械振动在弹性介质中的传播，称为机械波，如水波、地震波和声波。变化的电场和变化的磁场在空间的传播，称为电磁波，如光波、无线电波。波的传播伴随着状态和能量的传播。各种波动具有各自的特殊性，但也具有一些共性，例如都能产生反射、折射、干涉和衍射等现象。

在本章中，我们将讨论机械振动和机械波的基本规律，它是讨论电磁振荡和电磁波的基础。

3.1 简谐振动

在不同的振动现象中，最简单、最基本的振动是简谐振动。可以证明任何一个复杂的振动都可以看作是多个简谐振动的合成，因此，研究简谐振动是研究复杂振动的基础。

一、简谐振动

物体振动时，若其位置坐标随时间按余弦(或正弦)函数规律变化，称其为简谐振动，简称**谐振动**。简谐振动的运动方程的形式为

$$x=A\cos(\omega t+\varphi) \tag{3.1.1}$$

式中：x 是描述物体离开平衡位置位移的物理量；A 为振幅；ω 为角频率；φ 为初相位。

下面以弹簧振子为例来讨论简谐振动的特征及其运动规律。

一个质量可以忽略的弹簧，一端固定，另一端连接一个物体。设弹簧在物体运动过程中总处于弹性范围内，则弹簧与物体构成的系统称为弹簧振子。将弹簧振子放在光滑的水平面上，当弹簧处于原长时，物体受到的合外力为零，我们将此时物体的位置设为平衡位置。如果把物体略加移动后释放，这时由于弹簧被拉长或压缩，就产生指向平衡位置的弹性力，迫使物体返回平衡位置，在此弹性力的作用下，物体将在其平衡位置附近做往复运动。

现对弹簧振子的小幅度振动作定量分析。如图 3.1.1 所示，弹簧振子置于光滑水平面上，取弹簧处于原长的稳定平衡位置为坐标原点，物体的质量为 m，弹簧的劲度系数为 k，选水平向右为坐标轴正方向，假定某一时刻，物体偏离平衡位置的位移为 x，忽略振子运动过程中空气的阻力，物体受到的合外力为弹簧的弹性力，可表示为

$$F=-kx \tag{3.1.2}$$

负号表示弹力的方向与振子的位移方向相反，在运动过程中始终指向平衡位置，力的大小与振子的位移大小成正比，这种力称为线性回复力。

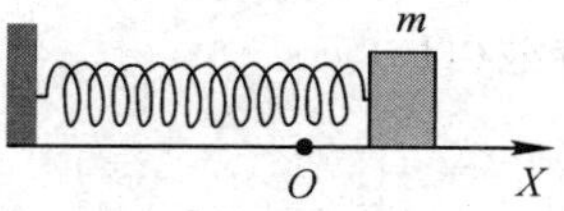

图 3.1.1　弹簧振子

根据牛顿第二定律，可以得到振子运动的微分方程为 $m\dfrac{d^2x}{dt^2}=-kx$，整理为

$$\frac{d^2x}{dt^2}+\frac{k}{m}x=0$$

令 $\omega^2=\dfrac{k}{m}$，有

$$\frac{d^2x}{dt^2}+\omega^2x=0 \tag{3.1.3}$$

这是一个二阶常系数齐次微分方程，其解为

$$x=A\cos(\omega t+\varphi) \tag{3.1.4}$$

其中 A 和 φ 是两个积分常数，ω 取决于弹簧的劲度系数和物体的质量。由此，可以给出简谐振动的另一种较普遍的定义：如果某力学系统的动力学方程式可写为式(3.1.3)的形式，且其中的 ω 仅取决于振动系统本身的性质，则该系统作简谐振动。

式(3.1.4)关于时间求导，可以得到振子作简谐振动的速度和加速度大小的表达式为

$$v=\frac{dx}{dt}=-\omega A\sin(\omega t+\varphi) \tag{3.1.5}$$

$$a=\frac{dv}{dt}=-\omega^2A\cos(\omega t+\varphi) \tag{3.1.6}$$

由此可见，物体作简谐振动时，其速度和加速度也随时间作周期性的变化。

二、描述简谐振动的重要物理参量

1. 振幅(A)

在简谐振动表达式中，因余弦函数的绝对值不能大于 1，因此 x 的绝对值不能大于 A，物体的振动范围在 $-A$ 和 $+A$ 之间。把物体离开平衡位置的最大位移(或角位移)的绝对值叫做振幅。振幅恒取正值，它给出了质点运动的范围，其大小一般由起始条件决定。

2. 周期和频率

物体作简谐振动时，完成一次全振动所需的时间称为简谐振动的周期，以 T 表示。每隔一个周期，振动状态就完全重复一次，根据余弦函数的周期性，有

$$x=A\cos[\omega(t+T)+\varphi]=A\cos(\omega t+\varphi)$$

满足该方程的 T 的最小值满足 $\omega T=2\pi$，所以

$$T=\frac{2\pi}{\omega} \tag{3.1.7}$$

物体在单位时间内完成全振动的次数称为简谐振动的频率，用 ν 表示，其大小等于周期的倒数，即

$$\nu=\frac{1}{T}=\frac{\omega}{2\pi} \tag{3.1.8}$$

在国际单位制中，频率的单位是赫兹(Hz)。

根据式(3.1.8)，得

$$\omega=2\pi\nu \tag{3.1.9}$$

式中：ω 表示物体振动的角频率，也称圆频率，它的单位是弧度/秒(rad/s)。

对于弹簧振子，$\omega=\sqrt{\frac{k}{m}}$，故弹簧振子的周期和频率分别为

$$T=2\pi\sqrt{\frac{m}{k}},\ \nu=\frac{1}{2\pi}\sqrt{\frac{k}{m}}$$

质量 m 和劲度系数 k 都属于弹簧振子本身固有的性质，所以弹簧振子的周期和频率完全取决于其本身的性质，因此，常称为固有周期和固有频率。

3. 相位和初相

由式(3.1.4)和式(3.1.5)可知，当振幅 A 和角频率 ω 已知时，振动物体在任意时刻 t 的位置和速度完全由$(\omega t+\varphi)$决定。$(\omega t+\varphi)$是决定振动物体运动状态的物理量，称为振动的相位。常量 φ 是 $t=0$ 时的相位，称为振动的初相位，简称初相。φ 值由初始条件决定，它反映物体初始时刻的运动状态。由于余弦函数的周期是 2π，所以相位在 $0\sim2\pi$ 范围内与振动状态一一对应，相位每改变 2π 振动状态重复一次。

相位不仅是简谐振动中一个非常重要的概念，它在波动、光学、电工学、无线通信技术等方面都有广泛的应用。

相位概念的重要性还在于比较两个谐振动之间在“步调”上的差异，为此我们引入了相位差的概念。

设有两个简谐振动，它们的振动表达式分别为 $x_1=A_1\cos(\omega_1 t+\varphi_1)$、$x_2=A_2\cos(\omega_2 t+\varphi_2)$，它们的相位差(简称相差)为 $\Delta\varphi=(\omega_2 t+\varphi_2)-(\omega_1 t+\varphi_1)$。当 $\omega_2=\omega_1$ 时，任一时刻两振动的相位之差：$\Delta\varphi=\varphi_2-\varphi_1$，为初相位之差，与时间无关。由这个相差的值可以分析它们在步调上的差异。

两个频率相同的谐振动，当它们的初相位差 $\Delta\varphi$ 是 π 的偶数倍时，步调完全一致，两振动物体振动状态完全相同，称这样的两个振动为**同相**。而当初相位差 $\Delta\varphi$ 是 π 的奇数倍时，它们中的一个到达正的最大位移时，另一个却到达负的最大位移，之后，它们同时回到平衡位置，但速度方向相反，即两振动步调完全相反，称这样的两个振动为**反相**。

若 $\Delta\varphi=(\varphi_2-\varphi_1)>0$，则称第二个振动的相位比第一个振动的相位**超前**$\Delta\varphi$(或第一个振动比第二个振动**滞后**$\Delta\varphi$)。

对于一个简谐振动，如果 A、ω 和 φ 都知道了，则这个振动也就完全确定了。因此，这

三个量称为描述简谐振动的三个特征量。

例 3.1.1　物体沿 OX 轴作谐振动，振幅为 12 cm，周期为 2 s，当 $t=0$ 时，物体的坐标为 6 cm，且向 OX 轴正方向运动。求：

(1) 初相；

(2) $t=0.5$ s 时，物体的坐标、速度和加速度。

解　选水平向右方向为 OX 轴的正方向，并设物体的运动学方程为

$$x=A\cos(\omega t+\varphi)$$

(1) 根据题意知：$A=12$ cm，$\omega=\frac{2\pi}{T}=\pi$ rad/s

又当 $t=0$ 时：$x_0=6$ cm，$v_0>0$。将这些条件代入运动学方程，得

$$x_0=6=12\cos\varphi$$

即 $\cos\varphi=\frac{1}{2}$，所以 $\varphi=\frac{\pi}{3}$ 或 $\varphi=\frac{5\pi}{3}$。因为 $t=0$ 时，$v_0>0$，所以 $\varphi=\frac{5\pi}{3}$。

因此物体的运动学方程为

$$x=12\cos\left(\pi t+\frac{5}{3}\pi\right)\text{cm}$$

(2) $t=0.5$ s 时，物体的坐标、速度和加速度分别为

$$x_{0.5}=12\cos\left(\pi\times0.5+\frac{5}{3}\pi\right)=10.4\ \text{cm}$$

$$v_{0.5}=-12\pi\sin\left(\pi\times0.5+\frac{5}{3}\pi\right)=-18.8\ \text{cm/s}$$

$$a_{0.5}=-12\pi^2\cos\left(\pi\times0.5+\frac{5}{3}\pi\right)=-103\ \text{cm/s}^2$$

三、谐振动的旋转矢量表示法

如图 3.1.2 所示，在平面上作 OX 坐标轴，以原点 O 为起点作一个长度为 A 的矢量 $\boldsymbol{A}$，计时起点 $t=0$ 时，矢量与坐标轴的夹角为 φ，矢量 $\boldsymbol{A}$ 以角速度 ω 绕原点 O 逆时针匀速转动，矢量端点在平面上将画出一个圆，称为参考圆。在时刻 t，矢量 $\boldsymbol{A}$ 与 OX 轴间的夹角为 $\omega t+\varphi$，称这样的矢量为旋转矢量。矢量的末端点 M 在 OX 轴上投影点 P 的坐标为

$$x=A\cos(\omega t+\varphi)$$

这正是简谐振动的运动方程。可见，匀速旋转的矢量的端点在 OX 轴上的投影的运动可用来表示简谐振动。这一直观的描述简谐振动的方法称为旋转矢量法。

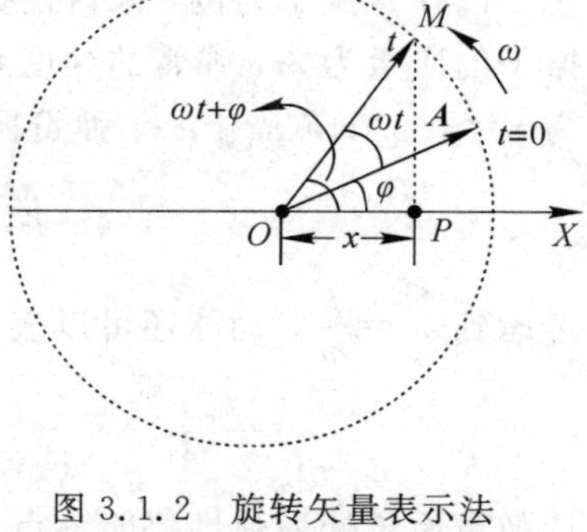

图 3.1.2　旋转矢量表示法

简谐振动的旋转矢量表示法把描写简谐振动的三个特征量非常直观地表示出来了。旋转矢量的长度等于简谐振动的振幅，因而旋转矢量又称为振幅矢量；旋转矢量在 $t=0$ 时与坐标轴间的夹角等于简谐振动的初相位，旋转矢量的角速度等于简谐振动的角频率。在讨论简谐振动时，用上述旋转矢量法来分析，可以使运动的各个物理量表现得直观，运动过程显示得清晰。

例 3.1.2 一质点沿 OX 轴作简谐振动，振幅为 A，周期为 T。试计算：

(1) $t=0$ 时，质点处于 $x_0=\dfrac{A}{2}$ 处且向 OX 轴负方向运动，求振动的初相位；

(2) 质点从 $x=A$ 处开始运动，第二次经过平衡位置最少需要多少时间？

解 (1) 如图 3.1.3(a)所示的旋转矢量图，由题知，$t=0$ 时，质点的位移为 $x_0=\dfrac{A}{2}$，故旋转矢量与 OX 轴的夹角为 $\varphi=\dfrac{\pi}{3}$ 或 $\varphi=-\dfrac{\pi}{3}$，由于质点向 OX 轴负方向运动，所以矢量末端点应在参考圆的上半圆上，所以质点振动的初相应为 $\varphi=\dfrac{\pi}{3}$。

(2) 如图 3.1.3(b)中所示，质点从 $x=A$ 处开始运动，第二次经过平衡位置的过程中，旋转矢量从 $\varphi=0$ 处转动到 $\varphi=\dfrac{3\pi}{2}$处，转过了 $\Delta\varphi=\dfrac{3\pi}{2}$的角度。转动的角速度为 $\omega=\dfrac{2\pi}{T}$，故转过 $\Delta\varphi=\dfrac{3\pi}{2}$的时间应为 $\Delta t=\dfrac{\Delta\varphi}{\omega}=\dfrac{3}{4}T$，所以需要的最短时间为$\dfrac{3}{4}T$。

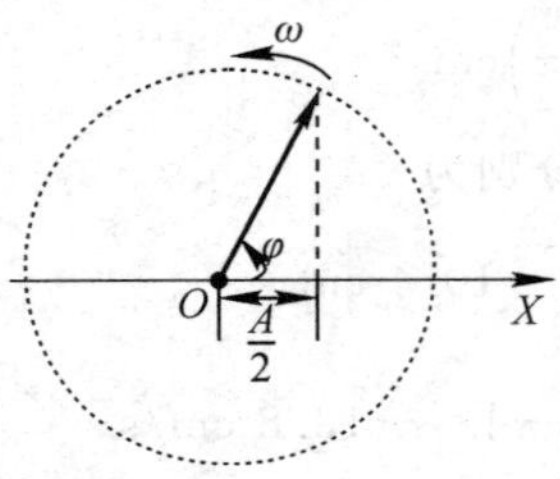

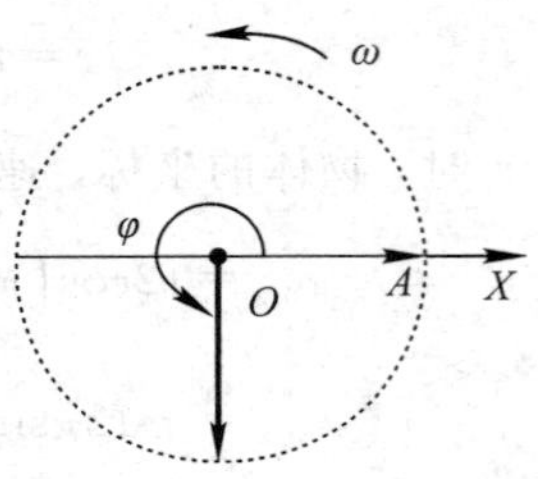

图 3.1.3 例 3.1.2 图

3.2 简谐振动的能量

以弹簧振子为例，来讨论振动系统的能量。简谐振动系统的能量包含动能和势能。设振子的质量为 m，弹簧的劲度系数为 k，振动方程为 $x=A\cos(\omega t+\varphi)$，则任一时刻的速率为 $v=-\omega A\sin(\omega t+\varphi)$。弹簧振子的动能为

$$E_k=\frac{1}{2}mv^2=\frac{1}{2}m\omega^2A^2\sin^2(\omega t+\varphi) \tag{3.2.1}$$

考虑到 $\omega^2=\dfrac{k}{m}$，动能还可以表示为

$$E_k=\frac{1}{2}kA^2\sin^2(\omega t+\varphi) \tag{3.2.2}$$

选弹簧原长处为弹性势能零点，弹簧振子的弹性势能为

$$E_p=\frac{1}{2}kx^2=\frac{1}{2}kA^2\cos^2(\omega t+\varphi) \tag{3.2.3}$$

弹簧振子的机械能为

$$E=E_k+E_p=\frac{1}{2}kA^2 \tag{3.2.4}$$

由此可知，振动系统总能量与振幅的平方成正比，在振动过程中机械能守恒，这是由于弹

簧振子在振动过程中，仅有弹簧的弹性力做功，而弹簧的弹性力是保守力，因此弹簧振子的机械能守恒。对于其他简谐振动系统，机械能也是守恒的。总机械能与振幅平方成正比这一点对其他的简谐振动系统也是正确的，这意味着振幅不仅描述简谐振动的运动范围，而且还反映振动系统能量的大小。

图 3.2.1 给出了初相位为零时的简谐振动系统的动能、势能和总能量随时间的变化曲线。由曲线图可以看出，振子在振动过程中，动能和势能分别随时间作周期性变化，势能最大时，动能为零，势能为零时，动能最大。在简谐振动的过程中动能和势能相互转换，总机械能保持不变。

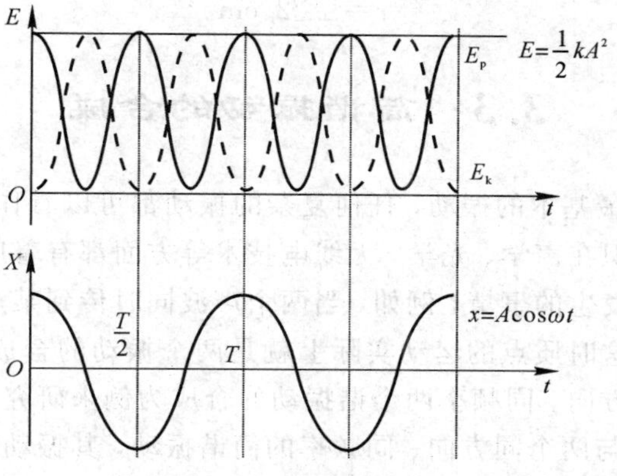

图 3.2.1　谐振子的动能、势能和总能量随时间的变化曲线

还可以计算振子的动能和势能在一个周期内的平均值。动能在一个周期内的平均值为

$$\overline{E}_k=\frac{1}{T}\int_0^T E_k(t)\mathrm{d}t=\frac{1}{T}\int_0^T\frac{1}{2}kA^2\sin^2(\omega t+\varphi)\mathrm{d}t=\frac{1}{4}kA^2 \tag{3.2.5}$$

势能在一个周期内的平均值值为

$$\overline{E}_p=\frac{1}{T}\int_0^T E_p(t)\mathrm{d}t=\frac{1}{T}\int_0^T\frac{1}{2}kA^2\cos^2(\omega t+\varphi)\mathrm{d}t=\frac{1}{4}kA^2 \tag{3.2.6}$$

即谐振动在一个周期内的平均动能和平均势能相等，为总能量的一半。

上述结论对任何一个简谐振动系统有普遍意义。

例 3.2.1　质量为 m 的水平弹簧振子，运动方程为 $x=2\cos\left(\frac{\pi}{2}t\right)$ cm。试求：

(1) t 为何值时振子的动能最大？

(2) 振子的动能与势能相等时，振子的坐标。

解　(1) 对弹簧振子的运动方程关于时间求一阶导数可得速度为

$$v=-\pi\sin\left(\frac{\pi}{2}t\right)$$

由式(3.2.1)可知，振子的动能为

$$E_k=\frac{1}{2}mv^2=\frac{1}{2}m\pi^2\sin^2\left(\frac{\pi}{2}t\right)$$

动能最大时，$\sin^2\left(\frac{\pi}{2}t\right)=1$，即

$$\frac{\pi}{2}t=(2n+1)\frac{\pi}{2}\quad(n=0,1,2,\cdots)$$

所以，对应的时间 t 为

$$t=2n+1\quad(n=0,1,2,\cdots)$$

(2) 根据式(3.2.1)、式(3.2.2)和式(3.2.3)可知，动能和势能相等的时候满足如下关系：

$$\frac{1}{2}m\pi^2\sin^2\left(\frac{\pi}{2}t\right)=\frac{1}{2}m\pi^2\cos^2\left(\frac{\pi}{2}t\right)$$

即 $\tan^2\left(\frac{\pi}{2}t\right)=1$，解得 $\frac{\pi}{2}t=(2n+1)\frac{\pi}{4}$，$n=0,1,2,\cdots$，代入运动方程可得

$$x=\pm\sqrt{2}\ \mathrm{cm}$$

3.3 简谐振动的合成

简谐振动是最简单最基本的振动，任何复杂的振动都可以看作是由多个简谐振动合成的。振动合成的基本知识在声学、光学、无线电技术等方面都有着广泛的应用。在实际问题中，振动的合成是经常发生的事情，例如，当两个声波同时传到某点时，该点处空气质点就将同时参与两个振动，这时质点的运动实际上就是两个振动的合成。一般振动的合成比较复杂，在此我们仅以同方向、同频率两个谐振动的合成为例来研究谐振动的合成。

设一个质点同时参与两个同方向、同频率的简谐振动，其振动方程方分别为

$$x_1=A_1\cos(\omega t+\varphi_1),\ x_2=A_2\cos(\omega t+\varphi_2)$$

因为两个振动都在 OX 轴上运动，故质点的位移 x 等于两个振动形成的位移 x_1 和 x_2 的代数和，即

$$x=x_1+x_2=A_1\cos(\omega t+\varphi_1)+A_2\cos(\omega t+\varphi_2)$$

利用三角函数恒等式，将上式整理为如下形式：

$$x=A\cos(\omega t+\varphi)\tag{3.3.1}$$

式中 A 是合振动的振幅，φ 是合振动的初相位，其值分别为

$$A=\sqrt{A_1^2+A_2^2+2A_1A_2\cos(\varphi_2-\varphi_1)}\tag{3.3.2}$$

$$\tan\varphi=\frac{A_1\sin\varphi_1+A_2\sin\varphi_2}{A_1\cos\varphi_1+A_2\cos\varphi_2}\tag{3.3.3}$$

由此可见，同方向、同频率的两个简谐振动合成后仍为一个简谐振动，其频率与分振动频率相同。合振动的振幅、初相位不但与两分振动的振幅有关，而且与两分振动的初相位有关。

利用旋转矢量法可以更直观、更简洁地研究两个简谐振动的合成问题，如图 3.3.1 所示，建立参考坐标 OX，第一个振动所对应的矢量为 $\boldsymbol{A}_1$，它与 OX 轴夹角为 φ_1，该矢量以角速度 ω 绕 O 点逆时针旋转，矢量末端在 OX 轴上的投影表示第一个谐振动。同理作出第二个振动的旋转矢量如图 3.3.1 所示。由于矢量 $\boldsymbol{A}_1$ 与矢量 $\boldsymbol{A}_2$ 以相同的角速度 ω 旋转，它们的合矢量也以角速度 ω 旋转，所以在旋转过程中，图 3.3.1 中平行四边形的形状保持不变，因而合矢量 $\boldsymbol{A}=\boldsymbol{A}_1+\boldsymbol{A}_2$ 的长度 A 保持不变，并以相同的角速度 ω 匀速旋转。矢量 $\boldsymbol{A}$ 的端点在 OX 轴上的投影坐标可表示为

$$x=A\cos(\omega t+\varphi)\tag{3.3.4}$$

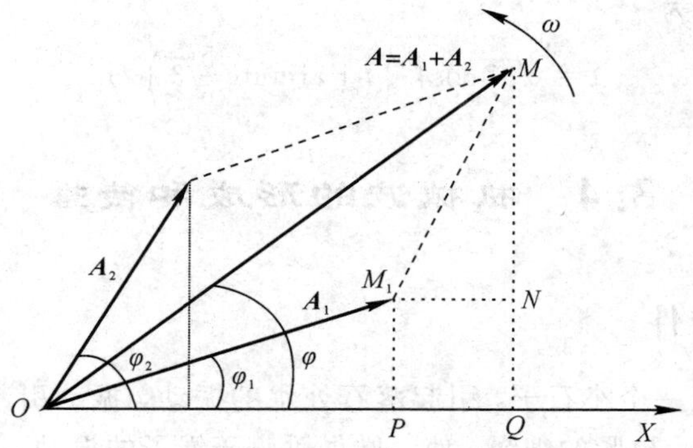

图 3.3.1 旋转矢量法求同一直线两谐振动合成

此即合振动的振动方程。在图 3.3.1 中的 ΔOMM_1 中应用余弦定理可求得合振幅 A 与式(3.3.2)结论一致，为

$$A=\sqrt{A_1^2+A_2^2+2A_1A_2\cos(\varphi_2-\varphi_1)}$$

在图 3.3.1 中的 ΔMOQ 中，$\angle MOQ$ 的正切值与式(3.3.3)结论一致，为

$$\tan\varphi=\frac{MQ}{OQ}=\frac{QN+NM}{OP+PQ}=\frac{A_1\sin\varphi_1+A_2\sin\varphi_2}{A_1\cos\varphi_1+A_2\cos\varphi_2}$$

现进一步讨论合振动的振幅与两分振动的相位差之间的关系。由式(3.3.2)可知：

(1) 当两个分振动同相时，即相位差 $\Delta\varphi=\varphi_2-\varphi_1=2k\pi$，$k=0$，$\pm1$，$\pm2$，…时，则

$$A=\sqrt{A_1^2+A_2^2+2A_1A_2}=A_1+A_2 \tag{3.3.5}$$

合振动的振幅等于两个分振动振幅之和，取最大值，两个振动相互加强。

(2) 当两个分振动反相时，即相位差 $\Delta\varphi=\varphi_2-\varphi_1=(2k+1)\pi$，$k=0$，$\pm1$，$\pm2$，…时，则

$$A=\sqrt{A_1^2+A_2^2-2A_1A_2}=|A_1-A_2| \tag{3.3.6}$$

合振动的振幅为两个分振动振幅之差的绝对值，为最小值，两个振动相互抵消。在实际问题中，还常常有 $A_1=A_2$ 的情况，此时合振幅 $A=0$，说明两个同幅反相的振动合成的结果将使质点保持静止状态。

两个同方向不同频率谐振动的合成问题以及垂直方向谐振动的合成问题可参照以上方法进行分析。

例 3.3.1 一质点同时参与两个简谐振动，它们的振动方程分别为 $x_1=4\cos\left(\frac{\pi}{3}t+\frac{1}{6}\pi\right)$ cm，$x_2=3\cos\left(\frac{\pi}{3}t+\frac{\pi}{2}\right)$ cm。求该质点的振动方程。

解 该质点的振动方程为两个谐振动的合振动，利用式(3.3.2)和式(3.3.3)求出合振动的振幅 A 和初相位 φ 为

$$A=\sqrt{A_1^2+A_2^2+2A_1A_2\cos(\varphi_2-\varphi_1)}=\sqrt{4^2+3^2+2\times4\times3\cos\left(\frac{\pi}{2}-\frac{\pi}{6}\right)}=\sqrt{37}\ \text{cm}$$

$$\tan\varphi=\frac{A_1\sin\varphi_1+A_2\sin\varphi_2}{A_1\cos\varphi_1+A_2\cos\varphi_2}=\frac{4\sin\frac{\pi}{6}+3\sin\frac{\pi}{2}}{4\cos\frac{\pi}{6}+3\cos\frac{\pi}{2}}=\frac{5}{6}\sqrt{3}$$

所以，质点的振动方程为

$$x=\sqrt{37}\cos\left(\frac{\pi}{3}t+\arctan\frac{5}{6}\sqrt{3}\right)\ \text{cm}$$

3.4 机械波的形成和传播

一、机械波的产生条件

在平静的水面投入一个小石子，引起落石处水的振动，振动引起的涟漪由中心向四周传播开来，形成水面波。拉紧的细绳，使一端做垂直于绳子的振动，振动沿着绳子传播，形成绳波。可见要产生机械波，要有两个条件：首先要有一个振动的物体，称为波源；其次，还得有能够随波源而振动的介质，称为弹性介质。在弹性介质中，各质点间以弹性力互相联系，将波源的振动依次传递，使振动状态传播出去，形成波动。

二、横波和纵波

按照质元振动方向与波传播方向的关系，可把波分为横波和纵波。**振动方向与波传播方向垂直的波称为横波，振动方向和波传播方向平行的波称为纵波**。当横波在介质中传播时，介质中层与层之间将发生相对位错，即产生切变。气体和液体内部不能产生这种切向弹性力，所以气体和液体中不能传播横波，横波只能在固体中传播。横波的传播表现为波峰、波谷沿传播方向移动。在纵波传播时，质点的振动方向与传播方向平行，因此在介质中就形成稠密和稀疏的区域，故又称为疏密波。纵波能在所有物质中传播。纵波的传播表现为疏、密状态沿波的传播方向移动。

三、波线和波面

为了形象地描述波在空间的传播情况，从几何角度引入波线、波面、波前的概念。

波传播到的空间称为**波场**。沿波的传播方向作一些带箭头的线，称为**波线**。波线的指向表示波的传播方向。**波面**是指波传播过程中介质中各振动相位相同的点联结成的面，也称为波阵面或同相面。在某一时刻，波传播到的最前面的波面称为**波前**。因此，在任何时刻，波前只有一个。在各向同性的介质中，波线总是与波面垂直，且指向振动相位降落的方向。按照波面的几何形状，波可分为平面波、球面波和柱面波等。波面是平面的波称为平面波，如图 3.4.1 所示，平面波的波线是垂直于波面且相互平行的直线。波面是球面的波称为球面波，如图 3.4.2 所示，球面波的波线是以波源为中心沿径向发散的一族射线。平面波和球面波都是波动过程中的理想情况。离波源很远处的局部区域内的球面波可以近似为平面波。

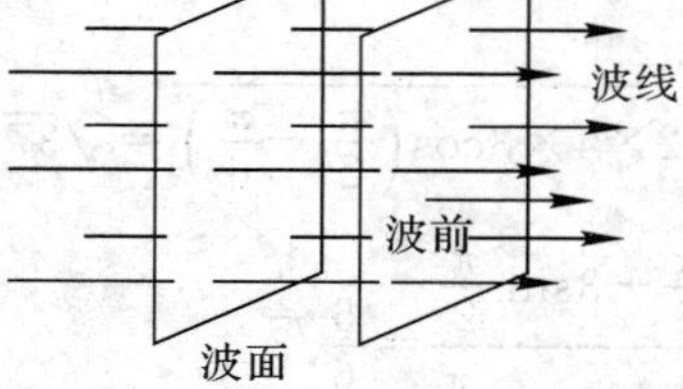

图 3.4.1　平面波的波阵面和波线

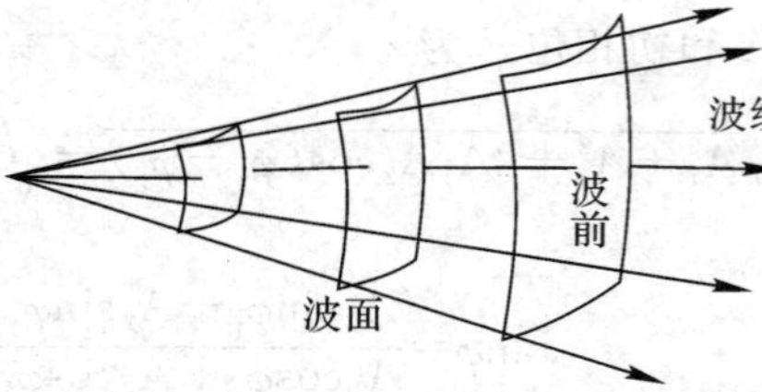

图 3.4.2　球面波的波阵面和波线

四、波速

波动是振动状态的传播，振动状态在单位时间内所传播的距离称为波速，用 u 表示。波的传播实际上是振动相位的传播，因此波速又称为相速。对于机械波，波速主要取决于介质的性质。

可以证明，拉紧的绳子或弦线中横波的波速为

$$u=\sqrt{\frac{T}{\mu}} \tag{3.4.1}$$

式中：T 为绳子或弦线中的张力；μ 为绳子或弦线单位长度的质量。

在固体中，横波和纵波的传播速度可分别表示为

$$u_{\perp}=\sqrt{\frac{G}{\rho}} \quad \text{(横波)} \tag{3.4.2}$$

$$u_{/\!/}=\sqrt{\frac{E}{\rho}} \quad \text{(纵波)} \tag{3.4.3}$$

式中：G 和 E 分别是介质中的切变弹性模量和杨氏模量；ρ 为介质的密度。对于同一种固体介质，一般为 $G<E$，所以

$$u_{\perp}<u_{/\!/}$$

在液体和气体中只能传播纵波，速度为

$$u=\sqrt{\frac{B}{\rho}} \tag{3.4.4}$$

式中：B 是液体或者气体的体积模量；ρ 是液体或者气体的质量密度。

对于理想气体，把声波中的气体过程作为绝热过程近似处理，根据分子动理论和热力学，可推出理想气体中的声速公式为

$$u=\sqrt{\frac{\gamma p}{\rho}}=\sqrt{\frac{\gamma RT}{M_{\text{mol}}}}$$

式中：M_{mol} 是气体的摩尔质量；γ 是气体的比热容比；p 是气体的压强；T 是气体的热力学温度，ρ 为气体的密度；R 是普适气体恒量。

五、周期、频率和波长

波动过程中，既具有空间周期性，又具有时间周期性。空间周期性用波长描述，即同一波线上相邻的相位差为 2π 的两个质点之间的距离称为波长，用 λ 表示。波源完成一次全振动，波前进的距离等于一个波长。相距为整数个波长的两个质点的振动是同相的，相差为 2π 的整数倍。波长 λ 也等于横波中两个相邻波峰之间或两个相邻波谷之间的距离；或纵波中两个相邻密部(或疏部)的中心之间的距离。时间周期性用周期描述。波传播时，波前进一个波长距离所需的时间叫做波的周期，用 T 表示。周期的倒数称为波的频率，用 ν 表示。频率表示单位时间内，波前进的距离中包含完整波的数目。由于波源每完成一次完全的振动，就有一个完整的波形传播出去，所以，当波源相对介质静止时，波的周期即为波源的振动周期，波动的频率即为波源振动的频率。显然，波速、波长、周期和频率的关系为

$$\lambda=uT=\frac{u}{\nu} \tag{3.4.5}$$

波的角频率 ω 是波源在 2π 时间内传播的距离中包含完整波的数目，也等于波源在单位时间内传出的相位，即

$$\omega=\frac{2\pi}{\lambda}u=2\pi\nu=\frac{2\pi}{T} \tag{3.4.6}$$

3.5 平面简谐波的波函数

振动在介质中的传播过程形成波，一般的波动过程是比较复杂的，其中最简单而又最基本的波动是简谐波，即波源以及介质中各质点的振动都是简谐振动。这种情况只能发生在各向同性、均匀、无限大、无吸收的连续弹性介质中，以下提到的介质都是这种理想化的介质。由于任何复杂的波动都可以看成是由许多简谐波叠加而成的，因此，研究简谐波具有特别重要的意义。如果简谐波的波面是平面，则这样的简谐波称为平面简谐波。用数学函数来描述波场中各质元相对平衡位置的位移与时间变化的关系式，称为波函数。下面讨论平面简谐波的波函数。

一、平面简谐波的波函数

平面简谐波传播时，介质中各质点的振动频率相同。在无吸收的均匀介质中传播的平面波，各质点的振幅也相等，因而介质中各质点的振动仅相位不同，表现为相位沿波的传播方向依次落后，根据波阵面的定义可知，在任一时刻处在同一波阵面上的各点有相同的相位，因而有相同的位移。因此，只要知道了任意一条波线上波的传播规律，就可以知道整个平面波的传播规律。

下面讨论沿 OX 轴正向传播的平面简谐波，波速为 u，取任意一条波线为 OX 轴。在图 3.5.1 中，x 表示质元的平衡位置，y 表示在任意时刻 t 质元相对平衡位置的位移。假定原点 O 点处(即 $x=0$ 处)质元的振动方程为 $y_O=A\cos(\omega t+\varphi_0)$。现在考察波线上任意一点 P 的振动，设该点的坐标为 x。如上所述，P 点和 O 点振动的振幅和频率相同，而 P 点振动的相位比 O 点落后。O 点到 P 点的波程为 x，则 P 点的振动在时间上比 O 点落后 $\Delta t=\frac{x}{u}$，P 点比 O 点落后的相位为 $\Delta\varphi=\omega\frac{x}{u}$，$P$ 点的相位为 $\omega t+\varphi_0-\omega\frac{x}{u}=\omega\left(t-\frac{x}{u}\right)+\varphi_0$，所以 P 点的振动方程为

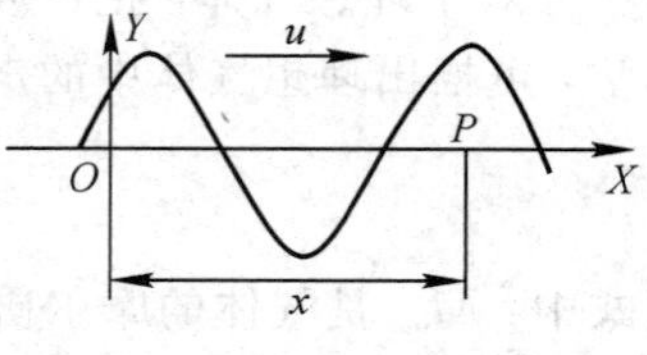

图 3.5.1 沿 OX 正方向传播的平面简谐波

$$y=A\cos\left[\omega\left(t-\frac{x}{u}\right)+\varphi_0\right] \tag{3.5.1}$$

这就是沿 OX 轴正向传播的平面简谐波的波函数。

在上面的讨论中，我们假设平面简谐波是沿着 OX 轴正向传播的，这称为正行波。若平面简谐波沿着 OX 轴负方向传播，则图中的 P 点的相位应比 O 点超前，由于波速 $\boldsymbol{u}$ 始终取正值，因而波函数表达式(3.5.1)中 x 前面的负号应改为正号，因而沿 OX 轴负方向传播的平面简谐波的波函数为

$$y=A\cos\left[\omega\left(t+\frac{x}{u}\right)+\varphi_0\right] \tag{3.5.2}$$

利用关系式 $\omega=\dfrac{2\pi}{T}=2\pi\nu$ 和 $u=\lambda\nu$，还可以将平面简谐波的波函数改写成以下几种形式：

$$y(x,t)=A\cos\left(\omega t-\frac{2\pi}{\lambda}x+\varphi_0\right)$$

$$y(x,t)=A\cos\left[2\pi\left(\nu t-\frac{x}{\lambda}\right)+\varphi_0\right]$$

$$y(x,t)=A\cos\left[2\pi\left(\frac{t}{T}-\frac{x}{\lambda}\right)+\varphi_0\right]$$

$$y(x,t)=A\cos\left[\frac{2\pi}{\lambda}(ut-x)+\varphi_0\right]$$

二、波函数的物理意义

下面以沿 OX 轴正向传播的平面简谐波为例，讨论波函数的物理意义。

1. 质元固定($x=x_0$)

当 $x=x_0$ 为给定值时，y 只是 t 的函数，这时波函数为距离坐标原点 O 为 x_0 处给定质元的振动方程，即 $y=A\cos\left[\omega\left(t-\dfrac{x_0}{u}\right)+\varphi_0\right]$。令 $\varphi'=-\omega\dfrac{x_0}{u}+\varphi_0$，$\varphi'$ 为 x_0 处质点作谐振动的初相位。可以看出，$x=x_0$ 处质点的相位比 $x=0$ 处质点的相位落后 $\omega\dfrac{x_0}{u}$。x_0 值越大，相位落后越多，故在传播方向上，各质点的振动相位依次落后。$x=\lambda$ 处质点的振动相位比 $x=0$ 处质点的相位落后 2π，对于余弦函数来说，这两点的振动曲线完全相同，说明波长反映了波在空间上的周期性。

2. 时间固定($t=t_0$)

如果 $t=t_0$ 为给定值，则 $y=A\cos\left[\omega\left(t_0-\dfrac{x}{u}\right)+\varphi_0\right]$，位移 y 仅是 x 的函数。这时波函数表示在 $t=t_0$ 时刻，波线上各质点离开各自平衡位置的位移分布情况，也就是 t_0 时刻波的形状。不同时刻的波形曲线记录的是不同时刻各质点的位移图形，是在 $t=t_0$ 时刻，给波线上所有质点拍摄的“集体照片”。此外 $t=0$ 时刻和 $t=T$ 时刻的波形曲线相同，说明周期反映了波在时间上的周期性。

3. x 和 t 都变化

如果 x 和 t 都变化，则波函数表示波线上各质点在不同时刻的位移分布情况。以 x 为横坐标，y 为纵坐标，画出不同时刻的波形图，将看出波不断向前推进的图像。

如图 3.5.2 所示，t 时刻和 $t+\Delta t$ 时刻波形曲线分别用实线和虚线所示。根据波函数可知，t 时刻 x 处质点的位移为

$$y(x,t)=A\cos\left[\omega\left(t-\frac{x}{u}\right)+\varphi_0\right]$$

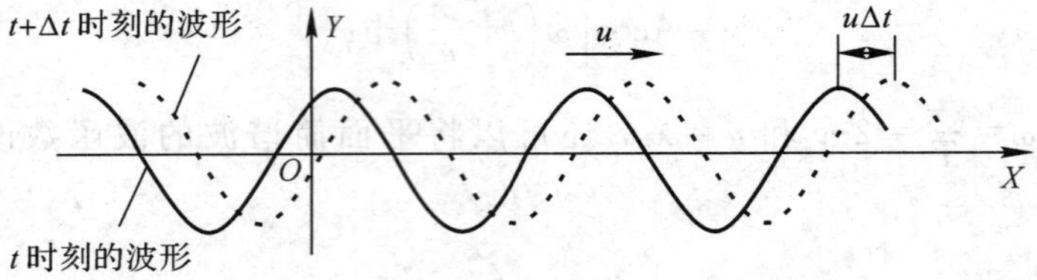

图 3.5.2　简谐波的波形曲线及其随时间的平移

经过 Δt 时间后，振动状态沿波线传播了 $\Delta x=u\Delta t$ 的距离，在 $t+\Delta t$ 时刻，波线上坐标为 $x+\Delta x$ 处，质点的位移为

$$y(x+\Delta x,\ t+\Delta t)=A\cos\left[\omega\left(t+\Delta t-\frac{x+\Delta x}{u}\right)+\varphi_0\right]=y(x,\ t)$$

这一结果说明，在时刻 $t+\Delta t$，位于 $x+\Delta x$ 处的质点的位移正好等于在 t 时刻，位于 x 处质点的位移。在 Δt 时间内，整个波形以波速 u 向前推进了 $\Delta x=u\Delta t$ 的距离。

例 3.5.1　设平面简谐波的波函数为 $y=12\cos\left(0.25\pi t-\pi x-\frac{\pi}{3}\right)$ cm，求振幅、波长、波速、波的频率以及原点处质点振动的初相位。

解　将题中的波函数与波函数标准形式 $y(x,\ t)=A\cos\left[2\pi\left(\frac{t}{T}-\frac{x}{\lambda}\right)+\varphi_0\right]$比较，得

$$A=12\ \text{cm},\ 0.25=\frac{2}{T},\ 1=\frac{2}{\lambda},\ \varphi_0=-\frac{\pi}{3}$$

即

$$\nu=\frac{1}{T}=\frac{1}{8}\ \text{Hz},\ \lambda=2\ \text{m}$$

由 $u=\lambda\nu$ 得

$$u=0.25\ \text{m/s}$$

例 3.5.2　已知一平面简谐波以 8 m/s 的速度沿 OX 轴正向传播。在 $x=1$ m 处质元的振动方程为 $y=5\cos(4\pi t-\pi)$，其中 x、y 的单位为 m，t 的单位为 s。求：

(1) 平面简谐波的波函数；

(2) 某一时刻距原点为 4 m 和 16 m 两点处质点振动的相位差；

(3) 波线上某质点在时间间隔 2 s 内的相位差。

解　(1) 取 $x>1$ m 的任意一点，波由 1 m 处传到 x 处需要的时间为 $\Delta t=\frac{x-1}{8}$，所以 x 处的质点的相位比 1 m 处的相位落后为

$$\Delta\varphi=\omega\Delta t=4\pi\cdot\frac{x-1}{8}$$

x 处质点的相位为

$$4\pi t-\pi-4\pi\cdot\frac{x-1}{8}=4\pi\left(t-\frac{x-1}{8}\right)-\pi$$

所以 x 处质点的振动方程为

$$y=5\cos\left[4\pi\left(t-\frac{x-1}{8}\right)-\pi\right]=5\cos\left(4\pi t-\frac{\pi}{2}x-\frac{\pi}{2}\right)$$

所以平面简谐波的波函数为

$$y=5\cos\left(4\pi t-\frac{\pi}{2}x-\frac{\pi}{2}\right)$$

(2) 某一时刻波线上坐标为 x_1 和 x_2 两点处质点振动的相位分别为

$$\varphi_1=4\pi t-\frac{\pi}{2}x_1-\frac{\pi}{2}$$

$$\varphi_2=4\pi t-\frac{\pi}{2}x_2-\frac{\pi}{2}$$

相位差为

$$\Delta\varphi=\varphi_2-\varphi_1=-\frac{\pi}{2}(x_2-x_1)$$

某一时刻波线上坐标为 4 m 和 16 m 两点处质点振动的相位差为

$$\Delta\varphi=-\frac{\pi}{2}(16-4)=-6\pi\ \text{rad}$$

负号表示 16 m 处质点的振动相位落后于 4 m 处质点的振动相位。

(3) 波线上某质点在 t_1 和 t_2 时刻的振动相位分别为

$$\varphi_1'=4\pi t_1-\frac{\pi}{2}x-\frac{\pi}{2}$$

$$\varphi_2'=4\pi t_2-\frac{\pi}{2}x-\frac{\pi}{2}$$

相位差为

$$\Delta\varphi'=\varphi_2'-\varphi_1'=4\pi(t_2-t_1)=4\pi\Delta t$$

波线上某质点在时间间隔 2 s 内的相位差为

$$\Delta\varphi'=4\pi\Delta t=8\pi\ \text{rad}$$

3.6　波的能量

在弹性介质中有波传播时，介质中的各个质元都在各自的平衡位置附近振动，因而具有一定的动能；同时弹性介质要产生形变，因而具有一定的弹性势能。波传播时，介质由近及远地开始振动，能量也向外传播出去，因此波传播的过程也是能量传递的过程。

一、波的能量

下面以在绳子上传播的横波为例导出波的能量表达式。

设一平面简谐波沿质量线密度为 μ、横截面积为 ΔS 的细绳传播。取波的传播方向为 OX 轴的正方向，绳子的振动方向沿 OY 轴，则波的表达式为

$$y=A\cos\left[\omega\left(t-\frac{x}{u}\right)+\varphi_0\right] \tag{3.6.1}$$

在绳子上 x 处取一段长为 Δx 的线元，则此线元的质量为 $\Delta m=\mu\Delta x$，振动速度为

$$v=\frac{\partial y}{\partial t}=-A\omega\sin\left[\omega\left(t-\frac{x}{u}\right)+\varphi_0\right] \tag{3.6.2}$$

线元的动能为

$$W_{\mathrm{k}}=\frac{1}{2}\Delta m v^2=\frac{1}{2}\mu\Delta x\omega^2A^2\ \sin^2\left[\omega\left(t-\frac{x}{u}\right)+\varphi_0\right] \tag{3.6.3}$$

如图 3.6.1 所示，波在传播过程中，线元不仅在 y 方向有位移，而且线元还要发生形变，由原长 Δx 变成了 Δl，伸长量为 $\Delta l-\Delta x$。当波的振幅很小时，线元两端所受的张力 T_1 和 T_2 可近似看成相等，即 $T=T_1=T_2$。在线元伸长的过程中，张力所做的功等于此线元的势能，即

$$W_{\mathrm{p}}=T(\Delta l-\Delta x)$$

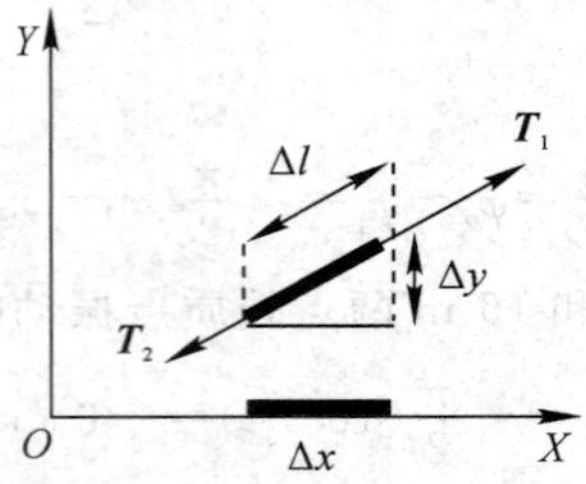

图 3.6.1　波在传播过程中线元形变

当 Δx 很小时，有

$$\Delta l=\sqrt{(\Delta x)^2+(\Delta y)^2}=\Delta x\left[1+\left(\frac{\Delta y}{\Delta x}\right)^2\right]^{\frac{1}{2}}\approx\Delta x\left[1+\left(\frac{\partial y}{\partial x}\right)^2\right]^{\frac{1}{2}}$$

应用二项式定理展开，并略去高次项，则

$$\Delta l\approx\Delta x\left[1+\frac{1}{2}\left(\frac{\partial y}{\partial x}\right)^2\right]$$

所以线元的势能为

$$W_{\mathrm{p}}=T(\Delta l-\Delta x)=\frac{1}{2}T\left(\frac{\partial y}{\partial x}\right)^2\Delta x \tag{3.6.4}$$

将波函数对 x 求一阶导数，得

$$\frac{\partial y}{\partial x}=A\,\frac{\omega}{u}\sin\left[\omega\left(t-\frac{x}{u}\right)+\varphi_0\right] \tag{3.6.5}$$

把 $T=\mu u^2$ 及式(3.6.5)代入式(3.6.4)中，得线元的势能表达式为

$$W_{\mathrm{p}}=\frac{1}{2}\mu\Delta x\omega^2A^2\sin^2\left[\omega\left(t-\frac{x}{u}\right)+\varphi_0\right] \tag{3.6.6}$$

线元的总机械能为

$$W=W_{\mathrm{k}}+W_{\mathrm{p}}=\mu\Delta x\omega^2A^2\ \sin^2\left[\omega\left(t-\frac{x}{u}\right)+\varphi_0\right] \tag{3.6.7}$$

由式(3.6.3) 和式(3.6.6)可以看出，在波动传播过程中，体积元的动能和势能是相同的。动能达到最大值时，势能也达到最大值，动能为零时，势能也为零。式(3.6.7)指出体积元总能量随时间 t 作周期性变化，这说明该体积元和相邻的介质之间有能量交换。体积元的能量增加时，它从相邻介质中吸收能量；体积元的能量减少时，它向相邻介质释放能量。这样能量不断地从介质的一部分传递到另一部分，所以波动的过程也就是能量传播的过程。

二、能量密度

为了描述介质中的能量分布情况，引入能量密度。**介质中单位体积内波的能量，称为波的能量密度**，用 w 表示，即

$$w=\frac{W}{\Delta V}=\frac{W}{\Delta x\cdot\Delta S}=\rho\omega^2A^2\sin^2\left[\omega\left(t-\frac{x}{u}\right)+\varphi_0\right] \tag{3.6.8}$$

式中 ρ 为绳子单位体积的质量。由式(3.6.8)可以看出，波的能量密度也随时间作周期性变化。实际应用中常取其在一个周期内的平均值，这个平均值称为平均能量密度，用 $\overline{w}$ 表示，即

$$\overline{w}=\frac{1}{T}\int_0^T w\mathrm{d}t=\frac{1}{2}\rho\omega^2A^2 \tag{3.6.9}$$

该式表示，波的平均能量密度与振幅的平方、频率的平方和介质密度的乘积成正比。此公式适用于各种弹性波。

三、波的能流和能流密度

在波动中，波到达的地方，质元开始振动并拥有能量，可见能量是随着波动在介质中传播的。为了描述波动过程中能量的传播，还需要引入能流和能流密度的概念，定量地描述能量在介质中的传播。

单位时间内，通过介质中某一面积的能量称为通过该面积的能流，用 P 表示。如图 3.6.2 所示，在介质内取垂直于波的传播方向的面积 S，则在 $\mathrm{d}t$ 时间内通过 S 的能量为

$$\mathrm{d}W=w\mathrm{d}V=wSu\mathrm{d}t$$

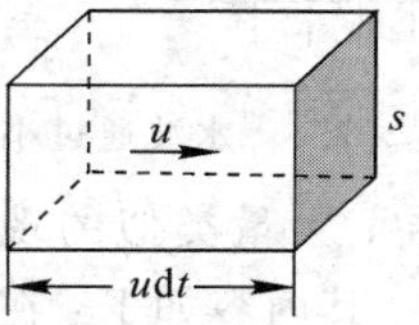

图 3.6.2　能量密度与能流的关系

根据定义，能流为

$$P=\frac{\mathrm{d}W}{\mathrm{d}t}=wSu=\rho\omega^2A^2Su\sin^2\left[\omega\left(t-\frac{x}{u}\right)+\varphi_0\right]$$

显然，通过面积 S 的能流是随时间作周期性变化的，通常也取其在一个周期内时间平均值，这个平均值称为通过 S 面的平均能流，用 $\overline{P}$ 表示，即

$$\overline{P}=\overline{w}Su=\frac{1}{2}\rho\omega^2A^2Su \tag{3.6.10}$$

式中：$\overline{w}$ 是平均能量密度。

沿波速方向垂直通过单位面积的平均能流，称为波的平均能流密度或波的强度，它是一个矢量，用 $\boldsymbol{I}$ 表示。在各向同性介质中，能流密度矢量的方向就是波速的方向，它的大小为

$$I=\frac{\overline{P}}{S}=\overline{w}u=\frac{1}{2}\rho\omega^2A^2u \tag{3.6.11}$$

其中 ρu 是实际应用中经常遇到的一个表征介质特性的常量，称为介质的特性阻抗。式(3.6.11)表明，弹性介质中简谐波的强度与介质的特性阻抗成正比，还正比于振幅的二次方，正比于角频率的二次方。在国际单位制中，波强的单位为 $\mathrm{W/m^2}$。将波的强度写成矢量式为

$$\boldsymbol{I}=\overline{w}\boldsymbol{u} \tag{3.6.12}$$

3.7 惠更斯原理

波动的起源是波源的振动。波的传播依赖于介质中各质点之间的相互作用。距离波源近的质点的振动将引起邻近的较远的质点振动，较远质点的振动又会引起邻近的更远的质点振动，这表明波动中的相互作用是通过各质点的直接接触来实现的。按照这个观点，波传播的时候，介质中任何一点后面的波，都可以看作是由这些点对其后各点的作用而产生的，也就是说，波动到达的任一点都可看作是新的波源。例如，水面波传播时，如果没有遇到障碍物，波前的形状将保持不变。如果在波的前方设置一个障碍物，障碍物上留有一个小孔(如图 3.7.1 所示)，当小孔的大小与波长相差不多时，就会看到穿过小孔后的波是圆弧形的，与原来的波面无关，这说明小孔可以看作新的波源。

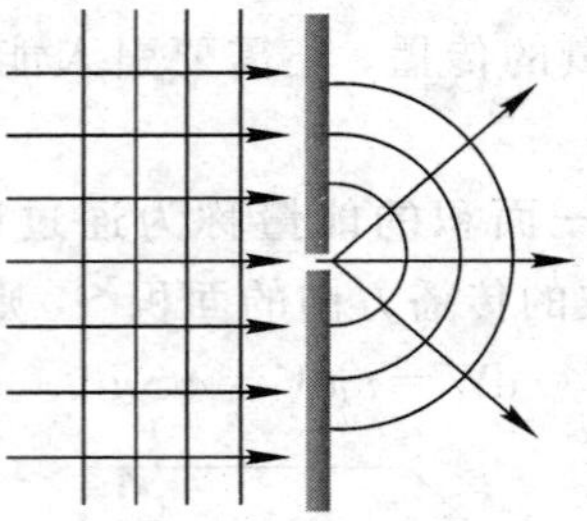

图 3.7.1　水波通过小孔

荷兰物理学家惠更斯分析和总结了大量类似的现象，于 1690 年总结出一条描述波传播特性的重要原理，称为**惠更斯原理**。其内容如下：在**波的传播过程中，波阵面上的每一点都可看作是新的发射子波的波源，在以后的任一时刻，这些子波的包迹就形成新的波阵面**。

惠更斯原理指出了从某一时刻的波面出发去寻找下一时刻波面的方法，该原理对任何波动过程都是适用的，不论是机械波还是电磁波，也不论波动所经过的介质是均匀的还是非均匀的，是各向同性的还是各向异性的，只要知道某一时刻的波阵面，就可根据这一原理，利用几何作图方法来确定下一时刻的波阵面，从而确定波的传播方向。下面以球面波和平面波为例，说明惠更斯原理的应用。

如图 3.7.2 所示，点波源 O 发出的球面波在各向同性的均匀介质中传播，波速为 $\boldsymbol{u}$，若 t 时刻的波前为以 R_1 为半径的球面 S_1，根据惠更斯原理，S_1 上的每一点都可看作是发射子波的点波源，经过 Δt 后，每个子波传播的距离均为 $r=u\Delta t$，形成以 r 为半径的球面，以 S_1 上各点为球心，以 $r=u\Delta t$ 为半径，画出许多球形的子波，求出各子波的包络面 S_2，则 S_2 便是以 O 为波源的球面波在 $t+\Delta t$ 时刻的波前。显然，S_2 是一个仍以点波源 O 为球心，以半径 $R_2=R_1+u\Delta t$ 为半径的球面。

如图 3.7.3 所示，若已知以波速 $\boldsymbol{u}$ 在均匀的各相同性介质中传播的平面波，在 t 时刻的波阵面为 S_1。根据惠更斯原理，S_1 上各点都可看做是发射子波的点波源，以 S_1 上各点为球心，以 $r=u\Delta t$ 为半径，画出许多球形的子波，求出各子波的包络面 S_2，则 S_2 是一个与 S_1 相距 $r=u\Delta t$，且与 S_1 平行的平面。S_2 面就是平面波在 $t+\Delta t$ 时刻的波前。

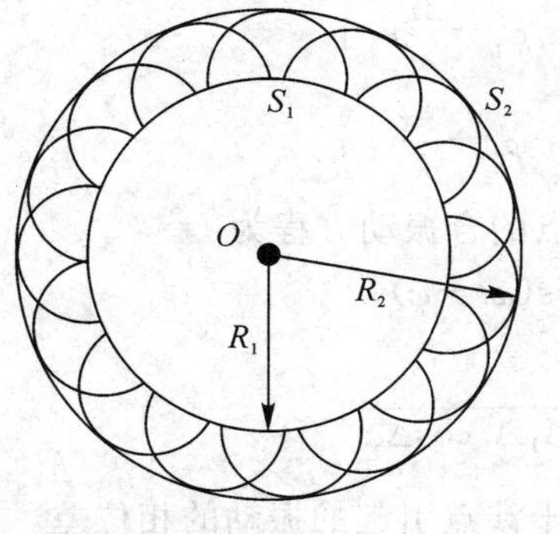

图 3.7.2　用惠更斯原理求球面波波前

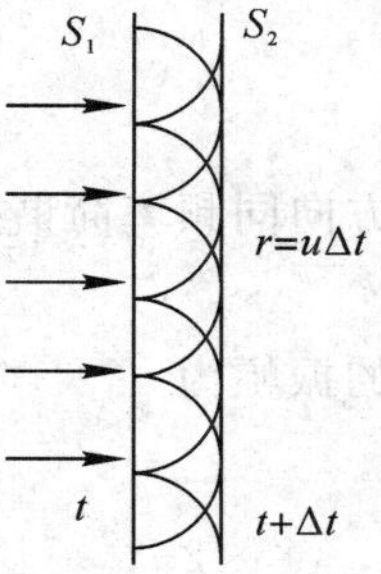

图 3.7.3　用惠更斯原理求平面波波前

应用惠更斯原理还可以解释波的衍射、折射和反射等现象。但惠更斯原理也存在一些缺陷，如没有说明子波的强度分布，也没有说明子波为什么只向前传播而不会产生后退波。其不足之处以后由菲涅尔做了补充和完善。

3.8 波的干涉

一、波的叠加原理

如果有几列波在空间相遇，那么每一列波都将独立地保持自己原有的特性(频率、波长、振动方向等)沿着各自原来的传播方向继续前进，并不会因其他波的存在而改变，这称为**波传播的独立性**。人们能够辨别交响乐队中各种不同乐器演奏的声音，就是声波传播具有独立性的例子。当天空中同时有许多无线电波在传播，我们却能随意的选取某一电台的广播收听，这是电磁波传播具有独立性的例子。在**几列波的相遇区域内，介质中任一点处质点的振动，为各列波单独存在时在该点引起振动的合振动**，这一规律称为**波的叠加原理**。

二、波的干涉

一般来说，任意的几列简谐波在空间相遇时，叠加的情形是很复杂的，它们可以合成多种形式的波动。下面仅以波的干涉为例讨论波的叠加。**若两列频率相同、振动方向相同、相位差恒定的简谐波在空间相遇叠加，会形成定域性的振动加强或减弱的现象，称为波的干涉现象。要产生干涉现象，两列波必须满足频率相同、振动方向相同、相位差恒定，称为相干条件。能产生干涉现象的波称为相干波，相应的波源称为相干波源。**

如图 3.8.1 所示，设 S_1、S_2 为两个相干波源，其振动方向相同，它们的振动方程分别为

$$y_{10}=A_1\cos(\omega t+\varphi_1)$$

$$y_{20}=A_2\cos(\omega t+\varphi_2)$$

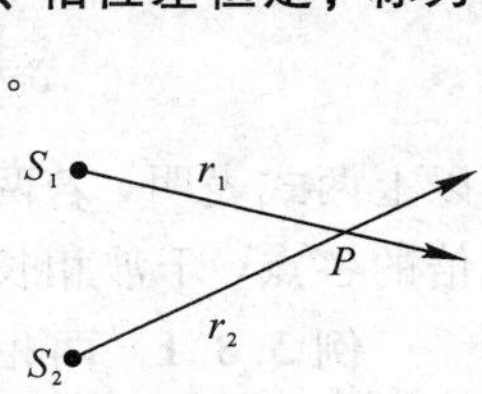

图 3.8.1　波的干涉

式中：ω 为波源作谐振动的角频率；A_1 和 A_2 分别为它们的振幅；φ_1 和 φ_2 分别为它们的初相位。设两列波在均匀且各向同性介质中传播，波长为 λ，P 点是两列波相遇区域内的任一点，它与两个波源的距离分别为 r_1 和 r_2，则 P 点同时参与的两个同方向、同频率的分振动，分别为

$$y_1=A_1\cos\left(\omega t+\varphi_1-\frac{2\pi}{\lambda}r_1\right)$$

$$y_2=A_2\cos\left(\omega t+\varphi_2-\frac{2\pi}{\lambda}r_2\right)$$

根据两个同方向同频率简谐振动的合成规律，P 点的合振动方程为

$$y=y_1+y_2=A\cos(\omega t+\varphi) \tag{3.8.1}$$

式中合振动的振幅为

$$A=\sqrt{A_1^2+A_2^2+2A_1A_2\cos\Delta\varphi} \tag{3.8.2}$$

式中 $\Delta\varphi=\varphi_2-\varphi_1-\frac{2\pi}{\lambda}(r_2-r_1)$，为两列相干波在干涉点引起的振动的相位差。式(3.8.1)中的初相位 φ 满足：

$$\tan\varphi=\frac{A_1\sin\left(\varphi_1-\frac{2\pi}{\lambda}r_1\right)+A_2\sin\left(\varphi_2-\frac{2\pi}{\lambda}r_2\right)}{A_1\cos\left(\varphi_1-\frac{2\pi}{\lambda}r_1\right)+A_2\cos\left(\varphi_2-\frac{2\pi}{\lambda}r_2\right)} \tag{3.8.3}$$

因波的强度正比于振幅的平方，如以 I_1、I_2 和 I 分别表示两相干波和合成波的强度，则有

$$I=I_1+I_2+2\sqrt{I_1I_2}\cos\Delta\varphi \tag{3.8.4}$$

由该式可知，对于叠加区域内任一确定的点来说，相位差 $\Delta\varphi$ 是一个常量，因而强度是恒定的，是不随时间改变而变化的。不同的点有不同的相位差，因而对应不同的强度值，但各自都是恒定的，即在空间形成稳定的强弱分布，这就是干涉现象。

可见，在两列波叠加区域内的各点，合振幅或波强主要取决于相位差。

(1) 当 $\Delta\varphi=\varphi_2-\varphi_1-\frac{2\pi}{\lambda}(r_2-r_1)=\pm2k\pi$，$k=0, 1, 2, \cdots$ 时，合振幅和强度最大，其值分别为 $A=A_1+A_2$ 和 $I=I_1+I_2+2\sqrt{I_1I_2}$，振动加强，称为干涉相长。

(2) 当 $\Delta\varphi=\varphi_2-\varphi_1-\frac{2\pi}{\lambda}(r_2-r_1)=\pm(2k+1)\pi$，$k=0, 1, 2, \cdots$ 时，合振幅和强度最小，其值分别为 $A=|A_1-A_2|$ 和 $I=I_1+I_2-2\sqrt{I_1I_2}$，振动减弱，称为干涉相消。

如果两个相干波源的振动的初相位相同，即 $\varphi_2=\varphi_1$，则 $\Delta\varphi$ 只取决于波程差 $\delta=r_2-r_1$，则上述条件简化为

$$\delta=r_2-r_1=\pm k\lambda \quad (k=0, 1, 2, \cdots, \text{干涉相长}) \tag{3.8.5}$$

$$\delta=r_2-r_1=\pm(2k+1)\frac{\lambda}{2} \quad (k=0, 1, 2, \cdots, \text{干涉相消}) \tag{3.8.6}$$

以上两式表明，若两相干波源为同相源，当两列波干涉的时候，在波程差等于波长的整数倍的各点，干涉相长；当波程差等于半波长的奇数倍的各点时，干涉相消。

例 3.8.1 两相干波源 S_1 与 S_2 相距 5 m，其振幅相等，频率都是 100 Hz，相位差为 π，波在介质中的传播速度为 400 m/s，试以 S_1S_2 连线为坐标轴 OX 轴，以 S_1S_2 连线的中点为坐标原点，求 S_1S_2 间因干涉而静止的各点的坐标。

解 频率 $\nu=100$ Hz，波长 $\lambda=\frac{u}{\nu}=4$ m，两相干波源 S_1 与 S_2 相距 $l=5$ m，设 S_1S_2 间因干涉而静止的点的坐标为 x，则对于该点两波的相位差为

$$\Delta\varphi=\varphi_2-\varphi_1-\frac{2\pi}{\lambda}\left[\left(\frac{l}{2}-x\right)-\left(\frac{l}{2}+x\right)\right]=\pi+\pi x$$

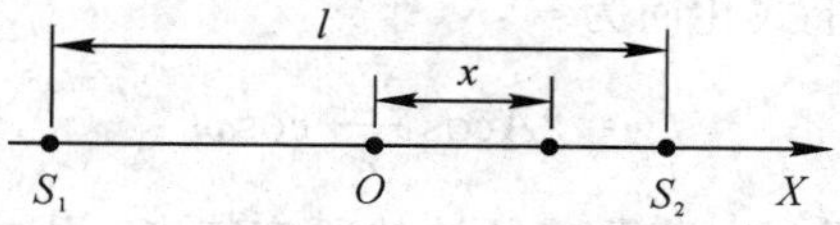

图 3.8.2　例 3.8.1 图

当 $\Delta\varphi=(2k+1)\pi$，$k=0$，±1，±2，…时，质元由于两波干涉而静止，即

$$\Delta\varphi=\pi+\pi x=(2k+1)\pi$$

所以

$$x=2k\quad (k=0,\ \pm1,\ \pm2,\ \cdots)$$

由于 x 的取值在 -2.5 到 2.5 之间，所以 S_1S_2 间因干涉而静止的各点的坐标为 $x=-2$ m、0 m 和 2 m。

3.9　驻　　波

一、驻波的形成

驻波是一种特殊的干涉现象。**两列振幅、振动方向和频率都相同，而传播方向相反的同类波相干叠加的结果形成驻波。**

驻波可用如图 3.9.1 所示的装置来观察。

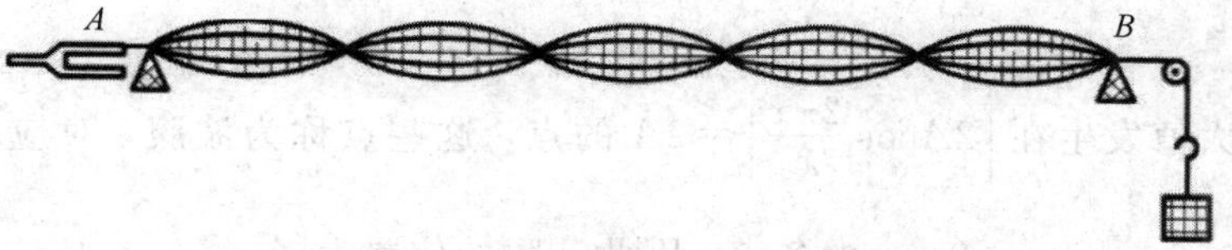

图 3.9.1　弦线驻波实验示意图

在电音叉的一臂末端系一根水平的弦线，弦线的另一端系一重物跨过滑轮将弦线拉紧，使绳上产生张力。B 处有一劈尖，可左右移动以调节 AB 间的距离，使音叉振动并调节劈尖 B 的位置，当 AB 为某些特殊长度时，可以看到 AB 之间的弦线上有些点始终静止不动，有些点则振动加强，弦线 AB 将分段振动，这就是驻波。电音叉振动时，弦线上产生行波向右传播，到达 B 点时发生反射，反射波向左传播并与入射波叠加，形成驻波。**驻波中始终静止不动的点称为波节；而振幅最大的点称为波腹**。波腹和波节均等间距排列。

二、驻波方程

下面对驻波进行定量描述。设有两列振动方向相同、振幅相同、频率相同的平面简谐波，分别沿 OX 轴的正、负方向传播，它们的波函数分别为

$$y_1=A\cos\left(\omega t-\frac{2\pi x}{\lambda}\right)$$

$$y_2=A\cos\left(\omega t+\frac{2\pi x}{\lambda}\right)$$

式中 A 为振幅，ω 为角频率，λ 为波长。根据波的叠加原理，合成驻波的波函数为

$$y=y_1+y_2=A\cos\left(\omega t-\frac{2\pi x}{\lambda}\right)+A\cos\left(\omega t+\frac{2\pi x}{\lambda}\right)$$

利用三角函数关系式，可将上式化简为

$$y=2A\cos\frac{2\pi x}{\lambda}\cos\omega t \tag{3.9.1}$$

式(3.9.1)称为驻波的波函数，它蕴藏着驻波的所有特点。从式(3.9.1)可以看出，合成以后各点都在作同周期的简谐运动，每一点的振幅为$\left|2A\cos\left(\frac{2\pi x}{\lambda}\right)\right|$，这表示驻波的振幅与位置有关，而与时间无关。

下面讨论对应振幅最大和最小时各点的位置，以及各点的相位关系。

1. 波节

振幅的最小值发生在$\left|2A\cos\frac{2\pi x}{\lambda}\right|=0$的点，这些点称为波节，对应$\left|\cos\frac{2\pi x}{\lambda}\right|=0$，即$\frac{2\pi x}{\lambda}=(2k+1)\frac{\pi}{2}$，$k=0$，$\pm1$，$\pm2$，…的各点。因此波节的位置为

$$x=(2k+1)\frac{\lambda}{4}\quad(k=0,\ \pm1,\ \pm2,\ \cdots) \tag{3.9.2}$$

相邻两波节的距离为

$$x_{k+1}-x_k=[2(k+1)+1]\frac{\lambda}{4}-(2k+1)\frac{\lambda}{4}=\frac{\lambda}{2}$$

即相邻两波节间的距离是半个波长。

2. 波腹

振幅的最大值发生在$\left|2A\cos\frac{2\pi x}{\lambda}\right|=2A$的点，这些点称为波腹，对应$\left|\cos\frac{2\pi x}{\lambda}\right|=1$，即$\frac{2\pi x}{\lambda}=k\pi$，$k=0$，$\pm1$，$\pm2$，…的各点。因此波腹的位置为

$$x=k\frac{\lambda}{2}\quad(k=0,\ \pm1,\ \pm2,\ \cdots) \tag{3.9.3}$$

相邻两波腹的距离为

$$x_{k+1}-x_k=(k+1)\frac{\lambda}{2}-k\frac{\lambda}{2}=\frac{\lambda}{2}$$

即相邻两波腹间的距离也是半个波长。

由以上讨论可以看出，波节处质点振动的振幅为零，波腹处质点振动的振幅最大，为$2A$，其他各处质点振动的振幅在零与最大值之间。相邻波节或相邻波腹之间的距离皆为半波长，波节和相邻波腹之间的距离为$\frac{\lambda}{4}$，波腹和波节交替作等间距排列。

3. 各点的相位

下面我们分析驻波中各点的相位关系。式(3.9.1)中的因子$\cos\omega t$与坐标x无关，只与时间t有关，而因子$\cos\frac{2\pi x}{\lambda}$在波节处为零，在波节两边符号相反。因此在驻波中，两波节之间的质点位移总是同号，振动速度总是同号，即两波节之间的各质点有相同的相位，它

们同时到达最大位移，同时通过平衡位置；同一波节两侧各质点振动的相位总是反相的，故驻波和行波不同，它不传播振动状态。

三、半波损失

在图 3.9.1 所示的实验中，入射波在图中 B 点反射并产生反射波，反射波和入射波叠加形成驻波。B 点是固定不动的，在该处形成的是驻波的一个波节。要形成波节，反射波在反射点的振动必须与入射波在反射点的振动的相位相反。这意味着，入射波在反射点反射时相位有 π 的突变。因为相距半个波长的两点相位差为 π，所以这个 π 的相位突变，一般叫做"半波损失"。若反射点是自由的，合成的驻波在反射点将形成波腹，此时，在反射点没有 π 的相位突变，即没有半波损失。半波损失也即相位突变问题不仅在机械波反射时存在，在电磁波包括光波反射时也存在。

例 3.9.1　一沿 OX 轴方向传播的入射波在 $x=0$ 处产生反射，设波在反射时，振幅不变，反射点为一波节。已知入射波的波函数为 $y_1=A\cos 2\pi\left(\nu t-\dfrac{x}{\lambda}\right)$，求：

(1) 反射波的波函数；

(2) 合成波(驻波)的波函数；

(3) 各波腹和波节的位置坐标。

解　(1) 反射点为波节，说明反射时有 π 的相位突变，所以反射波的波函数为

$$y_2=A\cos\left[2\pi\left(\nu t+\frac{x}{\lambda}\right)+\pi\right]$$

(2) 根据波的叠加原理，合成波的波函数为

$$\begin{aligned}y=y_1+y_2&=A\cos\left[2\pi\left(\nu t-\frac{x}{\lambda}\right)\right]+A\cos\left[2\pi\left(\nu t+\frac{x}{\lambda}\right)+\pi\right]\\&=2A\cos\left(2\pi\nu t+\frac{\pi}{2}\right)\cos\left(\frac{2\pi x}{\lambda}+\frac{\pi}{2}\right)\\&=2A\sin(2\pi\nu t)\sin\left(\frac{2\pi x}{\lambda}\right)\end{aligned}$$

(3) 形成波腹的各点，振幅最大，即

$$\left|\sin\frac{2\pi x}{\lambda}\right|=1$$

即

$$\frac{2\pi x}{\lambda}=\pm(2k+1)\frac{\pi}{2}\quad(k=0,1,2,3,\cdots)$$

所以

$$x=\pm(2k+1)\frac{\lambda}{4}\quad(k=0,1,2,3,\cdots)$$

由于入射波是由 OX 轴的负端向坐标原点传播的，所以波腹的位置坐标为

$$x=-(2k+1)\frac{\lambda}{4}\quad(k=0,1,2,3,\cdots)$$

形成波节的各点，振幅为零，即

$$\left|\sin\frac{2\pi x}{\lambda}\right|=0$$

即

$$\frac{2\pi x}{\lambda}=\pm k\pi \quad (k=0,1,2,3,\cdots)$$

所以

$$x=\pm k\frac{\lambda}{2} \quad (k=0,1,2,3,\cdots)$$

由于入射波是由 OX 轴的负端向坐标原点传播的，所以波节的位置坐标为

$$x=-k\frac{\lambda}{2} \quad (k=0,1,2,3,\cdots)$$

3.10 多普勒效应

在日常生活和科学观测中，经常会遇到波源或观察者相对于介质而运动的情况。例如当高速行驶的列车鸣笛而来的时候，人们会听见汽笛的音调变高，即频率变大；反之，当火车鸣笛离去时，人们听到的音调变低，即频率变小。当两列火车对开时，车厢里的旅客听到对方火车的汽笛的音调也有类似的现象。这种**因波源或观察者相对于介质的运动，而使观察者接收到的波的频率有所变化的现象，称为多普勒效应，又称多普勒频移。**

现在具体讨论多普勒频移规律，为方便起见，将介质选为参考系，并假定波源和观察者的运动发生在二者的连线上。设波源相对介质的运动速度为 $\boldsymbol{u}_S$，观察者相对于介质的运动速度为 $\boldsymbol{u}_R$，波在介质中的波速为 $\boldsymbol{u}$。设波源的频率为 ν_0，观察者测量的频率为 ν。下面分三种情况对其讨论。

一、波源不动，观察者相对于介质匀速运动时的多普勒效应

如图 3.10.1 所示，当波源静止于介质中，观察者 R 相对于介质以速度 u_R 向着波源运动时，根据速度合成定理，波相对于观察者的速度为 $u'=u+u_R$，又因波长保持不变，因此单位时间内观察者所接收的完整波的数目，即测量的频率为

$$\nu=\frac{u'}{\lambda}=\frac{u+u_R}{\lambda}=\frac{u+u_R}{uT}=\frac{u+u_R}{u}\nu_0 \tag{3.10.1}$$

所以观察者向波源运动时所接收到的频率为波源频率的 $\left(1+\frac{u_R}{u}\right)$ 倍。

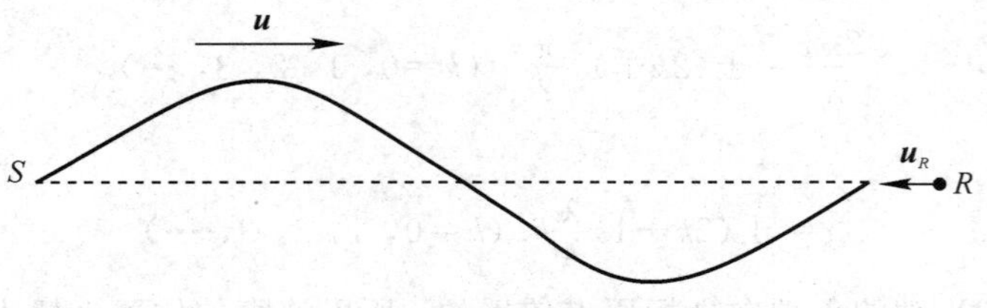

图 3.10.1　观察者运动时的多普勒效

当观察者远离波源运动时，波相对于观察者的速度为 $u'=u-u_R$，因此观察者测量的频率为

$$\nu=\frac{u'}{\lambda}=\frac{u-u_R}{\lambda}=\frac{u-u_R}{uT}=\frac{u-u_R}{u}\nu_0 \tag{3.10.2}$$

此时接收到的频率低于波源的频率。综合式(3.10.1)和式(3.10.2)，只要将 u_R 理解为代数值，并且规定观察者接近波源时 u_R 为正值，观察者远离波源时 u_R 为负值，则波源不动，观察者以 u_R 相对于波源运动时所测量的频率可统一表示为

$$\nu=\frac{u+u_R}{u}\nu_0 \tag{3.10.3}$$

二、观察者不动，波源相对于介质匀速运动时的多普勒效应

如图 3.10.2 所示，当观察者 R 静止于介质中，波源 S 相对于介质以速度 u_S 向着观察者运动时，运动中的波源仍按自已的频率发射波。设 t 时刻波源 S 向观察者 R 发射波，在一个周期内，波源 S 沿传播方向运动了 u_ST 的距离后到达 S'，结果整个波被挤压在 $S'A$ 之间，相当于波长减少为 $\lambda'=\lambda-u_ST=(u-u_S)T$，又因波速 $\boldsymbol{u}$ 不变，所以，单位时间内观察者所接收的完整波的数目，即测量的频率为

$$\nu=\frac{u}{\lambda'}=\frac{u}{(u-u_S)T}=\frac{u}{u-u_S}\nu_0 \tag{3.10.4}$$

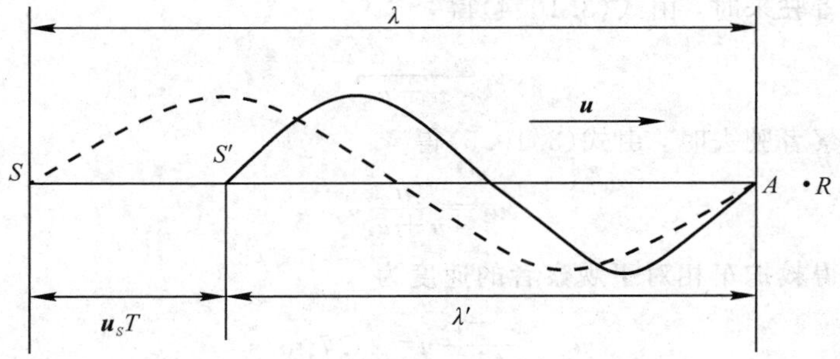

图 3.10.2　波源运动时的多普勒效应

这时观察者测量的频率大于波源的频率，其原因是由于波速不变而介质中的波长压缩变短引起的。

而当波源远离观察者运动时，经过类似的分析可知，测量的频率为

$$\nu=\frac{u}{u+u_S}\nu_0 \tag{3.10.5}$$

这时观察者测量的频率低于波源的频率。

将 $\boldsymbol{u}_S$ 理解为代数值，并规定波源向观察者运动时 $\boldsymbol{u}_S$ 为正值，波源远离观察者运动时 $\boldsymbol{u}_S$ 为负值，则式(3.10.4)和式(3.10.5)可统一表示为

$$\nu=\frac{u}{u-u_S}\nu_0 \tag{3.10.6}$$

三、观察者、波源均相对于介质以不同速率匀速运动时的多普勒效应

在这种情况下，一方面波源的运动，使波长改变为 $\lambda'=(u-u_S)T$，约定当波源向着观察者运动时 u_S 取正值，此时介质中的波长压缩变短，当波源远离观察者运动时 u_S 取负值，此时介质中的波长拉伸变长；另一方面观察者的运动使得波相对于观察者的速度变为 $u'=u+u_R$，约定当观察者接近波源时 u_R 为正值，观察者远离波源时 u_R 为负值，从而观察

者观测到的频率发生改变。测量的频率为

$$\nu=\frac{u'}{\lambda'}=\frac{u+u_R}{(u-u_S)T}=\frac{u+u_R}{u-u_S}\nu_0 \tag{3.10.7}$$

以上讨论的是波源、观察者的运动发生在二者的连线上，如果观察者和波源的运动不在连线上，则可以将 u_R 和 u_S 理解为两者的运动速度在连线方向上的速度分量。而如果波源和观察者是沿着它们的垂直方向运动时，则观测不到多普勒效应。

多普勒效应是一切波动过程的共同特征，不仅机械波有多普勒效应，电磁波也有多普勒效应。多普勒效应在交通监测、医学检测、工程测量等方面有广泛应用。例如，利用声波的多普勒效应可以监测车辆行驶速度；在医学上，利用超声波的多普勒效应对心脏跳动的情况进行诊断等。

例 3.10.1 站在一个十字路口的一个观察者，一辆救护车向他驶来时，测得救护车警报器发出的声音的频率为 $\nu_1=575$ Hz，而当救护车远离他驶去时，测得救护车警报器发出的声音的频率为 $\nu_2=495$ Hz。已知空气中声速为 $u=330$ m/s，求救护车相对于观察者的速度。

解 设救护车相对观察者静止时，警报器发出的声波频率为 ν_0，救护车的速度为 u_S。当救护车向观察者驶来时，由式(3.10.4)得

$$\nu_1=\frac{u}{u-u_S}\nu_0 \tag{1}$$

当救护车远离观察者驶去时，由式(3.10.5)得

$$\nu_2=\frac{u}{u+u_S}\nu_0 \tag{2}$$

由式(1)和式(2)得救护车相对于观察者的速度为

$$u_S=\frac{\nu_1-\nu_2}{\nu_1+\nu_2}u=24.7\ \text{m/s}$$

习 题 3

3.1 一个沿 OX 轴作简谐振动的弹簧振子，振幅为 A，周期为 T，其振动方程用余弦函数表示。如果 $t=0$ s 时质点的状态分别是：

(1) 过 $x=\frac{1}{2}A$ 处向负向运动；

(2) 过平衡位置向负向运动；

(3) 过 $x=\frac{\sqrt{3}}{2}A$ 处向正向运动；

试求出相应的初位相，并写出振动方程。

3.2 一物体沿 OX 轴做简谐运动，振幅 $A=10.0$ cm，周期 $T=2.0$ s。当 $t=0$ 时，物体的位移 $x_0=-5$ cm，且向 OX 轴负方向运动，求：

(1) 简谐运动方程；

(2) 何时物体第一次运动到 $x=5$ cm 处？

(3) 再经过多少时间物体第二次运动到 $x=5$ cm 处？

3.3 一物体在光滑水平面上做简谐振动，振幅为 12 cm，在距平衡位置 6 cm 处速度为

24 cm/s，求：

(1) 周期 T；

(2) 速度为 12 cm/s 时的位移。

3.4　在一平板上放一质量为 $m=2$ kg 的物体，平板在竖直方向作简谐振动，其振动周期为 $T=\frac{1}{2}$ s，振幅 $A=4$ cm，求：

(1) 物体对平板的压力的表达式；

(2) 平板以多大的振幅振动时，物体才能离开平板。

3.5　一弹簧振子沿 OX 轴作简谐振动，已知振动物体最大位移为 $x_m=0.4$ m，最大恢复力为 $F_m=0.8$ N，最大速度为 $v=0.8$ m/s，已知 $t=0$ 时的初位移为 -0.2 m，且初速度与所选 OX 轴正方向相反，试求：

(1) 振动能量；

(2) 此振动的表达式。

3.6　一质点同时参与两个在同一直线上的简谐振动，振动方程为 $x_1=4\cos\left(\pi t+\frac{1}{3}\pi\right)$ cm，$x_2=5\cos\left(\frac{1}{2}\pi-\pi t\right)$ cm，试分别用旋转矢量法和振动合成法求合振动的振幅和初相，并写出振动方程。

3.7　一横波方程为 $y=A\cos\frac{2\pi}{\lambda}(ut-x)$，式中 $A=0.01$ m，$\lambda=0.2$ m，$u=25$ m/s，求 $t=0.1$ s 时，在 $x=2$ m 处质点振动的位移、速度、加速度。

3.8　一平面简谐波在介质中以速度 $u=2$ m/s 沿 OX 轴正向传播，已知波线上 A 点 ($x_A=1$ m) 的振动方程为 $y_A=0.12\cos\left(\pi t+\frac{2\pi}{3}\right)$ m，试求：

(1) 简谐波的波动方程；

(2) $x=-3$ m 处质点的振动方程。

3.9　有一沿 OX 轴正向传播的平面波，其波速为 $u=1$ m/s，波长 $\lambda=0.04$ m，振幅 $A=0.03$ m。若以坐标原点恰在平衡位置而向负方向运动时作为开始时刻，试求：

(1) 此平面波的波动方程；

(2) 与波源相距 $x=0.01$ m 处质点的振动方程以及该点的初相位。

3.10　如图所示为一列沿 OX 负向传播的平面谐波在 $t=\frac{T}{4}$ 时的波形图，振幅 A、波长 λ 以及周期 T 均已知：

(1) 写出该波的波动方程；

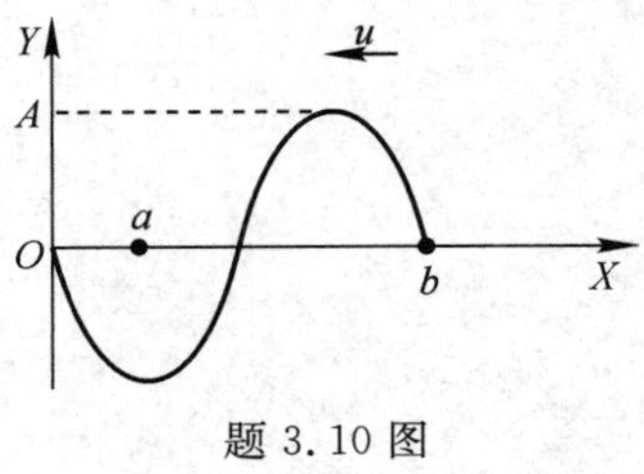

题 3.10 图

(2) 画出 $x=\frac{\lambda}{2}$处质点的振动曲线;

(3) 求出图中波线上 a 和 b 两点的位相差。

3.11　一简谐波,振动周期 $T=0.5$ s,波长 $\lambda=10$ m,振幅 $A=0.1$ m。当 $t=0$ s 时,波源振动的位移恰好为正方向的最大值。若坐标原点和波源重合,且波沿 OX 轴正方向传播,求:

(1) 此波的表达式;

(2) $t_1=\frac{T}{4}$时刻,$x_1=\frac{\lambda}{4}$处质点的位移;

(3) $t_2=\frac{T}{2}$时刻,$x_1=\frac{\lambda}{4}$处质点的振动速度。

3.12　两相干点波源 S_1 和 S_2,振幅均为 A、初相差 $\varphi_1-\varphi_2=\frac{3\pi}{2}$。$S_1$ 和 S_2 在同一无限大均匀介质中的波长均为 λ。若 S_1 和 S_2 的连线上 S_1 外侧各点介质质元振动的振幅均为 $2A$,不考虑波的衰减,试求:

(1) S_1 和 S_2 连线上 S_1 外侧各点的波强与单个波源存在时波强的倍数;

(2) 用波长 λ 表示的 S_1 与 S_2 之间的距离。

3.13　设入射波的表达式为 $y_1=A\cos 2\pi\left(\frac{t}{T}+\frac{x}{\lambda}+\frac{\pi}{2}\right)$(SI),在 $x=0$ 处发生反射,反射点为一自由端,求:

(1) 反射波的表达式;

(2) 合成驻波的表达式。

3.14　一驻波方程为 $y=0.05\cos(20\pi x)\cos\left(600t+\frac{\pi}{2}\right)$(SI),试求:

(1) 形成此驻波的两列行波的振幅和波速;

(2) 相邻两波节间的距离。

3.15　两列波在一根很长的细绳上传播,它们的波动方程分别为 $y_1=0.06\cos(\pi x-4\pi t)$(SI),$y_2=0.06\cos(\pi x+4\pi t)$(SI)。试证明绳子将作驻波式振动,并求波节、波腹的位置。

3.16　一观察者站在铁路旁,听到迎面开来的火车的汽笛声的频率为 440 Hz,当火车驶过他身旁之后,他听到汽笛的频率为 392 Hz,已知空气中声速为 330 m/s,问火车行驶的速度为多大?

第二篇 电磁学

电磁学是研究电、磁和电磁的相互作用现象，及其规律和应用的物理学分支学科。自然界里的所有变化，几乎都与电和磁相关联，电磁学的知识是许多工程技术和科学研究的基础。

人类对电现象和磁现象的认识，从公元前6世纪就开始了，但直到19世纪，人类对电磁现象的认识才有了很大发展。1800年伏打发明了电堆，为产生稳定大电流提供了手段，也为人们研究电、磁现象提供了实验条件。1820年奥斯特发现了电流的磁效应，此后，法拉第冲破了电磁作用是超距作用的旧观念，引入了场的观念，从而展示了电、磁近距作用的生动物理图像，并于1831年发现了电磁感应现象。麦克斯韦继承和发展了法拉第的物理思想，提出了位移电流的新概念，预言了电磁波的存在，把电磁研究推进到了完整的、优美和谐的理论高度，建立了系统的电磁场理论。1886年赫兹用实验证实了电磁波的存在，这为现代电磁规律的广泛应用奠定了坚实的理论和实验基础。

电磁学的研究对人类文明史的进程具有划时代的意义，在电磁学研究基础上发展起来的电能的利用，导致了一场新的技术革命，使人类进入了电气化时代。20世纪中叶，在电磁学基础上发展起来的微电子技术和电子计算机，使人类跨入了信息时代。电磁学还是人类深入认识物质世界必不可少的理论基础。从学科体系的外延来看，电磁学无疑是电工学、无线电电子学、自动控制学、通信工程等学科必须具备的基础理论。

本篇介绍的是经典电磁理论，主要包括三部分内容：静电场、稳恒磁场和变化的电磁场。

第4章 静电场

4.1 电荷与电场强度

一、电荷

自然界的电荷分为两种类型：正电荷和负电荷。根据现代物理学关于物质结构的理论，组成任何物质的原子都是由带正电的原子核和带负电的核外电子构成的。在正常状态下，物体内部的正电荷和负电荷量值相等，宏观物体呈现电中性。当由于某种作用(如摩擦作用、光电作用等)破坏了电中性状态，使物体内电子过多时，该物体将带负电荷，过少时将带正电荷。

物体所带电荷的多少叫做电量，常用符号 Q 或 q 表示。在国际单位制中，电量的单位是库(C)。

实践和实验都表明，任何使物体带电的过程，都是使物体原有的正、负电荷分离或转移的过程。一个物体失去了一些电子，必有其他物体获得电子，在整个过程中，正、负电荷的代数和保持不变。因此，在一个孤立系统内，无论发生怎样的物理过程，该系统电量的代数和总保持不变，这一规律称为**电荷守恒定律**。

二、库仑定律

当一个带电体本身的线度比所研究问题中涉及的距离小很多时，该带电体的形状对所讨论的问题没有影响或其影响可以忽略，该带电体就可以看作一个带电的点，即点电荷。点电荷是一个理想化的物理模型。

1785 年，法国物理学家库仑利用扭称实验直接测量了两个带电球体之间的作用力，在实验的基础上，库仑进一步提出了两个点电荷之间相互作用的规律，即库仑定律，其表述为：**在真空中，两个静止的点电荷之间的相互作用力的大小与它们电荷电量的乘积成正比，与它们之间距离的平方成反比；作用力的方向沿着两点电荷的连线并且同号电荷相互排斥，异号电荷相互吸引。**

如图 4.1.1 所示，q_1 和 q_2 分别表示两个点电荷所带的电量，$\boldsymbol{r}_0$ 表示从点电荷 q_1 指向点电荷 q_2 的单位矢量，r 表示两电荷之间的距离，于是 q_1 受到 q_2 的作用力为

$$\boldsymbol{F}_{12}=\frac{1}{4\pi\varepsilon_0}\frac{q_1 q_2}{r^2}\boldsymbol{r}_0 \tag{4.1.1}$$

式中 ε_0 称为真空介电常量，或真空电容率，它是电磁学的一个基本物理常数，其数值和单位为 $\varepsilon_0\approx 8.85\times 10^{-12}\ \mathrm{C/(N\cdot m^2)}$。

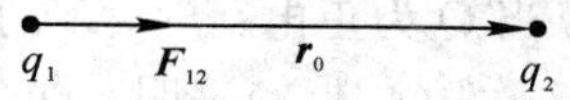

图 4.1.1 库仑定律

当 q_1 和 q_2 同号时，两者的乘积为正，$\boldsymbol{F}_{12}$ 与 $\boldsymbol{r}_0$ 方向相同，这时表现为斥力；当 q_1 和 q_2 异号时，两者的乘积为负，$\boldsymbol{F}_{12}$ 与 $\boldsymbol{r}_0$ 方向相反，这时表现为引力。

同理，q_2 对 q_1 的作用力为

$$\boldsymbol{F}_{21}=-\frac{1}{4\pi\varepsilon_0}\frac{q_1 q_2}{r^2}\boldsymbol{r}_0$$

显然有

$$\boldsymbol{F}_{12}=-\boldsymbol{F}_{21}$$

三、电场强度

库仑定律揭示了电荷之间相互作用的规律，提供了定量计算静电力的基本方法。那么，电荷之间存在的静电力是如何传递的呢？历史上有过不同的观点，其中一种认为相隔一定距离的两个带电体之间的静电力是“超距作用”，它的传递不需要媒质，也不需要时间。法拉第在大量实验的基础上，提出了以近距作用观点为基础的场的概念；在此基础上，麦克斯韦建立了完整的电磁场理论。

近代物理学的发展证明，超距作用的观点是错误的；电荷周围的空间都存在着一种“特殊”的物质，这种物质即为电场。电场与由原子、分子组成的实物一样，也具有质量、能量及动量，是物质存在的一种形式。**静止的带电体在其周围产生的电场称为静电场**。

静电荷周围存在着静电场，静电场对处于其中的电荷有电场力的作用，这是电场的一个重要性质，利用这一性质可以通过电场中试验电荷的受力来检验电场的存在，并描述场的空间分布特征。为此，这里引入试验电荷的概念。试验电荷要求其体积很小（视为点电荷），从而可以研究电场中各点的性质；同时要求试验电荷的电量很小，这样当它放入电场中时，不影响原来电场的分布，从而可以测定原电场的性质。

实验表明，在同一个电场中不同的地方试验电荷受力的大小和方向一般不同，这说明电场是有强弱分布的，并且有方向性，描写电场的物理量应该是一个矢量。在同一个电场中的同一点处试验电荷受力 $\boldsymbol{F}$ 与其电量 q_0 成正比，这个结果表明试验电荷的受力与其电量的比值是一个与试验电荷无关，只与考察点处电场特性有关的量。因此，可以用比值 $\boldsymbol{F}/q_0$ 来描述电场的强弱。定义，**单位正电荷在电场中受到的库仑力称为该处的电场强度 $\boldsymbol{E}$**，即

$$\boldsymbol{E}=\frac{\boldsymbol{F}}{q_0} \tag{4.1.2}$$

在国际单位制中，电场强度的单位是 N/C。

四、点电荷的电场强度

由库仑定律和电场强度的定义式，可求得真空中点电荷周围电场的电场强度。设想把一个试验电荷 q_0 放在距离点电荷 Q 为 r 的 P 点，由库仑定律式(4.1.1)和电场强度定义式(4.1.2)可得，点电荷的电场强度为

$$\boldsymbol{E}=\frac{\boldsymbol{F}}{q_0}=\frac{1}{4\pi\varepsilon_0}\frac{Q}{r^2}\boldsymbol{r}_0 \tag{4.1.3}$$

式中：$\boldsymbol{r}_0$ 是 Q 到场点的单位矢量。当 Q 为正电荷时，$\boldsymbol{E}$ 的方向与 $\boldsymbol{r}_0$ 的方向相同；当 Q 为负电荷时，$\boldsymbol{E}$ 的方向与 $\boldsymbol{r}_0$ 的方向相反。式(4.1.3)表明，点电荷产生的电场，其电场强度的分布具有球对称性。

五、电场强度叠加原理

一般来说，空间可能存在许多个点电荷组成的点电荷系，那么点电荷系的电场强度如何计算呢？下面从力的叠加原理引出电场强度的叠加原理。

设真空中存在由 n 个点电荷 Q_1，Q_2，…，Q_n 组成的点电荷系，将试验电荷 q_0 放在场点 P 处，q_0 所受的电场力 $\boldsymbol{F}$ 等于 Q_1，Q_2，…，Q_n 单独存在时作用于试验电荷的电场力 $\boldsymbol{F}_1$，$\boldsymbol{F}_2$，…，$\boldsymbol{F}_n$ 的矢量和，即

$$\boldsymbol{F}=\boldsymbol{F}_1+\boldsymbol{F}_2\cdots+\boldsymbol{F}_n=\sum_{i=1}^{n}\boldsymbol{F}_i$$

由电场强度的定义，可求得 P 点处的电场强度为

$$\boldsymbol{E}=\frac{\boldsymbol{F}}{q_0}=\frac{\boldsymbol{F}_1}{q_0}+\frac{\boldsymbol{F}_2}{q_0}\cdots+\frac{\boldsymbol{F}_n}{q_0}$$

式中右边各项分别为 Q_1，Q_2，…，Q_n 单独存时在 P 点处产生得电场强度 $\boldsymbol{E}_1$，$\boldsymbol{E}_2$，…，$\boldsymbol{E}_n$ 的矢量和，即

$$\boldsymbol{E}=\boldsymbol{E}_1+\boldsymbol{E}_2\cdots+\boldsymbol{E}_n=\sum_{i=1}^{n}\boldsymbol{E}_i \tag{7.1.4}$$

可见，**电场中某点的电场强度等于各个点电荷单独存在时在该点场强的矢量和，这就是电场强度的叠加原理。**

例 4.1.1 计算真空中电偶极子中垂线上一点的电场强度。如图 4.1.2 所示，两个等量异号电荷 $+q$ 和 $-q$ 相距 l，若 l 远小于它们的中心到场点的距离 r 时，这对点电荷就构成了一个电偶极子。两个点电荷的连线称为电偶极子的轴线，矢量 $\boldsymbol{p}=q\boldsymbol{l}$ 称为电偶极子的电矩，$\boldsymbol{l}$ 的方向规定由负电荷指向正电荷。

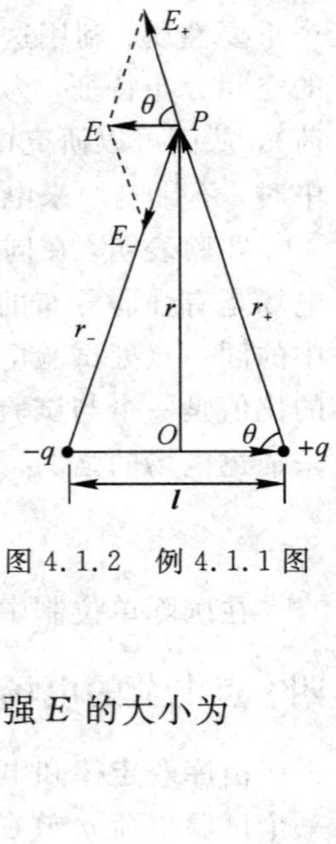

图 4.1.2 例 4.1.1 图

解 如图 4.1.2 所示，取电偶极子轴线的中点为坐标原点 O，中垂线为 Oy 轴，则中垂线上任意一点 P 距坐标原点 O 的距离为 r。设中垂线上任意一点 P 相对于 $+q$ 和 $-q$ 的距离分别为 r_+ 和 r_-，且 $r_+=r_-$。$+q$ 和 $-q$ 在 P 点处产生的场强大小分别为

$$E_+=\frac{q}{4\pi\varepsilon_0 r_+^2}=\frac{q}{4\pi\varepsilon_0(r^2+l^2/4)}$$

$$E_-=\frac{q}{4\pi\varepsilon_0 r_-^2}=\frac{q}{4\pi\varepsilon_0(r^2+l^2/4)}$$

由于 P 点处 E_+ 和 E_- 大小相等，但方向不同，由对称性可知 P 点合场强 E 的大小为

$$E=2E_+\cos\theta$$

把 $\cos\theta=\dfrac{l/2}{\sqrt{r^2+l^2/4}}$ 代入上式，得

$$E=\frac{ql}{4\pi\varepsilon_0\,(r^2+l^2/4)^{3/2}}$$

注意到 $\boldsymbol{p}=q\boldsymbol{l}$ 以及 $\boldsymbol{E}$ 与 $\boldsymbol{l}$ 的方向相反，可得 P 点的电场强度为

$$\boldsymbol{E}=-\frac{\boldsymbol{p}}{4\pi\varepsilon_0\,(r^2+l^2/4)^{3/2}}$$

若 $r\gg l$，则

$$\boldsymbol{E}=-\frac{\boldsymbol{p}}{4\pi\varepsilon_0 r^3}$$

六、连续带电体的电场强度

对于连续带电体所产生的电场，我们可以根据场强叠加原理和数学中的微积分方法来计算。任何连续带电体都可以分成许多电荷元 $\mathrm{d}q$，如图 4.1.3 所示，电荷元 $\mathrm{d}q$ 在空间 P 点产生的电场强度为

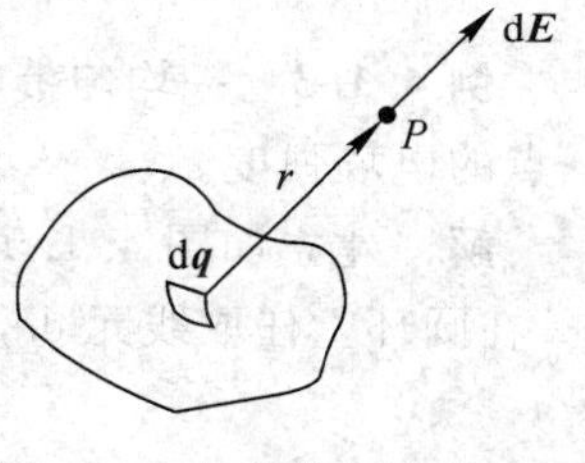

图 4.1.3　任意带电体的电场

$$\mathrm{d}\boldsymbol{E}=\frac{\mathrm{d}q}{4\pi\varepsilon_0 r^2}\boldsymbol{r}_0$$

式中：r 为电荷元 $\mathrm{d}q$ 到 P 点的距离；$\boldsymbol{r}_0$ 是电荷元 $\mathrm{d}q$ 指向 P 点的单位矢量。根据电场叠加原理，带电体在 P 点处产生的合场强为

$$\boldsymbol{E}=\int_V \mathrm{d}\boldsymbol{E}=\int_V \frac{\mathrm{d}q}{4\pi\varepsilon_0 r^2}\boldsymbol{r}_0$$

式中：积分区域 V 表示带电体本身所占有的空间。此式是矢量积分，在具体运算时需将 $\mathrm{d}\boldsymbol{E}$ 沿选定坐标系的各坐标轴分解后分别积分，然后再求出合电场强度的大小和方向。

例 4.1.2　长为 L 的均匀带电直线其线密度为 λ，求此直线在垂直平分线上、距直线为 a 处 P 点的电场强度。

解　选取如图 4.1.4 所示坐标轴，在带电直线距中心 O 为 x 处取积分元 $\mathrm{d}x$，所带电量 $\mathrm{d}q=\lambda\mathrm{d}x$，$\mathrm{d}q$ 在 P 点产生的电场强度为

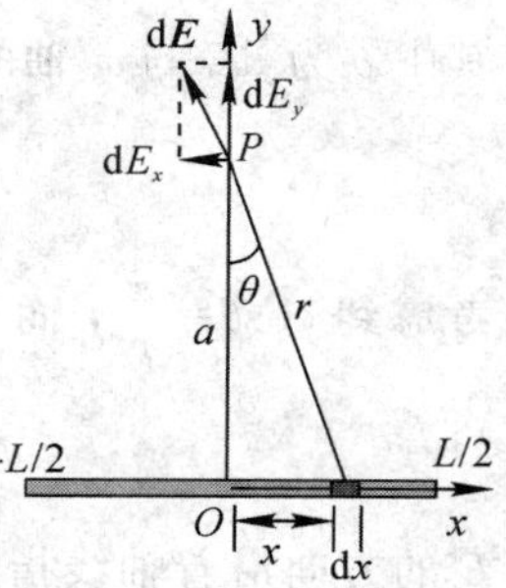

图 4.1.4　例 4.1.2 图

$$\mathrm{d}\boldsymbol{E}=\frac{\lambda\mathrm{d}x}{4\pi\varepsilon_0 r^2}\boldsymbol{r}_0$$

$\mathrm{d}\boldsymbol{E}$ 沿 x、y 轴的分量分别为

$$\mathrm{d}E_x=\mathrm{d}E\sin\theta,\ \mathrm{d}E_y=\mathrm{d}E\cos\theta$$

式中，$\sin\theta=\dfrac{x}{r}$，$\cos\theta=\dfrac{a}{r}$，而 $r^2=x^2+a^2$。因而有

$$\mathrm{d}E_x=\frac{\lambda x\mathrm{d}x}{4\pi\varepsilon_0\,(x^2+a^2)^{3/2}},\ \mathrm{d}E_y=\frac{\lambda a\mathrm{d}x}{4\pi\varepsilon_0\,(x^2+a^2)^{3/2}}$$

积分上述两式，可得 P 点电场强度的分量分别为

$$E_x=\int\mathrm{d}E_x=\int_{-\frac{L}{2}}^{+\frac{L}{2}}\frac{\lambda x\,\mathrm{d}x}{4\pi\varepsilon_0\,(x^2+a^2)^{3/2}}=0$$

$$E_y=\int\mathrm{d}E_y=\int_{-\frac{L}{2}}^{+\frac{L}{2}}\frac{\lambda a\,\mathrm{d}x}{4\pi\varepsilon_0\,(x^2+a^2)^{3/2}}=\frac{\lambda L}{2\pi\varepsilon_0 a\,(L^2+4a^2)^{1/2}}$$

所以

$$E=E_y=\frac{\lambda L}{2\pi\varepsilon_0 a\,(L^2+4a^2)^{1/2}}$$

方向为沿 y 轴正方向。

讨论:

(1) 若 $a \gg L$，则 $L^2+4a^2 \approx 4a^2$，而 $q=\lambda L$，于是 $E \approx \dfrac{q}{4\pi\varepsilon_0 a^2}$，此结果说明，远离带电直线处的电场也相当于一个点电荷 q 所产生的电场。

(2) 若 $a \ll L$，则 $L^2+4a^2 \approx L^2$，于是 $E \approx \dfrac{\lambda}{2\pi\varepsilon_0 a}$，这是无限长带电直线的电场强度公式。

例 4.1.3 一均匀带电细圆环，半径为 R，所带总电量为 q(设 $q>0$)，求圆环轴线上任一点的电场强度。

解 建立如图 4.1.5 所示的坐标系，设轴线上任意 P 点与坐标原点 O 之间的距离为 x。在圆环上任取线元 dl，其上带电量为 dq。

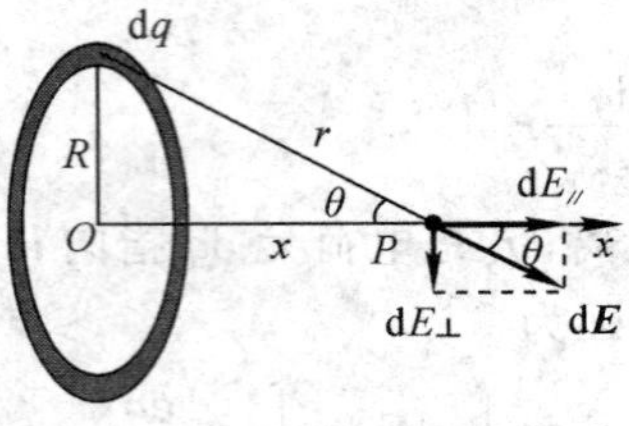

图 4.1.5 例 4.1.3 图

设元电荷 dq 到 P 点的距离为 r，元电荷 dq 在 P 点产生的场强为 $d\boldsymbol{E}$，$d\boldsymbol{E}$ 沿垂直和平行于轴线的两个方向的分量分别为 $dE_{\perp}$ 和 $dE_{/\!/}$。由对称性可知，垂直分量相互抵消，因而 P 点的电场强度为平行分量的总和，即

$$E=\int dE_{/\!/}=\int \frac{dq}{4\pi\varepsilon_0 r^2}\cos\theta$$

其中 θ 为 $d\boldsymbol{E}$ 与 x 轴的夹角，则

$$E=\int \frac{dq}{4\pi\varepsilon_0 r^2}\cos\theta=\frac{\cos\theta}{4\pi\varepsilon_0 r^2}\int dq=\frac{q\cos\theta}{4\pi\varepsilon_0 r^2}$$

考虑到 $\cos\theta=\dfrac{x}{r}$，而 $r^2=x^2+R^2$，上式可改写为

$$E=\frac{qx}{4\pi\varepsilon_0 (R^2+x^2)^{3/2}}$$

$\boldsymbol{E}$ 的方向沿着轴线指向 x 轴正方向。

讨论:

(1) 若 $x \gg R$，则 $(R^2+x^2)^{3/2} \approx x^3$，则 $E \approx \dfrac{q}{4\pi\varepsilon_0 x^2}$，即远离环心处的电场相当于一个点电荷 q 所产生的电场。

(2) 若 $x \ll R$，则 $(R^2+x^2)^{3/2} \approx R^3$，于是 $E \approx \dfrac{qx}{4\pi\varepsilon_0 R^3}$，即在靠近圆心的轴线上场强大小与 x 成正比。

例 4.1.4 一均匀带电薄圆盘，半径为 R，电荷面密度为 σ，求圆盘轴线上任一点的电场强度。

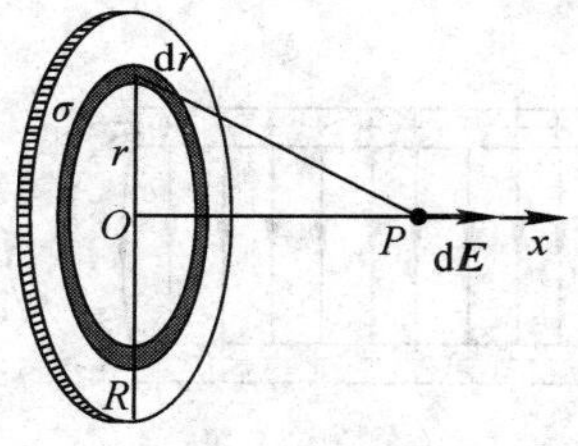

图 4.1.6 例 4.1.4 图

解 建立如图 4.1.6 所示的坐标系，设轴线上任意 P 点与坐标原点 O 之间的距离为 x。在圆盘上取一个半径为 r，宽度为 $\mathrm{d}r$ 的微元细圆环，该微元圆环的面积为 $2\pi r\mathrm{d}r$，带有电荷 $\mathrm{d}q=\sigma 2\pi r\mathrm{d}r$。由例 4.1.3 可知，此微元圆环电荷在 P 点的场强大小为

$$\mathrm{d}E=\frac{\mathrm{d}qx}{4\pi\varepsilon_0(r^2+x^2)^{3/2}}=\frac{\sigma 2\pi r\mathrm{d}rx}{4\pi\varepsilon_0(r^2+x^2)^{3/2}}$$

方向沿着轴线指向 x 轴正方向。由于组成圆面的各圆环的电场 $\mathrm{d}\boldsymbol{E}$ 的方向都相同，所以 P 点的总场强为各个圆环在 P 点场强大小的积分，即

$$E=\int \mathrm{d}E=\int_0^R \frac{\sigma 2\pi r\mathrm{d}rx}{4\pi\varepsilon_0(r^2+x^2)^{3/2}}=\frac{\sigma}{2\varepsilon_0}\left[1-\frac{x}{(R^2+x^2)^{1/2}}\right]$$

讨论：

(1) 若 $x\ll R$，则 $\frac{x}{(R^2+x^2)^{1/2}}=\frac{1}{\left(\frac{R^2}{x^2}+1\right)^{1/2}}\approx 0$，则 $E\approx\frac{\sigma}{2\varepsilon_0}$；此时可将该带电圆盘看作"无限大"带电平面，其电场是均匀电场。

(2) 若 $x\gg R$，则 $\frac{x}{(R^2+x^2)^{1/2}}=\frac{1}{\left(\frac{R^2}{x^2}+1\right)^{1/2}}\approx 1-\frac{R^2}{2x^2}$，于是 $E\approx\frac{R^2\sigma}{4\varepsilon_0 x^2}=\frac{\pi R^2\sigma}{4\pi\varepsilon_0 x^2}=\frac{q}{4\pi\varepsilon_0 x^2}$，这一结果说明，在远离带电圆面处的电场相当于一个点电荷的电场。

4.2 电通量与高斯定理

一、电场线

为了形象地表示电场及其分布状况，将电场用一组假想的几何曲线来表示，这就是电场线，也称 $\boldsymbol{E}$ 线。为了使电场线不仅表示出电场中电场强度的方向，还表示电场强度的大小，我们规定：电场线上每一点的切线方向与该点场强的方向一致；电场中每一点的电场线的密度等于该点场强的大小。为了定量表示电场中某点的场强的大小，通过该点作一个垂直于电场方向的面元 $\mathrm{d}S_\perp$，通过面元的电场线条数为 $\mathrm{d}N$，则

$$E=\frac{\mathrm{d}N}{\mathrm{d}S_\perp}$$

图 4.2.1 所示为几种常见带电体产生电场的电场线。

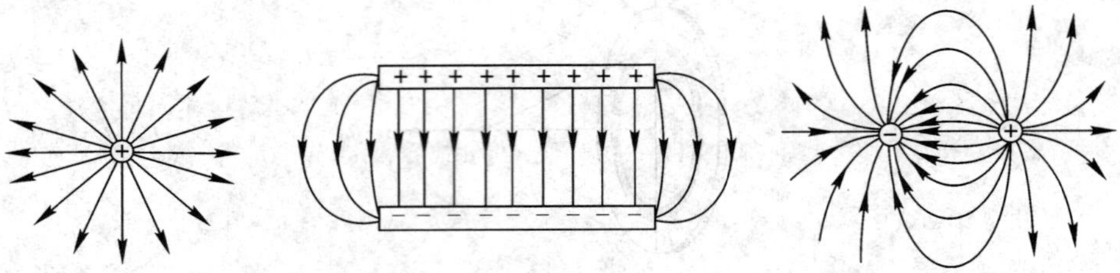

图 4.2.1　几种常见带电体产生电场的电场线

通过对电场线的分析可以发现静电场的电场线有如下特点：

(1) 电场线总是起始于正电荷或无穷远，终止于负电荷或无穷远，这一特点反映静电场的有源性。

(2) 电场线是永不闭合的曲线，这一特点反映静电场的无旋性。

(3) 同一电场中所作的电场线不相交。

二、电通量

电场中通过某一曲面的电场线的条数，称为该曲面上的电通量，用符号 Φ_e 表示。

在均匀电场 $\boldsymbol{E}$ 中，如图 4.2.2(a)所示，通过与 $\boldsymbol{E}$ 方向垂直的平面 S 的电通量为

$$\Phi_e = ES$$

若平面 S 的法线 $\boldsymbol{n}$ 与 $\boldsymbol{E}$ 的夹角为 θ，如图 4.2.2(b)所示，将平面 S 投影在垂直于场强的方向上，则通过平面 S 的电通量为

$$\Phi_e = ES\cos\theta = \boldsymbol{E}\cdot\boldsymbol{S}$$

对于计算非均匀电场中通过任一曲面 S 的电通量，把该曲面划分成无限多个面元 $\mathrm{d}S$，如图 4.2.2(c)所示，通过面元 $\mathrm{d}S$ 的电通量为 $\mathrm{d}\Phi_e = \boldsymbol{E}\cdot\mathrm{d}\boldsymbol{S}$，则通过曲面 S 的电通量为

$$\Phi_e = \int_S \boldsymbol{E}\cdot\mathrm{d}\boldsymbol{S}$$

当曲面 S 为闭合曲面时，上式写为

$$\Phi_e = \oint_S \boldsymbol{E}\cdot\mathrm{d}\boldsymbol{S} \tag{4.2.1}$$

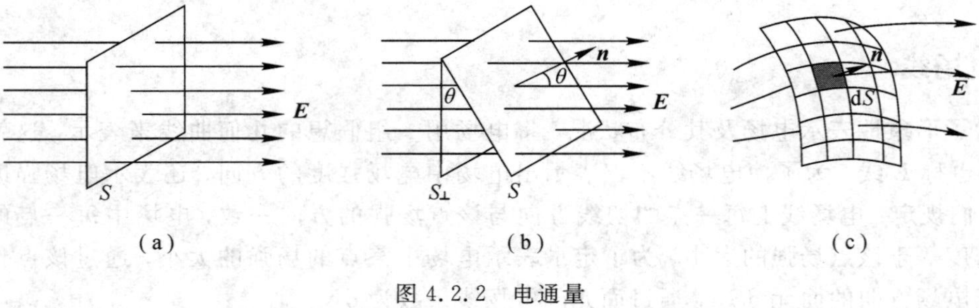

图 4.2.2　电通量

对于闭合曲面我们常规定其法线方向指向曲面的外侧，因此，当电场线从内部穿出时，其电通量为正；当电场线从外部穿入时，其电通量为负。通过整个闭合曲面的电通量 Φ_e 等于穿出和穿入闭合曲面的电场线的条数之差，也就是净穿出闭合曲面的电场线的总条数。

三、高斯定理

高斯定理是静电场的一条基本原理，它给出了通过任意闭合曲面的电通量与闭合曲面内部所包围的电荷的关系，深刻反映了电场和场源的内在联系。

静电场的高斯定理可以表述为：通过静电场中任意闭合曲面 S 的电通量 Φ_e，等于该曲面内所包围的所有电荷的代数和除以 ε_0，与闭合面外的电荷无关，即

$$\Phi_e = \oint_S \boldsymbol{E} \cdot d\boldsymbol{S} = \frac{1}{\varepsilon_0}\sum q(\text{内}) \tag{4.2.2}$$

静电场的高斯定理可以通过库仑定律和电场叠加原理推导，下面将从特殊到一般，分步证明静电场的高斯定理。

我们先讨论在一个点电荷的电场中，各种可能的闭合曲面的电通量。如图 4.2.3(a)所示，在点电荷 q 所激发的电场中有一个球面 S，它以 q 为中心，半径为 r，根据点电荷电场公式和闭合曲面电通量计算公式，可得通过这个球面的电通量为

$$\Phi_e = \oint_S \boldsymbol{E} \cdot d\boldsymbol{S} = \oint_S \frac{q}{4\pi\varepsilon_0 r^2} dS = \frac{q}{4\pi\varepsilon_0 r^2}\oint_S dS = \frac{q}{\varepsilon_0}$$

其结果与球面半径 r 无关，只与它所包围的电荷的电量有关。

如果包围点电荷 q 的曲面是任意曲面 S'，如图 4.2.3(a)所示，则可以在曲面 S'外做一个以 q 为中心的球面 S，由于从 q 发出的电场线不会中断，因此穿过 S'曲面的电场线条数与穿过 S 曲面的电场线条数相等，即通过任意闭合曲面的电通量仍为

$$\Phi_e = \oint_S \boldsymbol{E} \cdot d\boldsymbol{S} = \frac{q}{\varepsilon_0}$$

如果点电荷 q 在闭合曲面 S 之外，如图 4.2.3(b)所示，则由电场线的连续性可知，每一条电场线从某处穿入必从另一处穿出，这样穿进与穿出的电场线数目一样多，即通过闭合曲面 S 的电通量为零，公式 $\Phi_e = \oint_S \boldsymbol{E} \cdot d\boldsymbol{S} = \frac{q}{\varepsilon_0}$ 仍然成立。

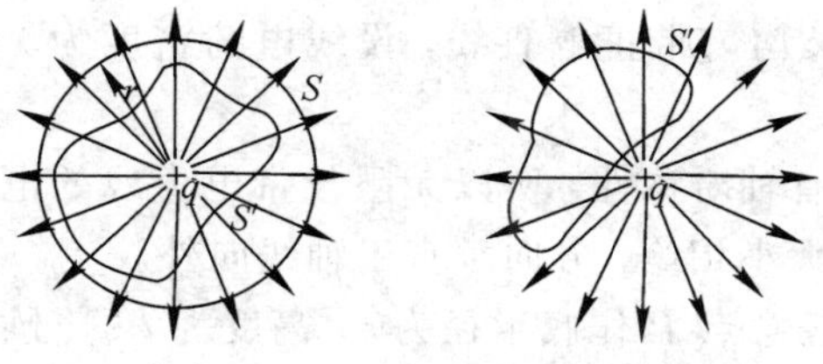

图 4.2.3 高斯定理

对于任意带电系统的电场，由于场强叠加原理，电场中任一点处的场强等于各点电荷单独存在时在该点产生的场强的矢量和，因此通过任意闭合曲面 S 的电通量为

$$\Phi_e = \oint_S \boldsymbol{E} \cdot d\boldsymbol{S} = \oint_S \left(\sum \boldsymbol{E}_i\right) \cdot d\boldsymbol{S} = \sum \left(\oint_S \boldsymbol{E}_i \cdot d\boldsymbol{S}\right) = \sum \frac{q_i}{\varepsilon_0} = \frac{1}{\varepsilon_0}\sum q(\text{内})$$

综上，高斯定理得证。

应当指出，高斯定理说明通过闭合曲面的电通量只与该闭合曲面所包围的电荷有关，但电场中任一点的电场强度是由所有场源电荷，即闭合面内、外所有电荷共同产生的。

四、高斯定理的应用

如果带电体的电荷分布已知，根据高斯定理很容易求得任意闭合曲面的电通量，但不一定能确定面上各点的电场强度。当电荷分布具有某些对称性并取合适的高斯面时，利用高斯定理能够方便地求出电场强度。

例 4.2.1 有一半径为 R、均匀带电为 q 的球面，求球面内外任一点的电场强度。

解 由于电荷分布具有球对称性，可判断所产生的场强也具有球对称性，即与球心 O 距离相等的球面上各点的场强大小相等，方向沿半径呈辐射状。

如图 4.2.4 所示，过任意点 P 作半径为 r 的同心球形高斯面 S，该点场强方向与面上法线方向一致，通过高斯面的电通量为

$$\Phi_e = \oint_S \boldsymbol{E} \cdot d\boldsymbol{S} = \oint_S E dS = E\oint_S dS = E4\pi r^2$$

当 P 点位于带电球面外时($r>R$)，高斯面所包围的电量为 q，根据高斯定理：

$$\Phi_e = E4\pi r^2 = \frac{q}{\varepsilon_0}$$

得

$$E = \frac{q}{4\pi\varepsilon_0 r^2}$$

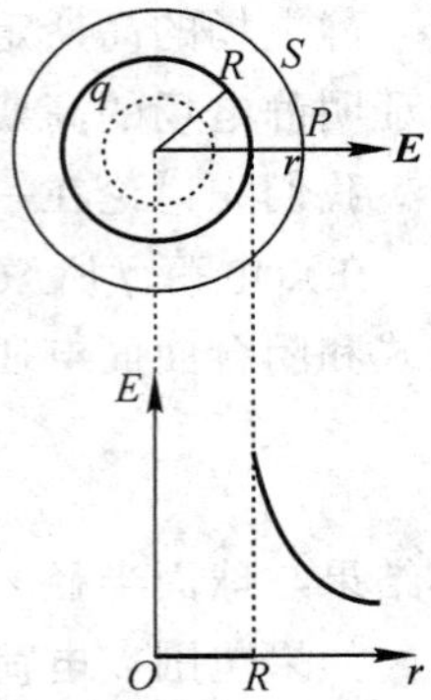

图 4.2.4 例 4.2.1 图

当 P 点位于带电球面内时($r<R$)，高斯面所包围的电量为零，根据高斯定理：

$$\Phi_e = E4\pi r^2 = \frac{q}{\varepsilon_0} = 0$$

得

$$E = 0$$

可见，均匀带电球面外的场强与球面上的电荷全部集中在球心的点电荷所产生的电场相同，但是球面内部的场强为零，如图 4.2.4 所示。

例 4.2.2 一条无限长均匀带正电直线，设线电荷密度为 λ，求直线外任一点的电场强度。

解 由于电荷分布具有轴对称性，所以无限长带电直线的电场分布具有轴对称性，距直线等距离的各点场强的大小相等，方向垂直于轴线向外。

如图 4.2.5 所示，过任意点 P 作底半径为 r、高度为 l 的同轴闭合圆柱高斯面 S，包括上底面 S_1、下底面 S_2 和侧面 S_0。

通过高斯面的电通量为

$$\Phi_e = \oint_S \boldsymbol{E} \cdot d\boldsymbol{S} = \int_{S_1} \boldsymbol{E} \cdot d\boldsymbol{S} + \int_{S_2} \boldsymbol{E} \cdot d\boldsymbol{S} + \int_{S_0} \boldsymbol{E} \cdot d\boldsymbol{S}$$

上底和下底的法线方向与场强方向垂直，通过的电通量为零，因此

$$\Phi_e = E\int_{S_0} dS = E2\pi rl$$

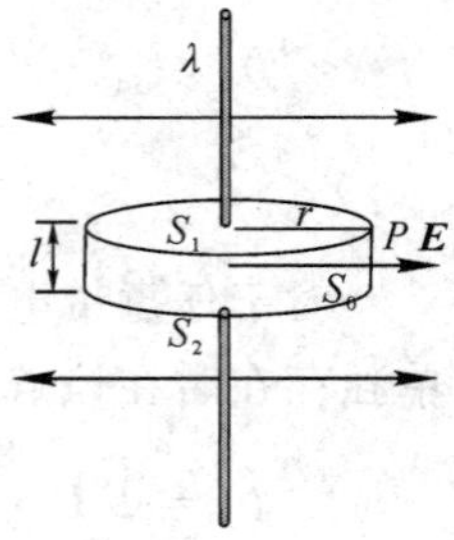

图 4.2.5 例 4.2.2 图

高斯面内所包围的电量为 $q=\lambda l$，根据高斯定理可得

$$\Phi_e = E2\pi rl = \frac{\lambda l}{\varepsilon_0}$$

所以

$$E = \frac{\lambda}{2\pi\varepsilon_0 r}$$

例 4.2.3　一个无限大均匀带电平面，面电荷密度为 σ，求平面外任一点场强。

解　由于电荷分布具有面对称性，因此距离平面等距离的各点场强的大小相等，方向与平面垂直。过面外任意点作与平面垂直且关于平面对称的闭合圆柱形高斯面，圆柱的底面积为 ΔS，包括上底面 S_1、下底面 S_2 和侧面 S_0（见图 4.2.6）。

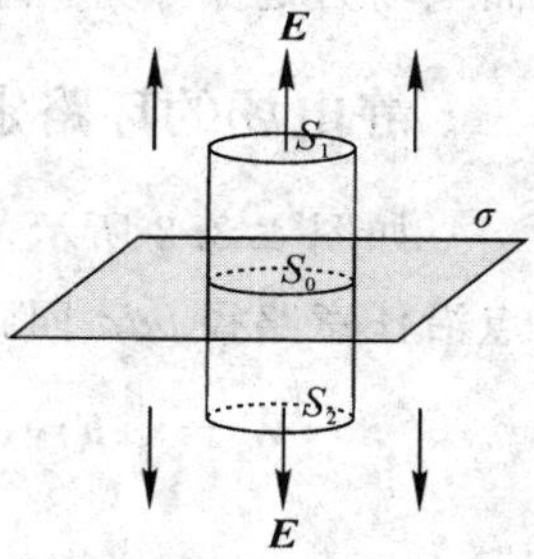

图 4.2.6　例 4.2.3 图

通过高斯面的电通量为

$$\Phi_e = \oint_S \boldsymbol{E}\cdot d\boldsymbol{S} = \int_{S_1} \boldsymbol{E}\cdot d\boldsymbol{S} + \int_{S_2} \boldsymbol{E}\cdot d\boldsymbol{S} + \int_{S_0} \boldsymbol{E}\cdot d\boldsymbol{S}$$

侧面的法线方向与场强方向垂直，通过的电通量为零，因此

$$\Phi_e = \int_{S_1} \boldsymbol{E}\cdot d\boldsymbol{S} + \int_{S_2} \boldsymbol{E}\cdot d\boldsymbol{S} = ES_1 + ES_2 = 2E\Delta S$$

高斯面内所包围的电量为 $q=\sigma\Delta S$，根据高斯定理可得

$$\Phi_e = 2E\Delta S = \frac{\sigma\Delta S}{\varepsilon_0}$$

所以

$$E = \frac{\sigma}{2\varepsilon_0}$$

4.3　电场力的功与电势

前面从电荷在电场中受力的角度出发，研究了静电场的性质，并引入了电场强度作为描述电场特性的物理量，且知道静电场是有源场。本节将进一步从电场对电荷做功的角度出发，研究静电场的另一个重要性质——保守场。

一、电场力的功

为了简单起见，先讨论点电荷电场中电场力做功的特点。如图 4.3.1 所示，在点电荷 q 的电场中，实验电荷 q_0 从 a 点沿任意路径移动到 b 点时，q_0 所受的电场力做的功为

$$W_{ab} = \int_a^b \boldsymbol{F}\cdot d\boldsymbol{r} = q_0\int_a^b \boldsymbol{E}\cdot d\boldsymbol{r} = q_0\int_a^b \frac{q}{4\pi\varepsilon_0 r^2}\boldsymbol{r}_0\cdot d\boldsymbol{r}$$

由于 $\boldsymbol{r}_0 = \dfrac{\boldsymbol{r}}{r}$，所以

$$W_{ab} = q_0\int_a^b \frac{q}{4\pi\varepsilon_0 r^3}\boldsymbol{r}\cdot d\boldsymbol{r} \qquad (4.3.1)$$

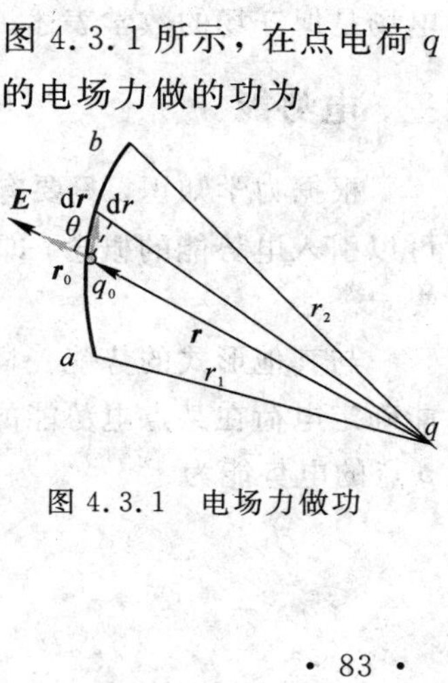

图 4.3.1　电场力做功

由图 4.3.1 可以看出 $\boldsymbol{r}\cdot d\boldsymbol{r} = r|d\boldsymbol{r}|\cos\theta = r dr$，这里 θ 是从电荷 q 指向 q_0 的矢径 $\boldsymbol{r}$ 与 q_0 的位移元 $d\boldsymbol{r}$ 之间的夹角。将此关系代入式(4.3.1)，得

$$W_{ab} = q_0 \int_{r_1}^{r_2} \frac{q}{4\pi\varepsilon_0 r^3} r\mathrm{d}r = \frac{q}{4\pi\varepsilon_0}\left(\frac{1}{r_1} - \frac{1}{r_2}\right)$$

式中 r_1、r_2 分别表示路径的起点和终点距离点电荷 q 的距离。可见，在点电荷电场中，电场力做功只取决于移动路径的起点和终点的位置，与路径无关。

上述结果是从点电荷电场推出的，不难验证此结论可以推广到任意带电体的电场。因而电场力是保守力，静电场是保守场。

二、静电场的环路定理

如图 4.3.2 所示，在静电场中将试验电荷 q_0 从 a 点沿任意路径 acb 移动到 b 点，再从 b 点沿任意路径 bda 回到 a 点，则电场力在整个闭合路径 $acbda$ 上的做功为

$$W = \oint_l \boldsymbol{F} \cdot \mathrm{d}\boldsymbol{l} = q_0 \int_{acb} \boldsymbol{E} \cdot \mathrm{d}\boldsymbol{l} + q_0 \int_{bda} \boldsymbol{E} \cdot \mathrm{d}\boldsymbol{l} = q_0 \int_{acb} \boldsymbol{E} \cdot \mathrm{d}\boldsymbol{l} - q_0 \int_{adb} \boldsymbol{E} \cdot \mathrm{d}\boldsymbol{l}$$

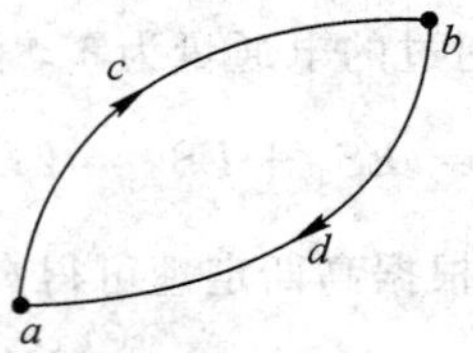

图 4.3.2　静电场的环流定理

由于电场力做功与路径无关，只与起始和终了位置有关，即

$$q_0 \int_{acb} \boldsymbol{E} \cdot \mathrm{d}\boldsymbol{l} = q_0 \int_{adb} \boldsymbol{E} \cdot \mathrm{d}\boldsymbol{l}$$

所以

$$W = q_0 \oint_l \boldsymbol{E} \cdot \mathrm{d}\boldsymbol{l} = 0$$

又因为 $q_0 \neq 0$，所以

$$\oint_l \boldsymbol{E} \cdot \mathrm{d}\boldsymbol{l} = 0 \tag{4.3.2}$$

式(4.3.2)左边是电场强度 $\boldsymbol{E}$ 沿闭合路径的积分，称为电场强度 $\boldsymbol{E}$ 的环流，它表明**在静电场中，电场强度沿任意闭合路径的积分恒为零**，这一结论称为**静电场的环流定理**，这是静电场是保守场的数学表述。

三、电势能

根据力学知识，只要有保守力就一定有与之对应的势能。静电场力是保守力，相应地可以引入电势能的概念，即认为试验电荷 q_0 在静电场中某一位置具有一定的电势能，用 W_p 表示。

与其他形式的势能一样，电势能也是相对量，只有选定一个电势能为零的参考点，才能确定电荷在某点电势能的量值。根据力学中势能的一般性定义，点电荷 q_0 在静电场中的 p 点的电势能为

$$W_p = q_0 \int_p^{\text{"0"}} \boldsymbol{E} \cdot \mathrm{d}\boldsymbol{l} \tag{4.3.3}$$

式中“0”表示零势能点。零势能点的选取是任意的，为了计算方便，当场源电荷为有限大带电体时，通常选无限远处为电势能零点。对于无限大带电体，通常选有限远处为电势能零点。

在国际单位制中，电势能的单位为焦(J)。

四、电势

由式(4.3.3)可见，电势能的大小与试验电荷的电量 q_0 有关，因而电势能不能直接用来描述某点电场的性质。但是比值 $\frac{W_p}{q_0}$ 与 q_0 无关，只取决于电场的性质及场点的位置，所以这个比值可以反映电场本身的性质，称之为 P 点的电势，用 U 表示，即

$$U_p = \frac{W_p}{q_0} = \int_p^{"0"} \boldsymbol{E} \cdot \mathrm{d}\boldsymbol{l} \tag{4.3.4}$$

式(4.3.4)表明，电场中某点电势在数值上等于把单位正电荷从该点移动到势能零点时电场力所做的功。

电势是标量，在国际单位制中，电势的单位是伏特，符号为 V。

电势零点的选择也是任意的，为了计算方便，当场源电荷为有限大带电体时，通常选无限远处为电势能零点。但当场源电荷的分布广延到无穷远处时，不能再取无穷远处为电势零点，因为会遇到积分不收敛的困难而无法确定电势，这时可以在电场内另选任一合适的电势零点。在许多实际问题中，常常选取地球为电势零点。

静电场中任意两点 a 和 b 之间的电势之差称为 a、b 两点的电势差，也称为电压，用 U_{ab} 表示，即

$$U_{ab} = U_a - U_b = \int_a^{"0"} \boldsymbol{E} \cdot \mathrm{d}\boldsymbol{l} - \int_b^{"0"} \boldsymbol{E} \cdot \mathrm{d}\boldsymbol{l} = \int_a^b \boldsymbol{E} \cdot \mathrm{d}\boldsymbol{l} \tag{4.3.5}$$

式(4.3.5)表明，静电场中 a、b 两点的电势差等于单位正电荷从 a 点移动到 b 点电场力所做的功。引入电势差后，静电场力所做的功可以用电势差表示为

$$W_{ab} = q_0 \int_a^b \boldsymbol{E} \cdot \mathrm{d}\boldsymbol{l} = q_0 (U_a - U_b)$$

五、电势的计算

在点电荷电场中，根据电势定义式(4.3.4)，在选取无限远为电势零点时，电场中任一点 p 的电势为

$$U_p = \int_p^{\infty} \boldsymbol{E} \cdot \mathrm{d}\boldsymbol{l} = \int_r^{\infty} \frac{q}{4\pi\varepsilon_0 r^2} \mathrm{d}r = \frac{q}{4\pi\varepsilon_0 r} \tag{4.3.6}$$

对于由 q_1，q_2，…，q_n 组成的点电荷系电场，由场强叠加原理可知电场强度为

$$\boldsymbol{E} = \boldsymbol{E}_1 + \boldsymbol{E}_2 + \cdots + \boldsymbol{E}_n = \sum_{i=1}^{n} \boldsymbol{E}_i$$

因而电场中任一点 p 的电势为

$$U_p = \int_p^{\infty} \boldsymbol{E} \cdot \mathrm{d}\boldsymbol{l} = \int_p^{\infty} \left(\sum_{i=1}^{n} \boldsymbol{E}_i\right) \cdot \mathrm{d}\boldsymbol{l} = \sum_{i=1}^{n} \left(\int_p^{\infty} \boldsymbol{E}_i \cdot \mathrm{d}\boldsymbol{l}\right) = \sum_{i=1}^{n} U_i = \sum_{i=1}^{n} \frac{q_i}{4\pi\varepsilon_0 r}$$

即**点电荷系电场中某点的电势，等于各点电荷单独存在时在该点电势的叠加**。这个结论称为**静电场的电势叠加原理**。

对于电荷连续分布的有限大带电体的电场，可以把它分成无限多个电荷元 dq，每个电荷元都可以看成点电荷，则电场中任一点 p 的电势就等于这些电荷元电势的叠加，即

$$U_p=\int_V dU=\int_V \frac{dq}{4\pi\varepsilon_0 r} \tag{4.3.7}$$

计算电场中各点的电势，可以通过两种途径：一是根据已知的电荷分布，由电势的定义和电势叠加原理来计算；二是根据已知的电场强度分布，由电势与电场强度的积分关系来计算。

例 4.3.1 半径为 R 的均匀带电圆环，带电量为 q，求其轴线上任一点的电势。

解 建立如图 4.3.3 所示的坐标系，设轴线上任意 p 点与坐标原点 O 之间的距离为 x。在圆环上任取线元 dl，其上带电量为 dq。

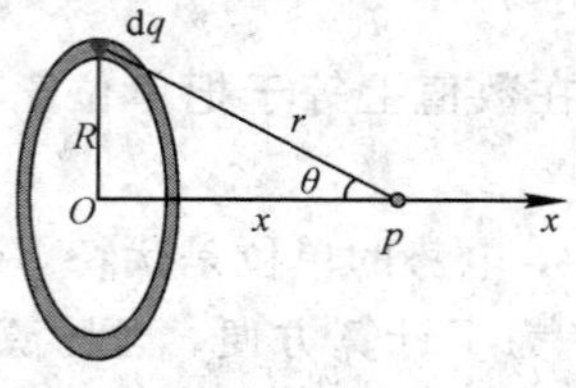

图 4.3.3 例 4.3.1 图

设元电荷 dq 到 p 点的距离为 r，元电荷 dq 在 p 点产生的电势为 dU，由式(4.3.7)可知，p 点的电势为

$$U_p=\int dU=\int \frac{dq}{4\pi\varepsilon_0 r}=\frac{q}{4\pi\varepsilon_0 (R^2+x^2)^{1/2}}$$

例 4.3.4 一均匀带电球面，其半径为 R，带电量为 q，求球面内外任一点的电势。

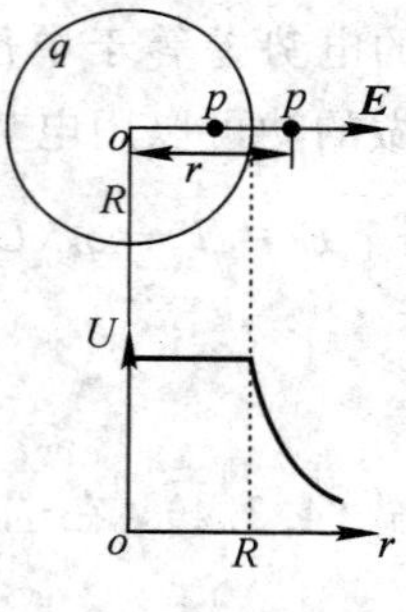

图 4.3.4 例 4.3.2 图

解 如图 4.3.4 所示，带电球面内外的场强分布为

$$\begin{cases} E=0 & (r<R) \\ E=\dfrac{q}{4\pi\varepsilon_0 r^2} & (r>R) \end{cases}$$

电场的方向沿着径向，场点 p 距球心为 r，取积分路径为一条经过 p 点的电场线，无穷远处为势能零点。

球面外任一点 p 处的电势为

$$U_p=\int_p^\infty \boldsymbol{E}\cdot d\boldsymbol{l}=\int_r^\infty \frac{q}{4\pi\varepsilon_0 r^2}dr=\frac{q}{4\pi\varepsilon_0 r}$$

球面内任一点 p 处的电势为

$$U_p=\int_p^{\infty}\boldsymbol{E}\cdot \mathrm{d}\boldsymbol{l}=\int_r^{R}\boldsymbol{E}\cdot \mathrm{d}\boldsymbol{r}+\int_R^{\infty}\boldsymbol{E}\cdot \mathrm{d}\boldsymbol{r}=0+\int_R^{\infty}\frac{q}{4\pi\varepsilon_0 r^2}\mathrm{d}r=\frac{q}{4\pi\varepsilon_0 R}$$

可见，球面外各点的电势与电荷集中在球心处的点电荷所产生的电势相同，球面内任一点的电势为一常数，与球面电势相同。

六、等势面

静电场中各点具有各自的电势值，**电势相等的点所组成的曲面叫等势面**。不同的电荷分布，其电场的等势面具有不同的形状与分布，如图 4.3.5 所示。

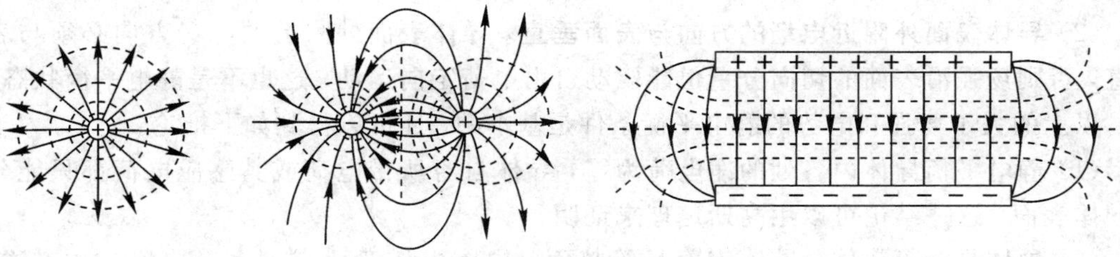

图 4.3.5　电场线与等势面

等势面有如下性质：

(1) 在等势面上移动电荷时，电场力不做功；

(2) 电场线与等势面垂直；

(3) 电场线的方向沿着电势降落的方向。

在实际中，由于电势差易于测量，常常通过测量绘出带电体周围电场的等势面，然后推知电场的分布。为了使等势面能够反映电场的强弱，在画等势面时，规定电场中任意两相邻等势面间电势差都相等，则电场强度较强的区域，等势面较密；电场强度较弱的区域，等势面较疏。

4.4　静电场中的导体和电介质

一、静电场中导体的静电平衡

导体就是能够导电的物体，从微观角度来看导体中存在着大量的自由电荷。当导体不带电或不受外电场作用时，导体中的自由电荷做无规则的热运动，正负电荷均匀分布，导体不显电性。若把导体放在静电场 $\boldsymbol{E}_0$ 中，导体中的自由电荷将在电场力的作用下作宏观定向运动，如图 4.4.1(a)所示，引起导体中电荷重新分布而呈现带电的现象，这就是**静电感应**。导体由于静电感应所产生的电荷称为**感应电荷**。感应电荷会产生一个附加电场 $\boldsymbol{E}'$，如图 4.4.1(b)所示，在导体内部这个电场的方向与原电场 $\boldsymbol{E}_0$ 相反，从而削弱导体内部原电场的大小。随着静电感应的继续进行，感应电荷不断增加，从而附加电场增强，当导体中总电场的场强 $\boldsymbol{E}=\boldsymbol{E}_0+\boldsymbol{E}'=\boldsymbol{0}$ 时，自由电荷的再分布过程停止，导体内部和表面都没有电荷的宏观定向运动时，我们称导体处于**静电平衡状态**。

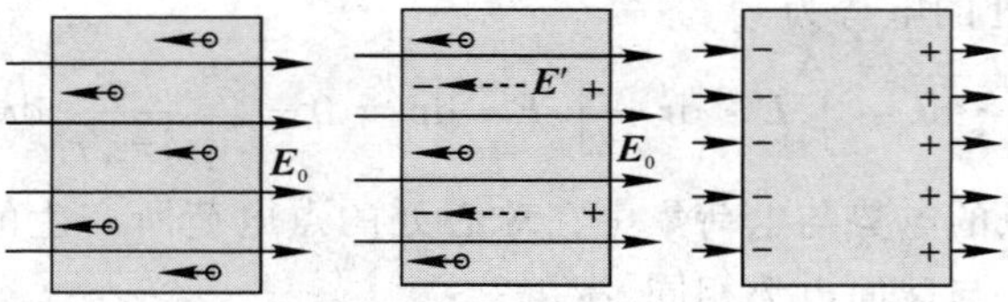

(a)　　　　　　(b)

图 4.4.1　导体的静电感应和静电平衡

导体达到了静电平衡，就会得到如下两个结论：

(1) **导体内部任一点的电场强度为零。**导体内部的电场强度为零是显然的，否则电场将继续驱动自由电荷运动，这就不是我们所讨论的静电平衡状态了。

(2) **导体表面外附近电场的方向与表面垂直。**导体表面外附近的电场方向必须与表面垂直，否则场强沿表面的切向分量也能驱动自由电荷定向运动，这也不是静电平衡状态。

以上的关于场强和电势的静电平衡条件是基本的，还可以得到如下推论：

(1) 静电平衡导体内各处的净电荷为零，导体自身所带电荷或其感应电荷都只能分布于导体表面。这一结论可以用高斯定理来证明。

(2) 导体是个等势体，导体表面是等势面。导体内任意两点 a 和 b 之间的电势差为 $U_{ab} = \int_a^b \boldsymbol{E} \cdot \mathrm{d}\boldsymbol{l} = 0$，所以导体是等势体，其表面是等势面。

(3) 静电平衡导体表面外附近的电场强度的大小与该处表面上的电荷密度的关系为

$$E=\frac{\sigma}{\varepsilon_0}$$

这一结论可以用高斯定理来证明。

实验表明，电荷在导体表面上的分布与导体自身的形状和外界条件有关。如图 4.4.2 所示，一个孤立的带电导体，其表面的电荷密度 σ 与表面的曲率半径有密切关系，表面曲率较大处 σ 较大，曲率较小处 σ 较小。

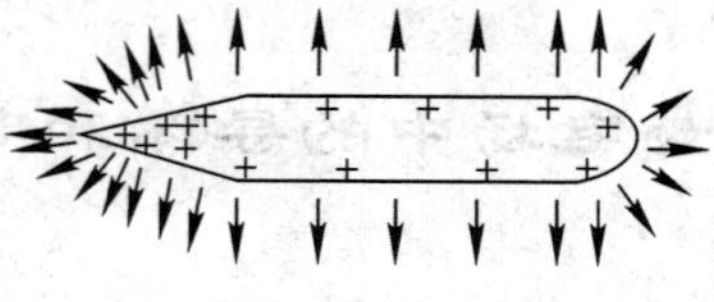

图 4.4.2　导体表面外附近的电场

对于有尖端的带电导体，尖端处的电荷面密度较大，则导体表面邻近处的场强也特别大。当场强超过空气的击穿场强时，就会产生空气被电离的放电现象，称为尖端放电。避雷针就是利用尖端放电原理来防止雷击对建筑物的破坏的。

二、静电屏蔽

根据静电平衡导体内部场强为零这一规律，利用空腔导体将空腔内外电场隔离，使之互不影响，这种作用称为**静电屏蔽**。

1. 利用空腔导体来屏蔽外电场

如图 4.4.3(a)所示，一个空腔导体放在静电场中，导体内部的场强为零，这样就可以利用空腔导体来屏蔽外电场，使空腔内的物体不受外电场的影响。

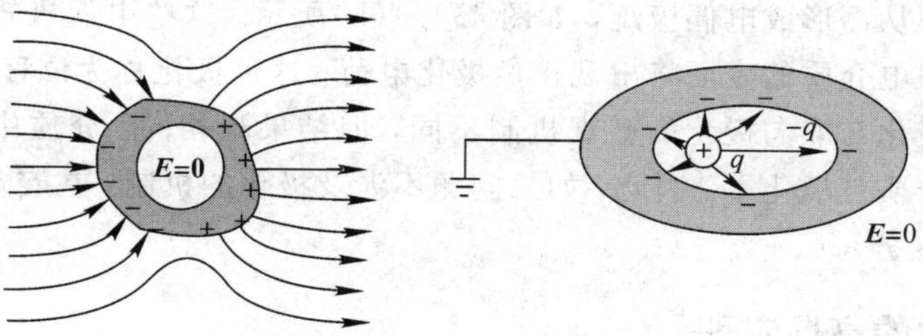

(a)　　　　　　　　(b)

图 4.4.3　静电屏蔽

2. 利用空腔导体来屏蔽内电场

如图 4.4.3(b)所示，一个空腔导体内部放置一点电荷 q，由静电平衡条件，导体内部的场强为零。由高斯定理，导体内表面上将感应出等量异号电荷 $-q$；由电荷守恒定律，外表面将感应出等量同号电荷 q。若把空腔外表面接地，则空腔外表面的电荷将全部导入大地，空腔外边的电场也就消失，这样空腔内的带电体对空腔外就不会产生任何影响了。

静电屏蔽在工程技术中有很多应用，为了避免外场对某些精密元件的影响，可以把元件用一个金属壳或金属网罩起来。高压作业时，操作人员要穿上用金属丝网做成的屏蔽服也是为了防止电场对人体的伤害。屏蔽服也会带电，电势还可能会很高，但屏蔽服内的场强为零保证了操作者的安全。

三、电介质的极化

电介质通常是指不导电的绝缘体。在电介质内没有可以自由移动的电荷，但是在外电场的作用下，电介质内的正负电荷仍可做微观的相对运动，使得电介质呈现带电状态。这种电介质在外电场作用下的带电现象称为**电介质的极化**。电介质极化所出现的电荷，称为**极化电荷**，该电荷会激发附加电场，削弱外电场。

电介质分子由等量的正、负电荷构成，它们可以等效为两个点电荷处理。若分子的正、负电荷中心不重合，则这样一对距离极近的等值异号电荷形成一个电偶极子，这种分子构成的电介质叫做**有极分子电介质**，如 HCl、H_2O、CO 等。若分子的正、负电荷中心重合，则分子的电偶极矩为零，这种分子构成的电介质叫做**无极分子电介质**，如 H_2、O_2、N_2、CO_2 等。

有极分子电介质在没有外场作用时，由于分子热运动，分子偶极矩无规则排列而相互抵消，电介质宏观不显电性。在有外场 $\boldsymbol{E}_0$ 的作用时，每个分子将受到电场力矩的作用，分子偶极矩转动到沿电场方向有序排列，如图 4.4.4(a)所示，从而使电介质带电，这种极化称为**取向极化**。

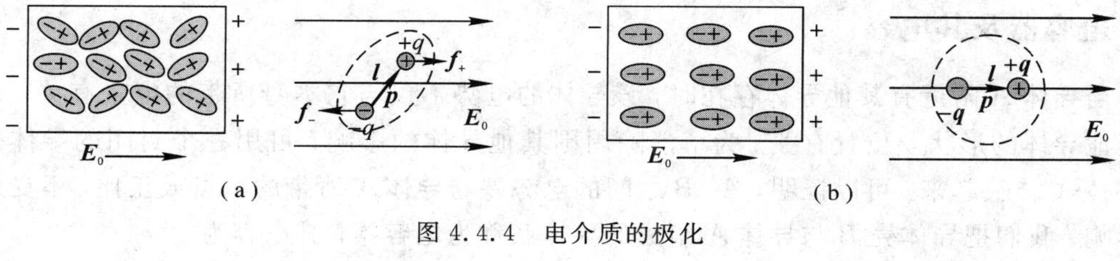

(a)　　　　　　　　(b)

图 4.4.4　电介质的极化

无极分子电介质在没有外场作用时不显电性;在外场作用下,正负电荷中心受力作用而发生相对位移,从而形成电偶极矩,如图 4.4.4(b)所示。这些电偶极矩的方向都沿着外场的方向,因此在电介质的表面将出现正负极化电荷,这种极化称为**位移极化**。

显然,位移极化与取向极化的微观机制不同,但结果却相同:介质中分子电偶极矩矢量和不为零,即介质被极化了。因此,如果问题不涉及极化的机制,在宏观处理上我们往往不必对它们刻意区分。

四、有电介质时的高斯定理

电场中有各向同性均匀电介质时,总电场 $\boldsymbol{E}$ 包括自由电荷产生的电场 $\boldsymbol{E}_0$ 和极化电荷产生的附加电场 $\boldsymbol{E}'$,即 $\boldsymbol{E}=\boldsymbol{E}_0+\boldsymbol{E}'$。电场中有电介质时需要引入辅助矢量 $\boldsymbol{D}$,称为电位移,即

$$\boldsymbol{D}=\varepsilon_0\varepsilon_r\boldsymbol{E}=\varepsilon\boldsymbol{E}$$

式中:ε_r 为电介质的相对介电常数;ε 为电介质的介电常数。在有电介质的电场,因为 $\varepsilon_r\geqslant1$,所以 $E<E_0$,即介质中的电场强度小于真空中的电场强度。

可以证明,有电介质时的高斯定理为

$$\oint_S \boldsymbol{D}\cdot \mathrm{d}\boldsymbol{S}=\sum q(\text{自由}) \tag{4.4.1}$$

即在静电场中通过任一闭合曲面的电位移通量等于闭合曲面包围的净自由电荷。

4.5 电容器与静电场的能量

一、孤立导体的电容

在真空中,一个孤立导体的电势与其所带的电量和形状有关。例如,真空中一个半径为 R、带电量为 Q 的孤立球形导体的电势为

$$U=\frac{Q}{4\pi\varepsilon_0 R}$$

从上式可以看出,当电势一定时,球的半径越大,它所带的电量也越多,但其电量与电势的比值却是一个常量,只与导体的形状有关,因此我们引入电容的概念。

孤立导体所带电量与其电势的比值叫做**孤立导体的电容**,用 C 表示,即

$$C=\frac{Q}{U} \tag{4.5.1}$$

在国际单位制中,电容的单位为法拉(法),符号为 F。在实际中法拉的单位太大,常见的电容单位为微法(μF)、皮法(pF),它们之间的关系为 $1\ \mathrm{F}=10^6\ \mu\mathrm{F}=10^{12}\ \mathrm{pF}$。

二、电容器及其电容

当导体 A 附近有其他导体存在时,该导体的电势不仅与它本身所带的电量有关,而且与其他导体的形状及位置有关。为了消除周围其他导体的影响,可用一个封闭的导体壳 B 将导体 A 屏蔽起来。可以证明,A、B 之间的电势差与导体 A 所带的电量成正比,不受外界的影响。我们把导体壳 B 与导体 A 组成的导体系称为**电容器**,其电容为

$$C=\frac{Q}{U_{AB}} \tag{4.5.2}$$

组成电容器的两个导体称为电容器的极板。在实际应用中的电容器，对其屏蔽性要求不高，只要求从一个极板发出的电场线都终止于另一个极板即可。电容器电容的大小取决于极板的尺寸、形状、相对位置以及充入电介质的介电常数，与电容器是否带电无关。

在生产和科研中使用的电容器种类繁多，外形各不相同，但它们的基本结构是一致的。电容器按可调与否分为可调电容器、微调电容器、固定电容器等；按介质分为空气电容器、云母电容器、陶瓷电容器、纸质电容器等；按形状分为平行板电容器、圆柱形电容器、球形电容器等。

对于特殊形状电容器的电容可以通过理论计算得到，一般步骤为首先设电容器的两极板带等量异号电荷；然后计算两极板间的电场强度和电势差；最后根据式(4.5.2)计算出电容器的电容。对于真空中极板面积为 S，板间距为 d，且满足$\sqrt{S}\gg d$ 的平行板电容器来说，$C=\frac{\varepsilon_0 S}{d}$；对于真空中内、外球面半径为 R_A、R_B 的同心球形电容器来说，$C=\frac{4\pi\varepsilon_0 R_A R_B}{R_B-R_A}$；对于真空中长度为 L 且 L 远远大于半径之差（R_B-R_A）的圆柱形电容器来说，$C=\frac{2\pi\varepsilon_0 L}{\ln(R_B/R_A)}$。

三、电容器的静电能

电容器在没充电的时候是没有存储电能的，在充电过程中，外力要克服静电力做功，把正电荷由带负电的负极板搬运到带正电的正极板，这种外力所做的功就等于电容器存储的静电能。

如图 4.5.1 所示，平行板电容器正处于充电过程中，在某时刻，两极板间的电势差为 U，若继续把为 $\mathrm{d}q$ 的正电荷从负极板移动到正极板，则外力克服电场力所做的功为

$$\mathrm{d}W=U\mathrm{d}q=\frac{q}{C}\mathrm{d}q$$

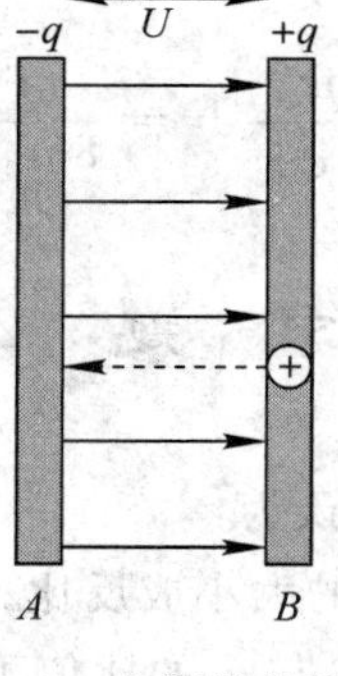

图 4.5.1 电容器的静电能

若使电容器的两极板分别带有 $\pm Q$ 的电荷，则外力所做的功为

$$W=\int \mathrm{d}W=\int_0^Q \frac{q}{C}\mathrm{d}q=\frac{Q^2}{2C}=\frac{1}{2}QU=\frac{1}{2}CU^2$$

这就是电容器所储存的静电能。

四、静电场的能量

大量事实证明，静电场中是携带有能量的。为了简单起见，先以平板电容器为例。对于极板面积为 S，极板间距为 d 的平板电容器，电场所占的体积为 Sd，电容器储存的电场能量为

$$W=\frac{1}{2}CU^2=\frac{1}{2}\frac{\varepsilon_0 S}{d}(Ed)^2=\frac{1}{2}\varepsilon_0 E^2 Sd=\frac{1}{2}\varepsilon_0 E^2 V$$

而电场中单位体积的能量，即电场能量密度为

$$w=\frac{W}{V}=\frac{1}{2}\varepsilon_0 E^2$$

可以证明，电场能量密度公式适用于任何电场。对任意的电场，可以通过积分求出它储存的能量。在电场中取体积元 $\mathrm{d}V$，在 $\mathrm{d}V$ 内的电场能量密度可看作均匀的，于是体积 V 中的电场能量为

$$W=\int_V w\,\mathrm{d}V=\int_V \frac{1}{2}\varepsilon_0 E^2\,\mathrm{d}V$$

例 4.5.1 一球形电容器内、外球壳的半径分别为 R_1 和 R_2，如图 4.5.2 所示，两球壳之间充满相对介电常量为 ε_r 的电介质，求此电容器带有电量 Q 时所储存的电能。

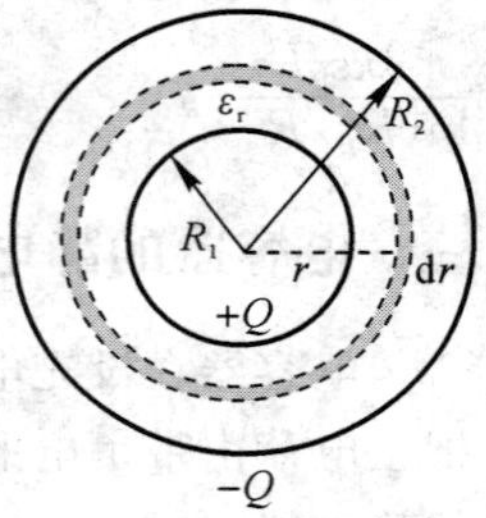

图 4.5.2 例 4.5.1 图

解 由高斯定理求得球壳间的电场强度的大小为

$$E=\frac{Q}{4\pi\varepsilon_0\varepsilon_r r^2}$$

电场的能量密度为

$$w=\frac{1}{2}\varepsilon_0 E^2=\frac{Q^2}{32\pi^2\varepsilon_0\varepsilon_r r^4}$$

取半径为 r、厚度为 $\mathrm{d}r$ 的微元球壳，其体积为 $\mathrm{d}V=4\pi r^2\mathrm{d}r$，此体积元内的电场能量为

$$\mathrm{d}W=w\mathrm{d}V=\frac{Q^2}{32\pi^2\varepsilon_0\varepsilon_r r^4}4\pi r^2\mathrm{d}r=\frac{Q^2}{8\pi\varepsilon_0\varepsilon_r r^2}\mathrm{d}r$$

电场总能量为

$$W=\int_{R_1}^{R_2}\frac{Q^2}{8\pi\varepsilon_0\varepsilon_r r^2}\mathrm{d}r=\frac{Q^2}{8\pi\varepsilon_0\varepsilon_r}\left(\frac{1}{R_1}-\frac{1}{R_2}\right)$$

习 题 4

4.1 关于电场强度定义式，有人认为：

(1) 场强 $\boldsymbol{E}$ 的大小与试验电荷 q_0 的大小成反比；

(2) 对场中某点，试验电荷受力 $\boldsymbol{F}$ 与 q_0 的比值不因 q_0 而变；

(3) 试验电荷受力 $\boldsymbol{F}$ 的方向就是场强 $\boldsymbol{E}$ 的方向；

(4) 若场中某点不放试验电荷 q_0，则 $\boldsymbol{F}=0$，从而 $\boldsymbol{E}=0$。

以上这些说法是否正确？为什么？

4.2　如图所示，真空中有两个点电荷带电量分别为 Q 和 $-Q$，相距 $2R$。若以负电荷所在处 O 点为中心，以 R 为半径作高斯球面 S，试求：

(1) 通过该球面的电场强度通量 Φ；

(2) 若以 $\boldsymbol{r}_0$ 表示高斯面外法线方向的单位矢量，求高斯面上 a、b 两点的电场强度。

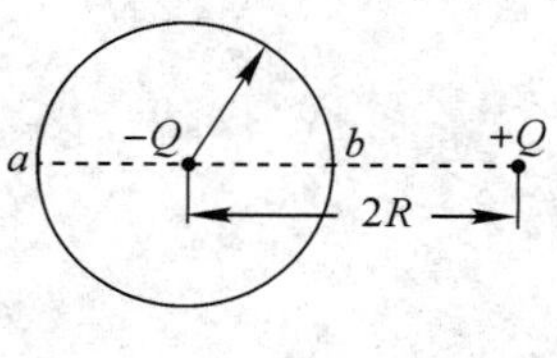

题 4.2 图

4.3　在应用高斯定理求场强时，要求电荷分布具有特定的对称性，是否可以说，当电荷分布不具有对称性时，高斯定理将失去意义？为什么？

4.4　在点电荷 q 的电场中，若选取以 q 为中心、R 为半径的球面为零势能面，试求与点电荷 q 距离为 $r(r<R)$ 的一点的电势。

4.5　在圆心角为 α，半径为 R 的圆弧上，均匀分布有电荷 q，试求圆心处的电势和电场强度的大小。

4.6　一个细玻璃棒被弯成半径为 R 的半圆形，沿其上半部分均匀分布有电荷 $+Q$，沿其下半部分均匀分布有电荷 $-Q$，如图所示，试求圆心 O 处的电场强度。

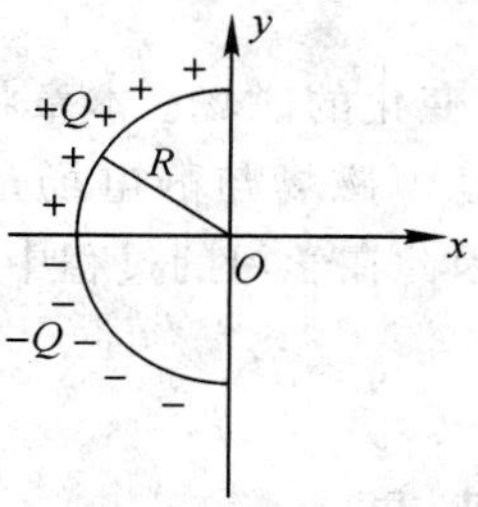

题 4.6 图

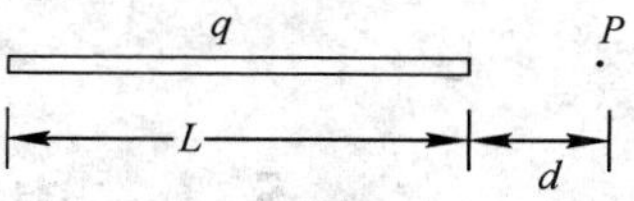

题 4.7 图

4.7　如图所示，在真空中有一个长为 L 的细杆，杆上均匀分布有电荷 q。在杆的延长线上与杆的一端距离为 d 的 P 点上有一电量为 q_0 的点电荷，试求该点电荷所受到的电场力。

4.8　半径为 R 的导体球，带电量为 Q，放置在真空中，求：

(1) 导体球内外的电场强度；

(2) 导体球内外的电势。

4.9　一半径为 R 的均匀带电球体，电荷体密度为常量 ρ_0，现以带电球体的球心为坐标原点，求：

(1) 空间电场强度大小的分布函数 $E(r)$；

(2) 若带电球体的电荷体密度不是常量，而是 $\rho = \rho_0 r$（r 表示距球心的距离 $r<R$），写出空间电场强度大小的分布函数 $E(r)$。

4.10　一个“无限长”半径为 R 的空心圆柱面均匀带电，沿轴线方向单位长度上所带电荷为 λ，求圆柱面内、外的电场强度 E 的大小。

第5章 稳恒磁场

在磁学领域内，我国古代人民做出了很大的贡献。远在春秋战国时期，随着冶金业的发展和铁器的应用，人们对天然磁石已有了一些认识。在《鬼谷子》《吕氏春秋》等著作中都有关于磁石的描述和记载。汉朝以后有更多的著作记载了磁石吸铁的现象，《论衡》中所描述的"司南勺"已被公认为最早的磁性指南器具，它是我国古代的伟大发明之一，对世界文明的发展有重大意义。

在历史上很长一段时间，人们曾认为磁和电是两类截然不同的现象，磁学和电学的研究一直彼此独立地发展着，直至19世纪初，一系列的重要发现才使人们开始认识到电与磁之间有着不可分割的联系。

稳恒磁场是指由磁体、稳恒电流产生的不随时间变化的磁场。本章将主要讨论稳恒电流周围的磁场以及磁场对电流的作用力规律。虽然稳恒磁场与静电场是性质不同的两种场，但都是矢量场，在研究方法上有许多相似之处，因此在学习的过程中，可以采用类比的方法。

5.1 电流密度

大量带电粒子的定向运动形成电流。带电粒子可以是电子、正负离子以及半导体中带正电的"空穴"等，这些带电粒子统称为载流子。

描述电流的物理量主要有两个：电流强度和电流密度。

一、电流强度

电流强度 I 的定义：**单位时间内通过导体中某一横截面的电量**。如果在 $\mathrm{d}t$ 时间内通过导体某一横截面 S 的电量为 $\mathrm{d}q$，则通过该横截面的电流强度为

$$I=\frac{\mathrm{d}q}{\mathrm{d}t} \tag{5.1.1}$$

电流强度是标量，习惯上规定正电荷的运动方向为电流的方向。在国际单位制中，电流强度的单位是安培(A)。

二、电流密度

实际问题中，常常会遇到电流在粗细不均的导线中流动或在大块导体中流动的情形，这时导体中不同部分电流的大小和方向都不一样，从而形成一定的电流分布，在这种比较复杂的情况下，引入一个描述空间不同点电流大小和方向的物理量——电流密度 $\boldsymbol{j}$。

电流密度 $\boldsymbol{j}$ 的定义：**在导体中任意一点，$\boldsymbol{j}$ 的方向与该点电流方向相同，$\boldsymbol{j}$ 的大小等于**

在单位时间内，通过该点垂直于电流方向的单位面积的电量。在国际单位制中，电流密度的单位是 A/m^2。

在导体中各点的 $\boldsymbol{j}$ 构成了一个矢量场，称为**电流场**。像电场分布可以用电场线形象描绘一样，电流场也可用电流线形象描绘。所谓**电流线是这样一些曲线，其上任意一点的切线方向就是该点 $\boldsymbol{j}$ 的方向，通过任一垂直截面的电流线的数目与该点 $\boldsymbol{j}$ 的大小成正比**。

如图 5.1.1(a)所示，设想在导体中某点垂直于电流方向取一面积元 dS，并使其法向 $\boldsymbol{n}$ 与该点电流密度 $\boldsymbol{j}$ 的方向相同。如果通过该面积元的电流为 dI，则该点处电流密度为

$$\boldsymbol{j}=\frac{dI}{dS}\boldsymbol{n} \tag{5.1.2}$$

电流密度能精确描述电流场中每一点电流的大小和方向，通常所说的电流分布实际上是指电流密度 $\boldsymbol{j}$ 的分布，而电流的强弱和方向在严格的意义上应该是指电流密度的大小和方向。

如图 5.1.1(b)所示，一个面积元 dS 的法向量与电流密度 $\boldsymbol{j}$ 方向成 θ 角，由于通过 dS 的电流 dI 与通过面积元 $dS_{\perp}=dS\cos\theta$ 的电流相等，因此有

$$dI=j\,dS_{\perp}=j\,dS\cos\theta \tag{5.1.3}$$

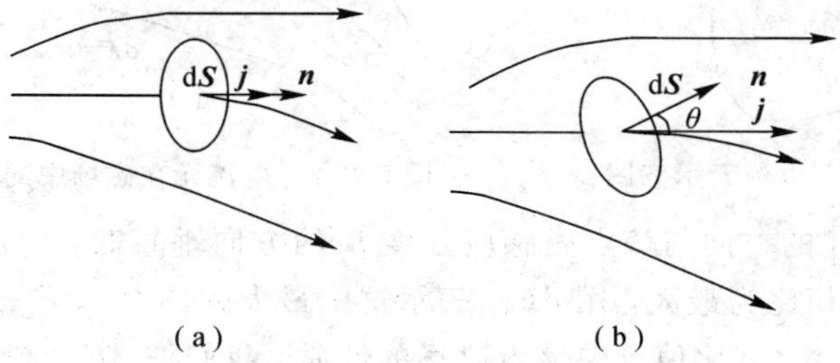

图 5.1.1　说明电流密度的矢量性

若将面积元 dS 用矢量 $d\boldsymbol{S}=dS\cdot\boldsymbol{n}$ 表示，则式(5.1.3)可写成

$$dI=\boldsymbol{j}\cdot d\boldsymbol{S} \tag{5.1.4}$$

这就是通过一个面积元 dS 的电流强度 dI 与其所在点的电流密度 $\boldsymbol{j}$ 的关系。通过导体中任意横截面 S 的电流强度 I 可表示为

$$I=\int_S \boldsymbol{j}\cdot d\boldsymbol{S} \tag{5.1.5}$$

从电流场的观点来看，式(5.1.5)表示：横截面 S 上的电流强度 I 等于通过该截面的电流密度 $\boldsymbol{j}$ 的通量。

5.2　磁场与磁感应强度

一、磁场与磁感应强度

研究表明，磁体或电流一旦存在，就在其周围空间产生一种场，而另外的电流或磁体处在该场中就要受到力的作用，这种电流、磁体在其周围空间产生的场我们称为磁场。磁体、电流之间的相互作用是通过磁场来传递的。与研究电场类似，首先我们研究如何描述

磁场的性质。

因为电流在磁场中要受到磁场的作用力，并且这个力的大小和方向与磁场中各点的性质有关，所以可以根据电流的受力情况来描述磁场。引入电流元 $I\mathrm{d}\boldsymbol{l}$ 的概念，如图 5.2.1 所示，其中 I 为导线回路中的电流，$\mathrm{d}\boldsymbol{l}$ 为导线上沿着电流方向所取的一个长为 $\mathrm{d}l$ 的矢量线元，此线元必须取得足够小，这样既可以用来确定场中各点的性质，也不会影响原来磁场的分布。一般来说，在不同点，$I\mathrm{d}\boldsymbol{l}$ 受到的磁场力是不同的，而就在同一个点，$I\mathrm{d}\boldsymbol{l}$ 的取向不同，受到的磁场力也不同。

实验及理论研究表明，给定稳恒磁场与电流元的相互作用具有下列性质，根据这些性质可以定义磁感应强度。

(1) 在磁场中的任意一点，总可以找到一个方向，当电流元 $I\mathrm{d}\boldsymbol{l}$ 在该点的方向与这个方向一致时，电流元受到的磁场力为零，如图 5.2.2 所示。我们把这个特殊的方向定义**为该点的磁感应强度 $\boldsymbol{B}$ 的方向**(指向待定)。

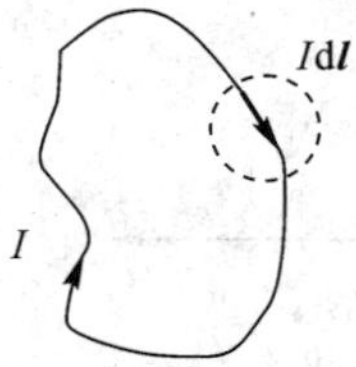

图 5.2.1　电流元示意图

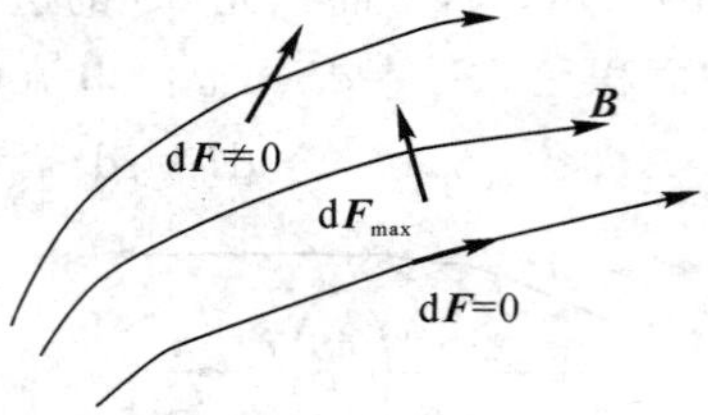

图 5.2.2　电流元在磁场中的受力

(2) 当电流元 $I\mathrm{d}\boldsymbol{l}$ 的方向与该点磁感应强度 $\boldsymbol{B}$ 的方向垂直时，它所受到的磁场力的大小与它沿其他取向时相比为最大，用 $\mathrm{d}\boldsymbol{F}_{max}$ 表示这个最大磁场力。$\mathrm{d}F_{max}$ 与 $I\mathrm{d}l$ 成正比，且在确定点其比值保持不变，其比值反映该点磁场的性质。**我们把 $\mathrm{d}F_{max}$ 与 $I\mathrm{d}l$ 的比值定义为该点磁感应强度 $\boldsymbol{B}$ 的大小：**

$$B=\frac{\mathrm{d}F_{max}}{I\mathrm{d}l} \tag{5.2.1}$$

磁感应强度的国际单位是特斯拉(T)，即 1 T＝1 N/(A · m)。地磁场的大小约为10^{-5} T 数量级。

实验表明：$\mathrm{d}\boldsymbol{F}_{max}$ 的方向垂直于 $I\mathrm{d}\boldsymbol{l}$ 和上述 $\boldsymbol{B}$ 的方向线组成的平面，且这三者相互垂直。$\mathrm{d}\boldsymbol{F}_{max}$ 和 $I\mathrm{d}\boldsymbol{l}$ 的方向都可以通过实验测定，由右手螺旋法则可唯一确定 $\boldsymbol{B}$ 的指向。

(3) 当 $I\mathrm{d}\boldsymbol{l}$ 与 $\boldsymbol{B}$ 之间的夹角为 θ 时，电流元 $I\mathrm{d}\boldsymbol{l}$ 在磁场中受到的磁场力 $\mathrm{d}\boldsymbol{F}$ 可用矢量式表示为

$$\mathrm{d}\boldsymbol{F}=I\mathrm{d}\boldsymbol{l}\times\boldsymbol{B} \tag{5.2.2}$$

式(5.2.1)和式(5.2.2)规定 $\boldsymbol{B}$ 方向的方法一起构成了 $\boldsymbol{B}$ 的定义。

二、毕奥-萨伐尔定律

1820 年，法国物理学家毕奥和萨伐尔两人用实验方法证明，很长的直导线周围的磁场与距离成反比。之后拉普拉斯进一步从数学上证明，任何闭合载流回路产生的磁场可以看成是电流元作用叠加起来的结果，他从实验结果倒推得到电流元产生的磁感应强度 $\mathrm{d}\boldsymbol{B}$ 的公式，称之为**毕奥-萨伐尔定律：真空中，任一电流元 $I\mathrm{d}l$ 在给定点 P 所产生的磁感应强度**

d$\boldsymbol{B}$ **的大小与电流元的大小成正比，与电流元** $Id\boldsymbol{l}$ **指向** P **点的矢量** $\boldsymbol{r}$ **和电流元** $Id\boldsymbol{l}$ **之间夹角** θ **的正弦** $\sin\theta$ **成正比，而与电流元到** P **点距离** r **的平方成反比。**d$\boldsymbol{B}$ **的方向垂直于** $Id\boldsymbol{l}$ **和** $\boldsymbol{r}$ **所构成的平面，指向满足右手螺旋法则**，表示成矢量式，即

$$d\boldsymbol{B}=\frac{\mu_0}{4\pi}\frac{Id\boldsymbol{l}\times\boldsymbol{r}_0}{r^2} \tag{5.2.3}$$

式中：$\boldsymbol{r}_0$ 为由电流元 $Id\boldsymbol{l}$ 指向场点 P 的单位矢量(如图 5.2.3 所示)；$\mu_0=4\pi\times10^{-7}\ \mathrm{N/A^2}$，称**为真空的磁导率**。

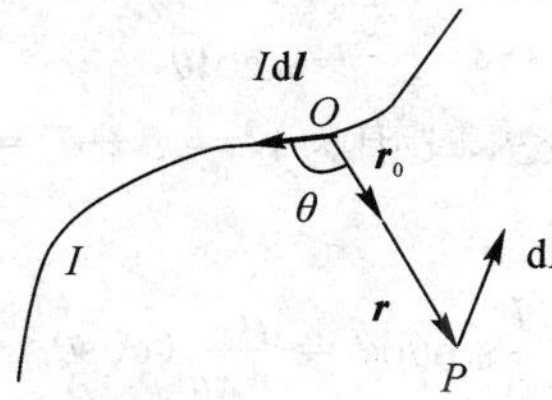

图 5.2.3　毕奥-萨伐尔定律

根据场强叠加原理，整条电流线在 P 点产生的磁场为

$$\boldsymbol{B}=\int_L d\boldsymbol{B}=\int_L\frac{\mu_0}{4\pi}\frac{Id\boldsymbol{l}\times\boldsymbol{r}_0}{r^2} \tag{5.2.4}$$

当各个电流元产生的磁感应强度方向不同时，须选定坐标系，将 d$\boldsymbol{B}$ 沿坐标轴方向投影，然后对投影式进行积分，计算出各分量的值，最后把总的磁感应强度矢量表示出来。

现利用毕奥-萨伐尔定律和叠加原理来计算一些特殊载流回路产生的磁场的磁感应强度。

例 5.2.1　如图 5.2.4 所示，已知载流直导线中通有恒定电流 I，导线长度为 L，导线两端与 P 点连线的夹角分别为 θ_1、θ_2，P 点与导线的距离为 a，求直导线在 P 点产生的磁感应强度。

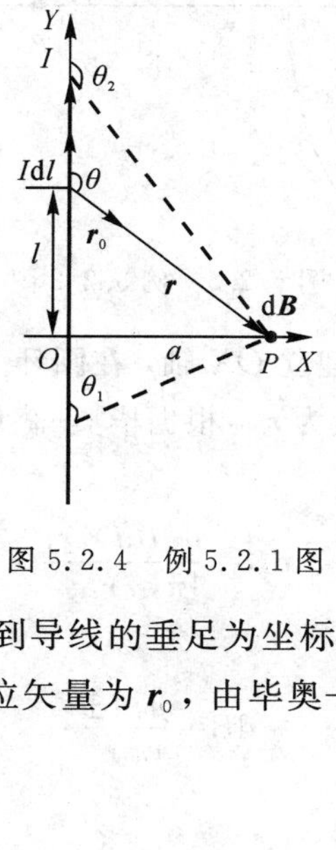

图 5.2.4　例 5.2.1 图

解　如图 5.2.4 所示，选点 P 到导线的垂足为坐标原点，建立直角坐标系 OXY。取电流元 $Id\boldsymbol{l}$，对应的位置矢量为 $\boldsymbol{r}$，单位矢量为 $\boldsymbol{r}_0$，由毕奥-萨伐尔定律，该电流元在 P 点产生的磁场为

$$\mathrm{d}\boldsymbol{B}=\frac{\mu_0}{4\pi}\frac{I\mathrm{d}\boldsymbol{l}\times\boldsymbol{r}_0}{r^2}$$

其大小为

$$\mathrm{d}B=\frac{\mu_0}{4\pi}\frac{I\mathrm{d}l\sin\theta}{r^2}$$

由右手螺旋法则，$\mathrm{d}\boldsymbol{B}$ 的方向垂直纸面向里，且导线上所有电流元在 P 点产生的磁感应强度方向都在此方向上。

由直角三角形关系：

$$l=-a\cot\theta$$

对等式两边取微分可得 $\mathrm{d}l=a\csc^2\theta\mathrm{d}\theta$，又因为 $r^2=a^2+l^2=a^2\csc^2\theta$，并根据叠加原理，整段直电流在 P 点产生的磁感应强度为

$$B=\int_{\theta_1}^{\theta_2}\frac{\mu_0 I}{4\pi a}\sin\theta\mathrm{d}\theta=\frac{\mu_0 I}{4\pi a}(\cos\theta_1-\cos\theta_2)$$

方向垂直纸面向里。

当导线的长度远大于点 P 到直导线的距离 a 时，导线可视为“无限长”，此时可认为 $\theta_1=0$，$\theta_2=\pi$，故 $B=\frac{\mu_0 I}{2\pi a}$。此式表明，“无限长”载流直导线周围的磁感应强度大小与 P 点到直线的垂直距离 a 成反比，磁感应强度 $\boldsymbol{B}$ 的方向由右手螺旋法则确定。

例 5.2.2 如图 5.2.5 所示，已知半径为 R 的载流圆环通有恒定电流 I，求圆环轴线上距圆环中心 x 距离处 P 点的磁感应强度。

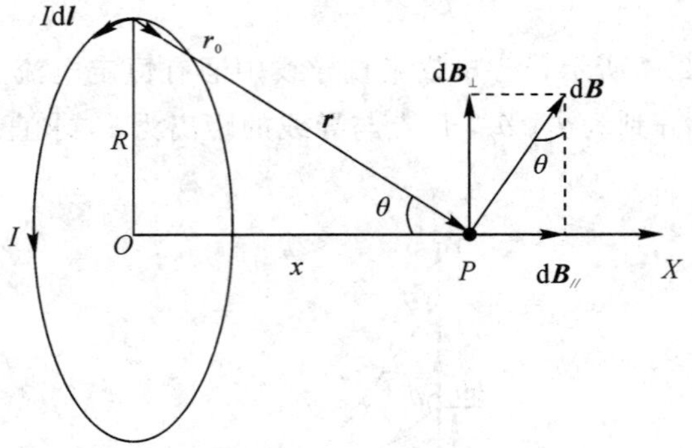

图 5.2.5 例 5.2.2 图

解 如图 5.2.5 所示，沿轴向建立 OX 轴，在圆环上任取一电流元 $I\mathrm{d}\boldsymbol{l}$，$P$ 点相对电流元的位置矢量为 $\boldsymbol{r}$，对应的单位矢量为 $\boldsymbol{r}_0$，根据毕奥-萨伐尔定律，电流元 $I\mathrm{d}\boldsymbol{l}$ 产生的磁感应强度 $\mathrm{d}\boldsymbol{B}$ 为

$$\mathrm{d}\boldsymbol{B}=\frac{\mu_0}{4\pi}\frac{I\mathrm{d}\boldsymbol{l}\times\boldsymbol{r}_0}{r^2}$$

其大小为

$$\mathrm{d}B=\frac{\mu_0}{4\pi}\frac{I\mathrm{d}l}{r^2}$$

$d\boldsymbol{B}$ 的方向垂直于 $Id\boldsymbol{l}$ 与 $\boldsymbol{r}_0$ 确定的平面向上，如图 5.2.5 所示，若选取的电流元不同，则产生 $d\boldsymbol{B}$ 的方向不同。载流圆环上各电流元在 P 点激发的 $d\boldsymbol{B}$ 的方向分布在以 OP 为轴、P 为顶点的一个圆锥面上。根据矢量叠加原理，P 点磁感应强度的方向沿 OX 轴正向。

将 $d\boldsymbol{B}$ 分解为垂直轴向的分量 $d\boldsymbol{B}_{\perp}$ 和沿轴向的分量 $d\boldsymbol{B}_{/\!/}$，其大小分别为

$$dB_{\perp}=dB\cos\theta$$

$$dB_{/\!/}=dB\sin\theta$$

由对称性可知 $B_{\perp}=\int dB_{\perp}=0$，又 $\sin\theta=\dfrac{R}{\sqrt{R^2+x^2}}$所以

$$B_{/\!/}=\int_L dB_{/\!/}=\int_L \frac{\mu_0 I}{4\pi r^2}\sin\theta dl=\frac{\mu_0 IR^2}{2\sqrt{(R^2+x^2)^3}}$$

即

$$\boldsymbol{B}=B_{/\!/}\boldsymbol{i}=\frac{\mu_0 IR^2}{2\sqrt{(R^2+x^2)^3}}\boldsymbol{i}$$

讨论：

（1）若 $x=0$，则圆环电流在其圆心处产生的磁感应强度的大小为 $B_0=\dfrac{\mu_0 I}{2R}$；一段圆心角为 α 的圆弧电流在圆心处产生的磁感应强度的大小为 $B=\dfrac{\mu_0 I\alpha}{4\pi R}$。

（2）若 $x\gg R$，则圆环在轴线上远离圆心处产生的磁感应强度的大小约为

$$B\approx\frac{\mu_0 IR^2}{2x^3}=\frac{\mu_0 I\pi R^2}{2\pi x^3}=\frac{\mu_0 IS}{2\pi x^3}$$

通常，对平面载流线圈，定义**载流线圈的磁矩为**

$$\boldsymbol{P}_m=I\boldsymbol{S} \tag{5.2.5}$$

其中 $\boldsymbol{S}=S\boldsymbol{n}$，$\boldsymbol{n}$ 为平面线圈法向量，$\boldsymbol{n}$ 与电流 I 成右手螺旋法则关系，如图 5.2.6 所示。磁矩是一个重要的物理量，在研究物质的磁性，以及分子、原子和原子核物理学中经常用到。

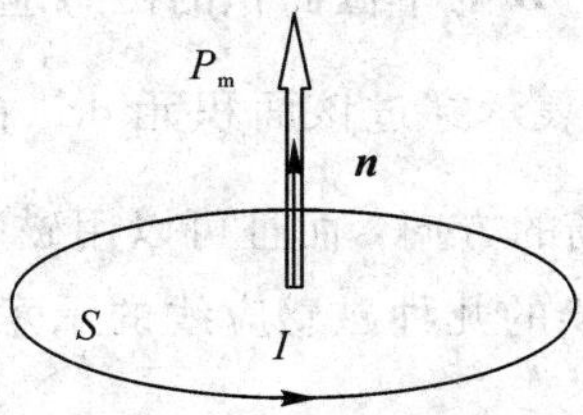

图 5.2.6　载流线圈的磁矩

三、运动电荷产生的磁场

导体中的电流就是大量带电粒子的定向运动，因此，电流产生的磁场实际上就是运动电荷产生磁场的宏观表现。下面从毕奥-萨伐尔定律导出运动电荷产生的磁场表达式。

如图 5.2.7 所示，设导体横截面积为 S，单位体积中的载流子数为 n，每个载流子的带

电量为 q，以平均速度 v 沿电流方向运动，v 的方向与电流方向一致，则在单位时间内通过横截面 S 的电量为 $Q=I=qnvS$，电流元 $I\mathrm{d}\boldsymbol{l}$ 中的载流子数目为 $\mathrm{d}N=nS\mathrm{d}l$，由毕奥-萨伐尔定律知，电流元 $I\mathrm{d}\boldsymbol{l}$ 在 P 点产生的磁场为

$$\mathrm{d}\boldsymbol{B}=\frac{\mu_0}{4\pi}\frac{I\mathrm{d}\boldsymbol{l}\times\boldsymbol{r}_0}{r^2}=\frac{\mu_0}{4\pi}\frac{qnvS\mathrm{d}\boldsymbol{l}\times\boldsymbol{r}_0}{r^2}=\frac{\mu_0}{4\pi}\frac{\mathrm{d}N}{r^2}q\boldsymbol{v}\times\boldsymbol{r}_0$$

该磁场是 $I\mathrm{d}\boldsymbol{l}$ 中的 $\mathrm{d}N$ 个载流子共同产生的，则一个运动电荷在 P 点产生的磁感应强度为

$$\boldsymbol{B}=\frac{\mathrm{d}\boldsymbol{B}}{\mathrm{d}N}=\frac{\mu_0}{4\pi}\frac{q\boldsymbol{v}\times\boldsymbol{r}_0}{r^2} \tag{5.2.6}$$

其中 $\boldsymbol{r}_0$ 是由运动电荷指向 P 点的单位矢量，r 是运动电荷到 P 点的距离。

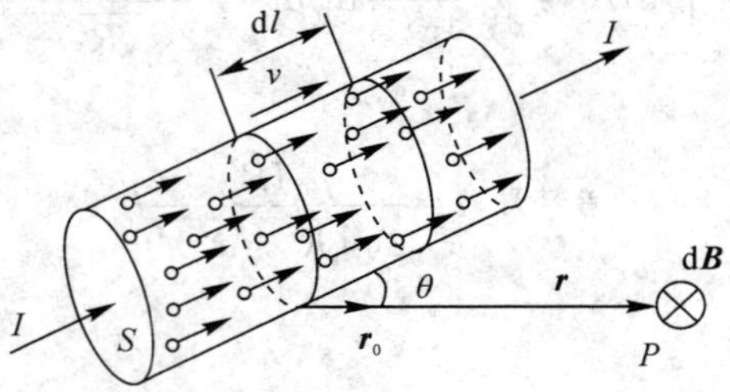

图 5.2.7　运动电荷产生的磁场

5.3　磁场中的高斯定理与安培环路定理

一、磁场中的高斯定理

1. 磁感应线

如同用电场线描绘静电场一样，也可以用磁感应线来形象地描绘磁场。为此规定：

(1) 磁感应线上任一点的切线方向与该点处 $\boldsymbol{B}$ 的方向一致；

(2) 穿过磁场中某点处垂直于 $\boldsymbol{B}$ 的单位面积的磁感应线数目等于该点 $\boldsymbol{B}$ 的大小，若用 $\mathrm{d}S_\perp$ 表示垂直于 $\boldsymbol{B}$ 的面积元，$\mathrm{d}N$ 表示穿过该面积元 $\mathrm{d}S_\perp$ 的磁感应线条数，则 $\dfrac{\mathrm{d}N}{\mathrm{d}S_\perp}=B$。这样，不仅可以用磁感应线表示磁场的方向，而且可以用磁感应线的疏密表示磁场的强弱。

图 5.3.1 所示是根据实验描绘的几种磁感应线的示意图，从图中可以看出磁感应线具有以下性质：

(1) 任意两条磁感应线不可能在空间相交；

(2) 磁感应线都是闭合曲线或两头伸向无穷远；

(3) 闭合的磁感应线和载流回路相互套连在一起；

(4) 磁感应线的回转方向与电流方向相互满足右手螺旋法则。

磁感应线的这些特点与静电场的电场线是完全不相同的。

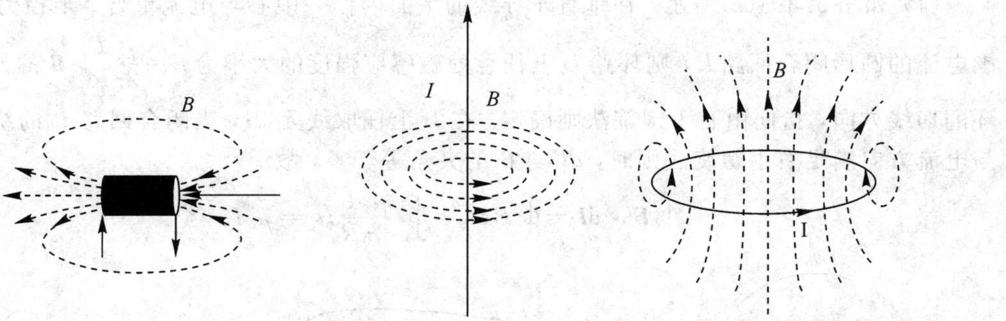

图 5.3.1　几种电流周围磁场的磁感应线

2. 磁通量

穿过磁场中某一曲面的磁感应线的数目，称为穿过该曲面的磁通量，用符号 Φ_m 表示。

在非匀强磁场中，要计算穿过任一曲面的磁通量，需要使用微积分的方法。如图 5.3.2 所示，对曲面 S 进行分割，使每一个面积元 dS 均可视为平面，对应的磁感应强度可视为匀强情况，则通过面积元 dS 的磁通量为

$$d\Phi_m = \boldsymbol{B} \cdot d\boldsymbol{S} \tag{5.3.1}$$

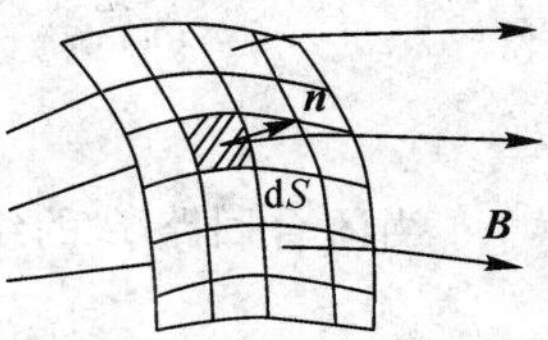

图 5.3.2　磁通量的计算

通过整个曲面的磁通量为

$$\Phi_m = \int_S d\Phi_m = \int_S \boldsymbol{B} \cdot d\boldsymbol{S} \tag{5.3.2}$$

在国际单位制中，磁通量的单位为韦伯(Wb)，1 Wb=1 T·m²。

3. 磁场中的高斯定理

由于恒定磁场的磁感应线是无头无尾的闭合曲线，从一个闭合曲面的某处穿入的磁感应线必然要从另一处穿出，所以**通过任意闭合曲面的磁通量恒等于零**，即

$$\oint_S \boldsymbol{B} \cdot d\boldsymbol{S} = 0 \tag{5.3.3}$$

式(5.3.3)称为**磁场中的高斯定理。**磁场中的高斯定理表明，磁场是无源场。

二、安培环路定理

我们已经知道，磁感应线是套连在闭合载流回路上的闭合线，安培环路定理就是反映磁感应线这一特点的。

安培环路定理表述如下：**磁感应强度 $\boldsymbol{B}$ 沿任意闭合路径 L 的线积分(也称为 $\boldsymbol{B}$ 的环流)，等于这个环路 L 包围的所有电流的代数和的 μ_0 倍**。其用公式表示为

$$\oint_L \boldsymbol{B} \cdot d\boldsymbol{l} = \mu_0 \sum_i I_i \tag{5.3.4}$$

式中，电流 I 的正负规定如下：当穿过回路 L 的电流方向与回路 L 的绕行方向服从右手螺旋法则时，电流 I 为正；反之，I 为负。如果电流 I 不被回路 L 包围，则它对环流无贡献。为叙述方便，式(5.3.4)中的闭合积分回路 L 称为“安培环路”。

现以长直电流产生的磁场为例来对安培环路定理进行简单的说明。

(1) 如图 5.3.3(a)所示，在垂直于导线的平面内作一中心与电流重合、半径为 R 并包围电流的圆形闭合回路 L，则环路 L 上任意处磁感应强度的大小为 $B=\frac{\mu_0 I}{2\pi R}$，$\boldsymbol{B}$ 的方向沿圆环的切线方向，指向由右手螺旋法则确定。在 L 上任取线元 $\mathrm{d}l$，当闭合回路 L 的绕行方向与电流方向满足右手螺旋法则时，$\mathrm{d}\boldsymbol{l}$ 与 $\boldsymbol{B}$ 的夹角等于零，故

$$\oint_L \boldsymbol{B}\cdot \mathrm{d}\boldsymbol{l}=\oint_L B\mathrm{d}l=\oint_L \frac{\mu_0 I}{2\pi R}\mathrm{d}l=\mu_0 I$$

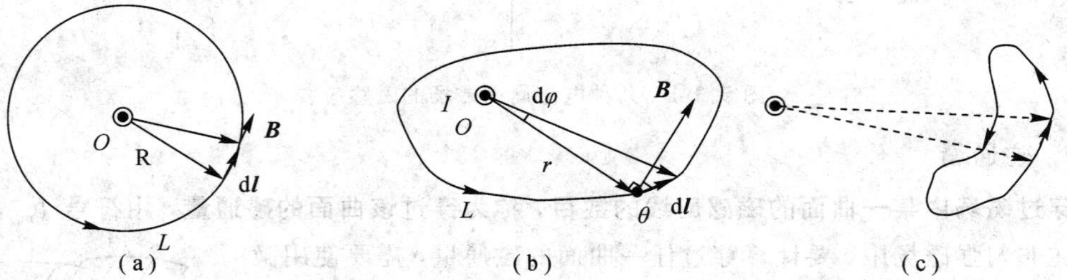

图 5.3.3　安培环路定律

当闭合回路 L 的绕行方向与电流右手螺旋法则方向相反时，$\mathrm{d}\boldsymbol{l}$ 与 $\boldsymbol{B}$ 的夹角等于 π，故

$$\oint_L \boldsymbol{B}\cdot \mathrm{d}\boldsymbol{l}=\oint_L B\cos\pi\mathrm{d}l=-\oint_L \frac{\mu_0 I}{2\pi R}\mathrm{d}l=-\mu_0 I$$

此时电流为负，故安培环路定理成立。

(2) 如图 5.3.3(b)所示，若 L 为任一条环绕电流的闭合回路，在 L 上任取线元 $\mathrm{d}l$，当闭合回路 L 的绕行方向与电流方向满足右手螺旋法则时，$\mathrm{d}\boldsymbol{l}$ 与 $\boldsymbol{B}$ 的夹角等于 θ，$\mathrm{d}l$ 处磁感应强度的大小为 $B=\frac{\mu_0 I}{2\pi r}$，$\boldsymbol{B}$ 的方向沿半径为 r 的圆环切线方向，指向由右手螺旋法则确定，$\mathrm{d}\varphi$ 是 $\mathrm{d}l$ 对 O 点所张的圆心角，则

$$\oint_L \boldsymbol{B}\cdot \mathrm{d}\boldsymbol{l}=\oint_L B\cos\theta\mathrm{d}l=\oint_L \frac{\mu_0 I}{2\pi r}r\mathrm{d}\varphi=\mu_0 I$$

若环路 L 绕向相反，则同理可得

$$\oint_L \boldsymbol{B}\cdot \mathrm{d}\boldsymbol{l}=-\mu_0 I$$

故安培环路定理成立。

(3) 如图 5.3.3(c)所示，可以证明环路 L 不包围电流时：

$$\oint_L \boldsymbol{B}\cdot \mathrm{d}\boldsymbol{l}=0$$

若环路不在垂直于电流的平面内，则可将环路分解为在该平面内的环路和与该平面垂直的环路两部分。对与该平面垂直的部分有 $\boldsymbol{B}\cdot\mathrm{d}\boldsymbol{l}=0$，故以后只需考虑在该平面内的环路即可。

最后，再强调一下安培环路定理表达式中各物理量的含义。式(5.3.4)左端的 $\boldsymbol{B}$ 表示 L 回路上 $\mathrm{d}l$ 处的磁感应强度，它是由空间所有电流共同激发的；式(5.3.4)右端的 $\sum_i I_i$ 决定了 $\boldsymbol{B}$ 沿回路 L 的环流，它只与回路包围的电流有关。安培环路定理表明磁场是有旋场，磁场中的磁感应线是闭合的。

应用安培环路定理可以较为简便地计算某些具有特定对称性的载流导线的磁场分布。

例 5.3.1 如图 5.3.4 所示，已知半径为 R 的"无限长"均匀载流圆柱体通有恒定电流 I，电流均匀分布在横截面上，求圆柱体内外的磁场分布。

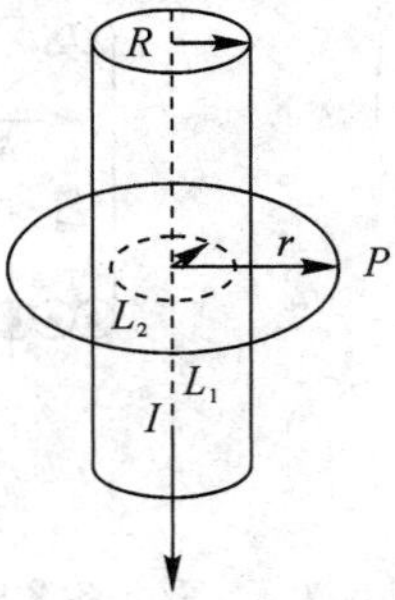

图 5.3.4 例 5.3.1 图

解 如图 5.3.4 所示，"无限长"均匀载流圆柱体产生的磁场具有对称性，其磁感应线是在垂直于圆柱体的平面上以圆柱体轴线为中心的一系列同心圆，同一圆周上各点 $\boldsymbol{B}$ 的大小相等，磁感应强度 $\boldsymbol{B}$ 的方向与电流方向满足右手螺旋法则。

现在计算圆柱体外任一点 P 的磁感应强度。取过 P 点的半径为 r 的圆为闭合回路 L_1，回路绕行方向与电流方向满足右手螺旋法则，则

$$\oint_{L_1} \boldsymbol{B} \cdot \mathrm{d}\boldsymbol{l} = \oint_{L_1} B\mathrm{d}l = B\oint_{L_1} \mathrm{d}l = B2\pi r$$

又因为

$$\mu_0 \sum_i I_i = \mu_0 I$$

所以由安培环路定理知载流圆柱体外部 P 点的磁感应强度的大小为

$$B = \frac{\mu_0 I}{2\pi r}$$

若 P 点在圆柱体内部，则建立如图 5.3.4 所示的参考回路 L_2，于是有

$$\oint_{L} \boldsymbol{B} \cdot \mathrm{d}\boldsymbol{l} = \oint_{L} B\mathrm{d}l = B\oint_{L} \mathrm{d}l = B2\pi r$$

又因为

$$\mu_0 \sum_i I_i = \mu_0 \frac{Ir^2}{R^2}$$

所以由安培环路定理知载流圆柱体内部 P 点的磁感应强度的大小为

$$B = \frac{\mu_0 Ir}{2\pi R^2}$$

综合两处结果，B 在空间的分布为

$$B = \begin{cases} \dfrac{\mu_0 Ir}{2\pi R^2} & (r<R) \\ \dfrac{\mu_0 I}{2\pi r} & (r>R) \end{cases}$$

在圆柱体内部，磁感应强度 $\boldsymbol{B}$ 的大小与离轴线的距离 r 成正比；而在圆柱体外，磁感应强度 $\boldsymbol{B}$ 的大小与离轴线的距离 r 成反比。

例 5.3.2 如图 5.3.5(a)所示，已知半径为 R 的长直螺线管通有恒定电流 I，单位长度的导线匝数为 n，求长直螺线管内部的磁场分布。

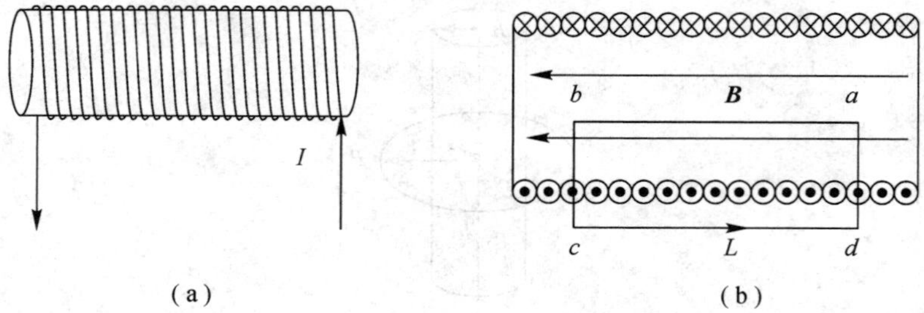

图 5.3.5 例 5.3.2 图

解 由实验知，长直密绕螺线管距离管壁很近的外部磁场很弱，可近似看作 $\boldsymbol{B}=0$，而在螺线管内部则为一个匀强磁场，方向符合右手螺旋法则，如图 5.3.5(b)所示。建立如图 5.3.5(b)所示的 L_{abcda} 闭合矩形环路，根据安培环路定理得

$$\oint_L \boldsymbol{B}\cdot \mathrm{d}\boldsymbol{l}=\int_{ab}\boldsymbol{B}\cdot \mathrm{d}\boldsymbol{l}+\int_{bc}\boldsymbol{B}\cdot \mathrm{d}\boldsymbol{l}+\int_{cd}\boldsymbol{B}\cdot \mathrm{d}\boldsymbol{l}+\int_{da}\boldsymbol{B}\cdot \mathrm{d}\boldsymbol{l}$$

ab 段上各点大小相等，$\boldsymbol{B}$ 方向与环路方向一致，则 $\int_{ab}\boldsymbol{B}\cdot \mathrm{d}\boldsymbol{l}=B\overline{ab}$；$bc$、$da$ 段上，$\boldsymbol{B}$ 方向与环路方向处处垂直，则 $\int_{bc}\boldsymbol{B}\cdot \mathrm{d}\boldsymbol{l}=0$，$\int_{da}\boldsymbol{B}\cdot \mathrm{d}\boldsymbol{l}=0$；$cd$ 段上，$\boldsymbol{B}$ 处处为零，则 $\int_{cd}\boldsymbol{B}\cdot \mathrm{d}\boldsymbol{l}=0$。

综合以上结果得 $\oint_L \boldsymbol{B}\cdot \mathrm{d}\boldsymbol{l}=B\overline{ab}$，回路 L 包围的电流代数和为 $nI\,\overline{ab}$，由安培环路定理得

$$B\overline{ab}=\mu_0 nI\overline{ab}$$

$$B=\mu_0 nI$$

由 $\overline{ab}$ 位置的任意性可知长直螺线管内各点 $\boldsymbol{B}$ 的大小均为 $\mu_0 nI$，方向平行于轴线。在实验室中，常利用载流长直螺线管来获得均匀磁场。

5.4 磁场对载流导线及运动电荷的作用

一、磁场对载流导线的作用

1. 安培力

1820 年，安培根据大量实验结果归纳出电流元在磁场中受力的表达式，即

$$\mathrm{d}\boldsymbol{F}=I\mathrm{d}\boldsymbol{l}\times\boldsymbol{B} \tag{5.4.1}$$

称为安培定律，此力称为**安培力**，也称**磁场力**。由力的叠加原理知，一段载流导线受的安培力为

$$\boldsymbol{F}=\int_L \mathrm{d}\boldsymbol{F}=\int_L I\mathrm{d}\boldsymbol{l}\times\boldsymbol{B} \tag{5.4.2}$$

这是一个矢量积分，若导线上各电流元所受安培力的方向不同，则要先将 $\mathrm{d}\boldsymbol{F}$ 在所选坐标系中分解，再积分，最后求出合力。

例 5.4.1　如图 5.4.1 所示，一根半径为 R 的半圆形导线上通有电流 I，导线放在磁感应强度为 $\boldsymbol{B}$ 的均匀磁场中，磁场方向与导线平面垂直，求磁场作用在导线上的安培力。

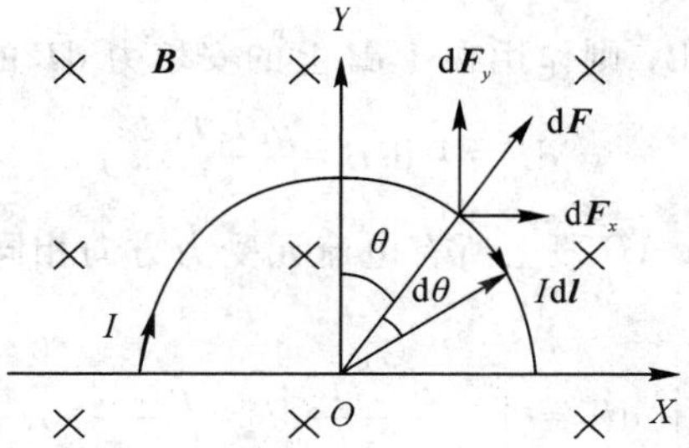

图 5.4.1　例 5.4.1 图

解　建立如图 5.4.1 所示的坐标系 OXY，在半圆形导线上任取一电流元 $I\mathrm{d}\boldsymbol{l}$，该电流元受到的安培力 $\mathrm{d}\boldsymbol{F}$ 的大小为

$$\mathrm{d}F = IB\mathrm{d}l$$

$\mathrm{d}\boldsymbol{F}$ 的方向垂直于 $I\mathrm{d}\boldsymbol{l}$ 的方向沿径向向外。由于导线上各电流元所受的安培力方向不同，故将 $\mathrm{d}F$ 沿坐标轴分解为

$$\mathrm{d}F_x = \mathrm{d}F\sin\theta,\ \mathrm{d}F_y = \mathrm{d}F\cos\theta$$

由对称性可知

$$F_x = 0$$

由于 $\mathrm{d}l = R\mathrm{d}\theta$，因此

$$F_y = \int \mathrm{d}F_y = 2\int_0^{\frac{\pi}{2}} BIR\cos\theta\mathrm{d}\theta = 2BIR$$

故作用在半圆形导线上的安培力为

$$\boldsymbol{F} = 2BIR\boldsymbol{j}$$

进一步证明得到如下结论：在均匀磁场中，任意形状的载流导线所受到的磁场力，等效于从导线起点到终点的直线电流在磁场中所受的力。

例 5.4.2　如图 5.4.2 所示，在一条“无限长”的通有电流 I_1 的直导线旁，放置边长为 b 的正方形线圈，通有电流 I_2，求线圈所受到的安培力。

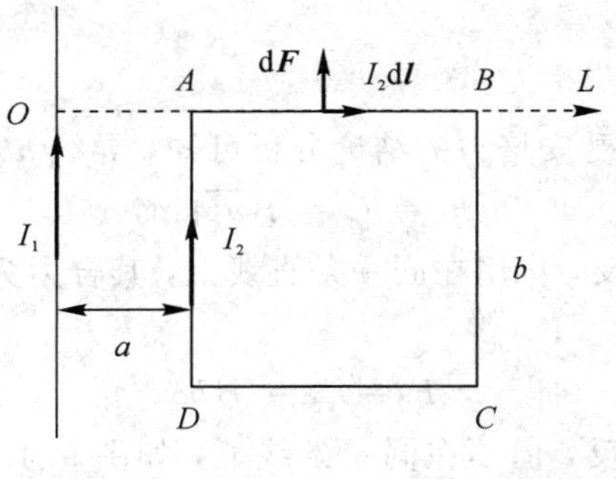

图 5.4.2　例 5.4.2 图

解　如图 5.4.2 所示，取 OL 轴，则长直导线 I_1 产生的磁感应强度的大小为

$$B=\frac{\mu_0 I_1}{2\pi l}$$

方向垂直纸面向里。

对 AB 段：取电流元 $I_2\mathrm{d}\boldsymbol{l}$，则作用在 $I_2\mathrm{d}\boldsymbol{l}$ 上的安培力 $\mathrm{d}\boldsymbol{F}$ 的大小为

$$\mathrm{d}F=I_2\mathrm{d}lB=\frac{\mu_0 I_1 I_2}{2\pi l}\mathrm{d}l$$

$\mathrm{d}\boldsymbol{F}$ 方向垂直于 I_2 向上，因为 AB 段上所有电流元受力方向相同，所以 AB 段受到安培力的大小为

$$F=\int_L \mathrm{d}F=\int_a^{a+b}\frac{\mu_0 I_1 I_2}{2\pi l}\mathrm{d}l=\frac{\mu_0 I_1 I_2}{2\pi}\ln\frac{a+b}{a}$$

方向为垂直于 I_2 向上。

同理，可计算 CD 段的受力大小为 $F=\frac{\mu_0 I_1 I_2}{2\pi}ln\ \frac{a+b}{a}$，方向为垂直于 I_2 向下。

对 BC 段：BC 段所在处的磁场大小为 $B=\frac{\mu_0 I_1}{2\pi(a+b)}$，可视为匀强场，故 BC 段受力大小为

$$F=I_2Bb=\frac{\mu_0 I_1 I_2 b}{2\pi(a+b)}$$

方向为水平向右。

同理，可计算 DA 段的受力大小为

$$F=\frac{\mu_0 I_1 I_2 b}{2\pi a}$$

方向为水平向左。

因此，线圈受力大小为 $F=\frac{\mu_0 I_1 I_2 b}{2\pi}\left(\frac{1}{a}-\frac{1}{a+b}\right)$方向为水平向左。

2. 均匀磁场对载流线圈的作用

载流线圈在外磁场中要受到磁力矩的作用。在磁力矩的作用下，线圈会发生偏转，这是制造电动机和各种电磁式仪表的基本原理。下面讨论均匀磁场对平面载流线圈的作用。

设在磁感应强度为 $\boldsymbol{B}$ 的匀强磁场中，放置一个刚性的矩形平面载流线圈 $abcd$，电流强度为 I，线圈面积为 S，线圈平面与磁场方向的夹角为 θ，线圈磁矩 $\boldsymbol{P}_{\mathrm{m}}$ 与磁场 $\boldsymbol{B}$ 的夹角为 $\varphi=\frac{\pi}{2}-\theta$，如图 5.4.3(a)所示。

根据载流导线在磁场所受安培力的结论分析可知，导线 ab、cd 所受到的安培力大小为

$$F_1=F_1'=IB\,\overline{ab}\sin\theta$$

$\boldsymbol{F}_1$ 与 $\boldsymbol{F}_1'$ 大小相等、方向相反，作用在同一条直线上，其合力为零；同理，导线 bc、da 受到的安培力大小均为

$$F_2=F_2'=IB\,\overline{bc}$$

$\boldsymbol{F}_2$ 与 $\boldsymbol{F}_2'$ 大小相等、方向相反，但不在同一条线上，如图 5.4.3(b)所示，将对线圈产生力矩，使线圈绕 OO' 转动，力矩的大小为

$$M=F_2\,\overline{ab}\sin\varphi=IBS\sin\varphi$$

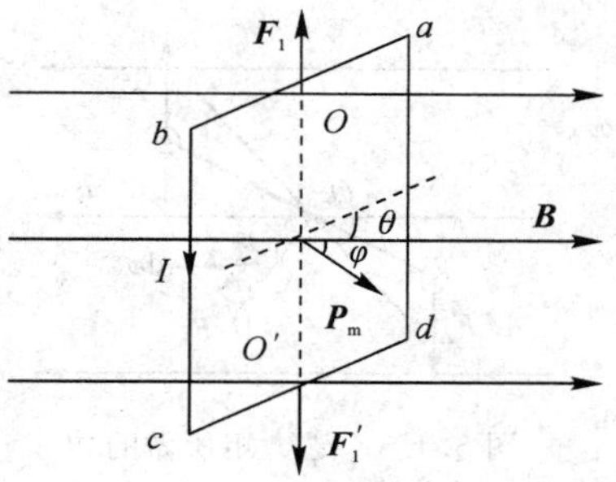

(a) 侧视图

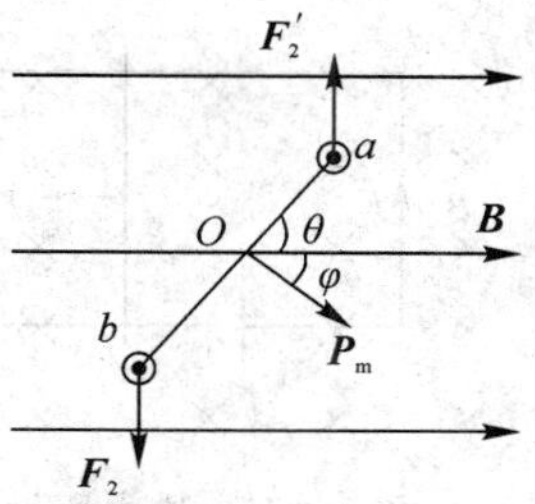

(b) 俯视图

图 5.4.3　平面载流线圈在均匀磁场中所受的力矩

如前所述，平面线圈的磁矩为 $\boldsymbol{P}_m = I\boldsymbol{S} = IS\boldsymbol{n}$，则 $M = P_m B\sin\varphi$，根据矢量关系，有

$$\boldsymbol{M} = \boldsymbol{P}_m \times \boldsymbol{B} \tag{5.4.3}$$

力矩 $\boldsymbol{M}$ 的方向与 $\boldsymbol{P}_m \times \boldsymbol{B}$ 的方向一致。式(5.4.3)为载流线圈在匀强磁场中受到的力矩，这个公式虽然是从矩形线圈的特例得到的，但可证明它对任意形状的平面载流线圈都是适用的。

综上所述，任意形状的载流线圈作为整体，在均匀磁场中虽所受合力为零，但会受到一个力矩，这个力矩总是要使该线圈的磁矩 $\boldsymbol{P}_m$ 转到磁感应强度矢量 $\boldsymbol{B}$ 的方向。当 $\boldsymbol{P}_m$ 与 $\boldsymbol{B}$ 的夹角 $\varphi = \frac{\pi}{2}$ 时，力矩的数值最大；当 $\boldsymbol{P}_m$ 与 $\boldsymbol{B}$ 的夹角 $\varphi = 0$ 或 π 时，力矩的数值为零，但当 $\varphi = 0$ 时线圈处于稳定平衡状态，当 $\varphi = \pi$ 时线圈处于非稳定平衡状态。

3. 磁力(矩)的功

载流导线和线圈在磁场中运动时，安培力(矩)都会做功，现从两个特例得出安培力(矩)做功的一般表达式。

1) 载流导线在磁场中运动时磁力所做的功

如图 5.4.4 所示，设在磁感应强度为 $\boldsymbol{B}$ 的均匀磁场中，有一长为 l 的导线 ab 与两平行导轨构成载流闭合回路 $abcd$，电流强度 I 保持不变，导线 ab 可沿导轨滑动，由安培定律可知，导线 ab 受到的安培力大小为

$$F = BIl$$

方向如图 5.4.4 所示。在导线 ab 沿力的方向由 ab 移动到 $a'b'$ 的过程中安培力做功为

$$A = F\,\overline{aa'} = BIl\,\overline{aa'} = BI\Delta S = I\Delta\Phi_m \tag{5.4.4}$$

该式说明，当载流导线在磁场中运动时，若回路中的电流不变，安培力所做的功等于电流强度乘以回路所包围面积内磁通量的增量。

2) 载流线圈在均匀磁场中旋转时磁力矩所做的功

如图 5.4.5 所示，设在磁感应强度为 $\boldsymbol{B}$ 的均匀磁场中有一面积为 S、通有恒定电流强度 I 的平面线圈，当线圈转动时，计算磁力矩所做的功。

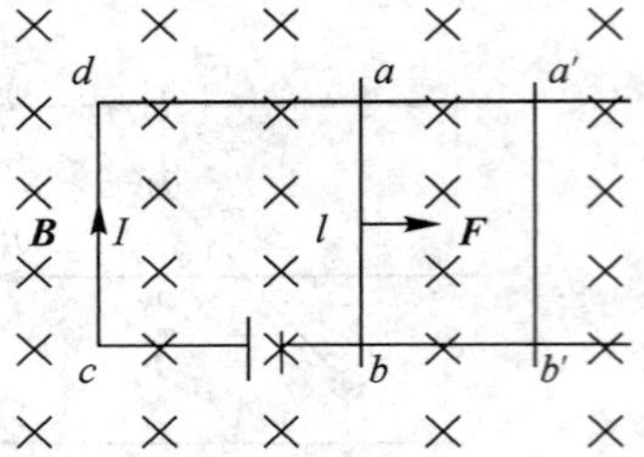

图 5.4.4　磁力所做的功

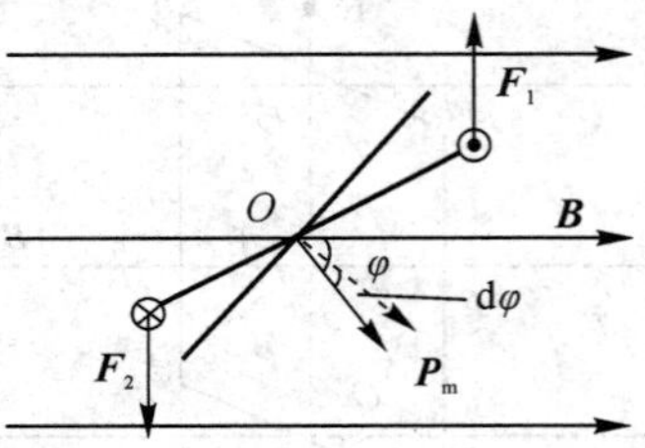

图 5.4.5　磁力矩所做的功

载流线圈在磁场中受到的磁力矩为

$$\boldsymbol{M}=\boldsymbol{P}_{\mathrm{m}}\times\boldsymbol{B}$$

力矩的方向垂直纸面向外，线圈发生偏转，若维持线圈中的电流不变，则当线圈转过小角度 $\mathrm{d}\varphi$ 时，磁力矩所做的元功为

$$\mathrm{d}A=-M\mathrm{d}\varphi=-BIS\sin\varphi\mathrm{d}\varphi=I\mathrm{d}(BS\cos\varphi)$$

式中的负号表示磁力矩做正功时，φ 角减小，$\mathrm{d}\varphi$ 为负值。当线圈从 φ_1 转到 φ_2 时，磁力矩所做的总功为

$$A=\int_{\varphi_1}^{\varphi_2}I\mathrm{d}(BS\cos\varphi)=I(BS\cos\varphi_2-BS\cos\varphi_1)=I\Delta\Phi_{\mathrm{m}}\qquad(5.4.5)$$

该式说明，磁力矩对载流线圈所做的功也等于回路中的电流强度乘以回路所包围面积内磁通量的增量。这一结果与式(5.4.4)相同，为磁力做功的一般表达式。

例 5.4.3　载有电流 I 的半圆形闭合线圈，半径为 R，放在均匀的外磁场 $\boldsymbol{B}$ 中，$\boldsymbol{B}$ 的方向与线圈平面平行，如图 5.4.6 所示。

(1) 求此时线圈所受的力矩大小和方向；

(2) 求在该力矩作用下，当线圈平面转到与磁场 $\boldsymbol{B}$ 垂直的位置时，磁力矩所做的功。

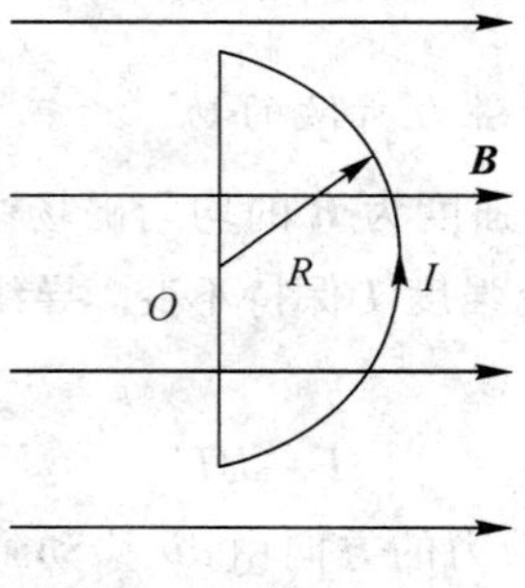

图 5.4.6　例 5.4.3 图

解　(1) 线圈的磁矩为

$$\boldsymbol{P}_{\mathrm{m}}=I\boldsymbol{S}=IS\boldsymbol{n}=\frac{1}{2}I\pi R^2\boldsymbol{n}$$

在图示位置时，线圈磁矩 $\boldsymbol{P}_{\mathrm{m}}$ 的方向垂直纸面向外，与 $\boldsymbol{B}$ 的夹角为$\frac{\pi}{2}$。

根据 $\boldsymbol{M}=\boldsymbol{P}_{\mathrm{m}}\times\boldsymbol{B}$，此时线圈所受磁力矩的大小为

$$M=P_{\mathrm{m}}B=\frac{1}{2}IB\pi R^2$$

磁力矩 $\boldsymbol{M}$ 的方向为纸面内垂直于 $\boldsymbol{B}$ 的方向向上。

(2) 初始位置时，线圈平面与 $\boldsymbol{B}$ 平行，则线圈法向量与 $\boldsymbol{B}$ 垂直，穿过线圈的磁通量 $\Phi_{m1}=0$；在磁力矩作用下，线圈转过 $\frac{\pi}{2}$ 角度，线圈法向量与 $\boldsymbol{B}$ 一致，穿过线圈的磁通量 $\Phi_{m2}=\boldsymbol{B}\cdot\boldsymbol{S}=B\frac{1}{2}\pi R^2$。由式(5.4.5)可得

$$A=I\Delta\Phi_m=I(\Phi_{m2}-\Phi_{m1})=I\left(B\frac{1}{2}\pi R^2-0\right)=\frac{1}{2}IB\pi R^2$$

也可用积分计算，即

$$A=\int_{\frac{\pi}{2}}^{0}-M\mathrm{d}\varphi=\int_{\frac{\pi}{2}}^{0}-P_m B\sin\varphi\mathrm{d}\varphi=\frac{1}{2}IB\pi R^2$$

二、磁场对运动电荷的作用

1. 洛伦兹力

带电粒子在磁场中运动时，将受到磁场力的作用，这个力称为**洛伦兹力**。载流导线在磁场中受到的安培力就其产生的微观本质来讲，应归结为洛伦兹力。

实验证明，运动的带电粒子在磁场中受到的洛伦兹力 $\boldsymbol{f}_m$ 与粒子所带电荷量 q、粒子速度 $\boldsymbol{v}$ 和磁感应强度 $\boldsymbol{B}$ 之间的关系为

$$\boldsymbol{f}_m=q\boldsymbol{v}\times\boldsymbol{B} \tag{5.4.6}$$

洛伦兹力的大小为

$$f_m=qvB\sin\theta$$

式中，θ 为 $\boldsymbol{v}$ 与 $\boldsymbol{B}$ 之间的夹角。

$\boldsymbol{f}_m$ 的方向垂直于 $\boldsymbol{v}$ 和 $\boldsymbol{B}$ 组成的平面，指向由右手螺旋法则确定。需要注意的是，$\boldsymbol{f}_m$ 的方向与带电粒子电荷的正负有关。安得森根据这一理论于 1932 年发现了正电子，为此获得了 1936 年的诺贝尔物理学奖。

由于洛伦兹力垂直于由运动速度和磁场确定的平面，因此它只改变电荷的运动方向，不对带电电荷做功。受力大小随 $\boldsymbol{v}$ 与 $\boldsymbol{B}$ 的夹角的变化而变化，这使得运动电荷在磁场中呈现出多种运动形式，在电子控制、磁聚焦等方面有实际应用。

2. 霍尔效应

如图 5.4.7 所示，将一导体薄板置于磁场 $\boldsymbol{B}$ 中，当有电流 I 沿着垂直于 $\boldsymbol{B}$ 的方向通过导体时，在导体板上、下两侧会产生一个电势差 U_H，这种现象称为**霍尔效应**，对应的电势差 U_H 称为霍尔电压。

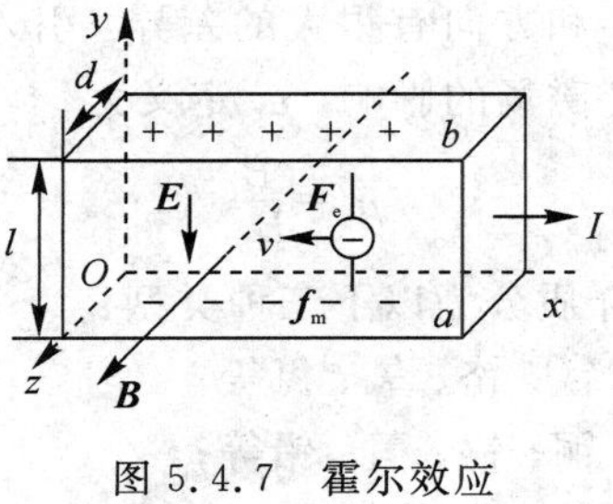

图 5.4.7 霍尔效应

霍尔效应的产生可由洛伦兹力说明。如图 5.4.7 所示，设载流子为负电荷，其运动方向与电流方向相反，在图中向左运动。起始时载流子受到向下的洛伦兹力 $\boldsymbol{f}_m$ 作用向下偏移，在 a 表面聚集负电荷，在 b 表面聚集等量正电荷，产生由 b 指向 a 的电场。随后，导体内的载流子将受到向上的电场力 $\boldsymbol{F}_e$ 和洛伦兹力 $\boldsymbol{f}_m$ 的共同作用，直到 $\boldsymbol{f}_m$ 与 $\boldsymbol{F}_e$ 平衡时，电荷的积聚达到动态平衡，这时 a、b 表面间便产生了霍尔电压 U_H。

设载流子的电量为 q，定向运动的平均速度为 $\boldsymbol{v}$，受力平衡时，有

$$qvB=qE$$

设金属片的宽度为 l，a、b 表面间为匀强电场，于是电势差为

$$U_H=El$$

设单位体积内的载流子数为 n，根据电流强度的定义，有

$$I=nqvS$$

式中，$S=l\mathrm{d}$，是薄片的横截面积。

综合以上结论，整理得

$$U_H=\frac{1}{qn}\frac{IB}{d}=R_H\frac{IB}{d} \tag{5.4.7}$$

式中，$R_H=\frac{1}{nq}$，称为霍尔系数，与霍尔元件的材料有关。

若载流子为空穴正电荷，此时电荷受到的洛伦兹力方向向下，下表面积聚正电荷，上表面积聚负电荷。

霍尔效应为半导体的研究提供了重要的方法。由 U_H 的正负可判断半导体的导电类型，还可以测量载流子的浓度 n。由于霍尔元件具有结构简单而牢靠、使用方便、成本低廉等优点，因此近年来其在测量磁场强度、测量直流或交流电路中的电流强度和功率、自动控制与检测等方面得到了越来越多的应用。

5.5 磁 介 质

一、磁介质的分类

任何物质都可以是磁介质，然而，实验表明，不同磁介质对磁场的影响差异很大。设真空中原来磁场的磁感应强度为 $\boldsymbol{B}_0$，放入磁介质后，磁介质因磁化产生的附加磁场的磁感应强度为 $\boldsymbol{B}'$，则磁介质中的总磁感应强度 $\boldsymbol{B}$ 是 $\boldsymbol{B}_0$ 和 $\boldsymbol{B}'$ 的矢量和，即

$$\boldsymbol{B}=\boldsymbol{B}_0+\boldsymbol{B}' \tag{5.5.1}$$

对不同的磁介质，$\boldsymbol{B}'$ 的大小和方向有很大的差异。引入磁介质的相对磁导率 μ_r，用来描述不同磁介质磁化后对原来外磁场的影响。μ_r 定义为

$$\mu_r=\frac{B}{B_0} \tag{5.5.2}$$

根据 μ_r 的大小，可以把磁介质分为以下三种类型：

(1) 顺磁质($\mu_r>1$)，如铂、锰、铬、氧、氮等；

(2) 抗磁质($\mu_r<1$)，如硫、铜、铋、氢、铅等；

(3) 铁磁质($\mu_r\gg1$)，如铁、钴、镍等。

顺磁质和抗磁质的相对磁导率 μ_r 只是略大于或小于 1，且为常数，它们对磁场的影响很小，属于弱磁性物质；而铁磁质对磁场的影响很大，属于强磁性物质。

二、顺磁性和抗磁性的微观解释

在物质分子中，每个电子都同时参与两种运动，即绕原子核的运动和自旋运动。这两种运动都将形成微小的磁矩，分别称为轨道磁矩和自旋磁矩。一个分子中所有这些磁矩的矢量和称为**分子的固有磁矩**，用符号 $\boldsymbol{P}_m$ 表示。这个分子的固有磁矩可以用一个环形电流等效表示，称为**分子电流**。

1. 顺磁质的磁化机理

顺磁质就是固有磁矩 $\boldsymbol{P}_m \neq \boldsymbol{0}$的一类磁介质。在没有外磁场存在时，由于分子无规则热运动，各分子的固有磁矩方向分布杂乱无章，整体上不显示磁性。当有外磁场时，$\boldsymbol{P}_m$ 在磁力矩 $\boldsymbol{M}$ 的作用下将转向外磁场的方向有序排列，称为转向磁化过程，同时产生一个与原磁场方向一致的附加磁场 $\boldsymbol{B}'$，故而顺磁质内磁感应强度 $\boldsymbol{B}=\boldsymbol{B}_0+\boldsymbol{B}'>\boldsymbol{B}_0$，所以 $\mu_r>1$。

2. 抗磁质的磁化机理

抗磁质就是固有磁矩 $\boldsymbol{P}_m=\boldsymbol{0}$的一类磁介质。由于每个分子的固有磁矩为零，因而无外磁场时，不显示磁性。当存在外磁场时，尽管 $\boldsymbol{P}_m=\boldsymbol{0}$不存在转向磁化，但由于分子中每个电子的轨道磁矩、自旋磁矩本身都不为零，轨道磁矩会受到外磁场的影响产生一个与外磁场方向相反的附加磁矩 $\Delta\boldsymbol{P}_m$，从而产生与原磁场反向的附加磁场 $\boldsymbol{B}''$，故而抗磁质内磁感应强度 $\boldsymbol{B}=\boldsymbol{B}_0+\boldsymbol{B}'<\boldsymbol{B}_0$，所以 $\mu_r<1$。

其实在顺磁质中也存在这种抗磁效应，但由于固有磁矩沿原磁场方向的转向远大于这种抗磁效应，即 $B'\gg B''$，故而仍表现为顺磁性。

不管顺磁质还是抗磁质，存在外磁场时产生的附加磁场都远小于原磁场 $\boldsymbol{B}_0$ 的值，呈现微弱的磁性。

三、磁介质中的安培环路定理

磁介质在磁场中磁化后，产生了附加磁场 $\boldsymbol{B}'$，而 $\boldsymbol{B}'$可以看作是等效的磁化电流 I_S 激发的。磁化电流是通过介质内分子环流等效地分布于磁介质表面的假想电流，其不同于传导电流，无电流热效应，仅在激发磁场方面与传导电流等价。考虑到磁化电流对磁场的贡献，安培环路定理可写为

$$\oint_L \boldsymbol{B}\cdot \mathrm{d}\boldsymbol{l}=\mu_0\left(\sum_{L内} I_0+I_S\right) \tag{5.5.3}$$

式中，$\boldsymbol{B}$ 为磁介质中的磁感应强度；I_0 为回路 L 包围的传导电流；I_S 为包围的磁化电流。一般来说，磁化电流很复杂，不能由实验测定。为研究磁场环路定理，仿照静电场的研究方法，定义磁场强度矢量为

$$\boldsymbol{H}=\frac{1}{\mu}\boldsymbol{B} \tag{5.5.4}$$

其中，$\mu=\mu_0\mu_r$，称为磁介质的磁导率，式(5.5.3)可写成

$$\oint_L \boldsymbol{H}\cdot \mathrm{d}\boldsymbol{l}=\sum_{L内} I_0 \tag{5.5.5}$$

这就是有磁介质时的安培环路定理，表述为：**稳恒磁场中，磁场强度矢量 $\boldsymbol{H}$ 沿任一闭合路径的线积分($\boldsymbol{H}$ 的环流)等于包围在环路内各传导电流的代数和，而与磁化电流无关**。可以证明此式具有普遍适用性。

四、铁磁质

有一类物质如铁、镍、钴及其金属化合物等具有强磁性的物质，称为铁磁质。当存在外磁场时，其产生的附加磁场 $\boldsymbol{B}'$ 远大于原磁场 $\boldsymbol{B}_0$ 的值，且其相对磁导率 μ_r 随外磁场的变化而变化，并非为一常量。铁磁质的这一特性无法用一般磁介质的磁化理论解释，这里先介绍铁磁质的磁化规律，然后简要介绍铁磁质的磁畴理论。

1. 磁化曲线

用待测的铁磁质为芯制成螺绕环，随着电流由小到大($H=nI$)，测得 $B-H$ 的变化曲线，称为 $B-H$ 磁化曲线，如图 5.5.1 所示。开始时，$H=0$，$B=0$，磁介质处于未磁化状态；曲线 $O-M$ 段，B 随 H 增加而增加；MN 段，B 随 H 激增；NP 段，B 仍随 H 的增加而增加，但增长率变缓；P 点以后 B 不再随 H 的增加而增加，即 B 达到了饱和状态。P 点对应的磁感应强度 B_m 称为**饱和磁感应强度**。OP 段曲线称为**初始磁化曲线**。

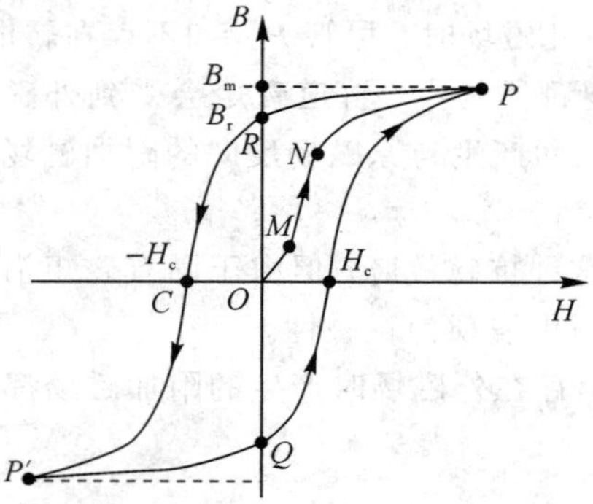

图 5.5.1　$B-H$ 磁化曲线

当铁磁质的磁化达到饱和之后，如果将磁化场去掉，即减小 H 的值并使之为零，则随着 H 的减小 B 缓慢减小，即 PR 段。当 $H=0$ 时，对应的 B_r 值称为**剩余磁感应强度**。若要使介质的磁感应强度减小到 0，则必须加一相反方向的磁场，即 H 反向增加，B 值迅速减小，直至 $B=0$，完成消磁，即 RC 段，此时对应的 H_c 值称为**矫顽力**。随着 H 的反向增大，铁磁质被反向磁化，并达到反向饱和点 P'，即 CP' 段；此后若使反向的 H 减小到 0，然后又沿正向增大 H，直至 P 点，即 $P'P$ 段，则形成的闭合曲线称为**磁滞回线**，这种 B 的变化滞后 H 的现象称为**磁滞现象**。对应同一 H 值，B 具有多值性，与过程有关，这足以显示铁磁质磁化的复杂性。

2. 磁畴

近代研究表明，铁磁质的磁性主要来源于电子自旋磁矩。在没有外磁场的条件下，铁磁质中电子自旋磁矩可以在小范围内“自发地”整齐排列起来，形成一个个小的“自发磁化区”，这种自发磁化区称为**磁畴**，如图 5.5.2 所示。按照量子力学理论，电子之间存在着一种“交换作用”，它使电子自旋在平行排列时能量更低，交换作用是一种纯量子效应。通常在未磁化的铁磁质中，各磁畴的自发磁化方向不同，呈杂乱无序排列，在宏观上不显示磁性；在外加磁场作用后将显示宏观磁性，这一过程称为技术磁化。铁磁性是与磁畴结构分不开的。铁磁体受到强烈震动，或在高温下由于剧烈运动的影响，磁畴便会瓦解，这时与磁畴联系的一系列铁磁性质全部消失。居里曾发现：对于任何一种铁磁质来说，都存在一个特定的临界温度，当其温度高过这个温度时，铁磁性就消失，变为顺磁质，这个临界温度称为**铁磁质的居里温度，也称居里点**。铁、钴、镍的居里点分别为 1040 K、1388 K、631 K。

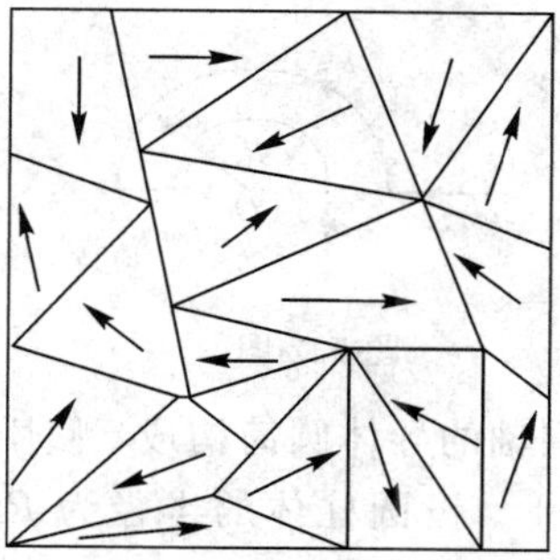

图 5.5.2　铁磁质的磁畴

3. 铁磁性材料

从铁磁性材料的性能和用途可将其分为软磁材料和硬磁材料两大类。

磁滞回线狭长，H_c较小的铁磁质，称为**软磁材料**，如图 5.5.3(a)所示，其在交变磁场中的磁滞损耗小，可以被反复磁化，适用于交变磁场中。电子设备中的各种电感元件、磁性记录介质、变压器、镇流器、电动机和发电机中的铁芯等，一般都需要用软磁材料来制造。

磁滞回线较“胖”，H_c较大的铁磁质，称为**硬磁材料**，如图 5.5.3(b)所示。这类材料可用于制造永磁铁、各种电表、耳机、电话机、录音机等。

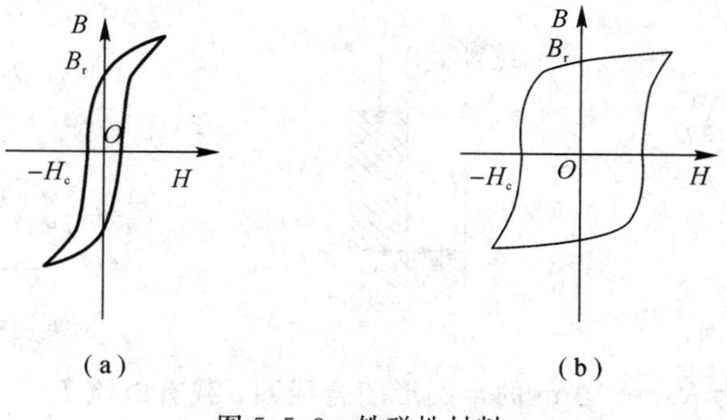

图 5.5.3　铁磁性材料

习　题　5

5.1　如图所示，一块“无限长”载流平板的宽度为 a，沿长度方向通过均匀电流 I，求与平板共面且距平板一边为 b 的点 P 的磁感应强度。

5.2　如图所示，求所示形状的载流导线在 O 点产生的磁感应强度的大小。

5.3　电荷 q 均匀分布于半径为 R 的塑料圆盘上，若该盘绕垂直于盘面的中心轴以角速度 ω 旋转，试求盘心处的磁感应强度的大小和圆盘的磁矩大小。

5.4　如图所示，电流强度为 I 的“无限长”直载流导线旁，与之共面放着一个长为 a、宽为 b 的矩形线框，线框长边与导线平行，且二者相距 b，此时框中的磁通量为多少？

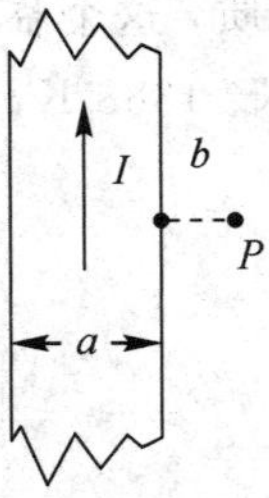

题 5.1 图

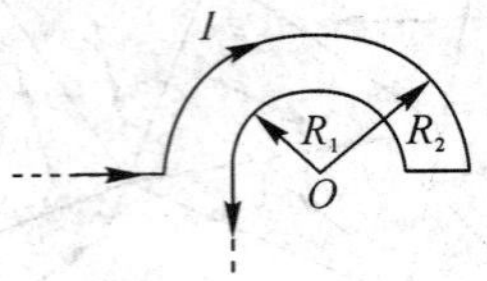

题 5.2 图

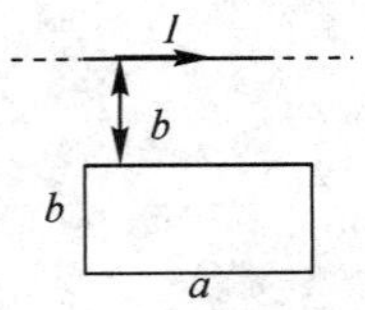

题 5.4 图

5.5　电缆由导体圆柱和一同轴的导体圆筒构成，使用时电流 I 从导体流出，从另一导体流回，电流均匀分布在横截面上。设圆柱体的半径为 R_1，圆筒的内外半径分别为 R_2 和 R_3，求电缆周围的磁感应强度大小的分布。

5.6　如图所示，半径为 R 的半圆线圈 ACD 通有电流 I_2，并置于电流强度为 I_1 的“无限长”直线电流的磁场中，直线电流 I_1 恰好过圆的直径，求半圆线圈受到的磁力。

5.7　如图所示，“无限长”直导线与一个长直薄导体板构成闭合回路，通有电流 I，导体板宽为 a，两者相距也为 a(导线与板在同一平面内)，试求导线电流与薄板电流间单位长度的作用力。

5.8　如图所示，导线框 $abcd$ 置于均匀磁场 $\boldsymbol{B}$ 中($\boldsymbol{B}$ 的方向竖直向上)，线框可绕 AA' 轴转动，线框边长均为 a. 当导线通有电流 I 时，线框转过 α 角后，达到稳定平衡. 若导线的横截面为 S，密度为 ρ，求磁感应强度的大小。

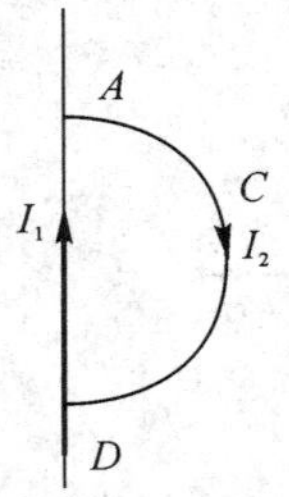

题 5.5 图

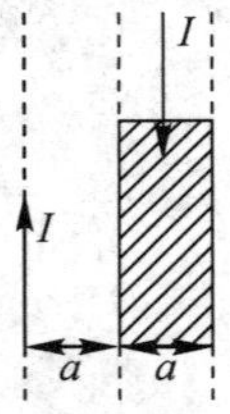

题 5.7 图

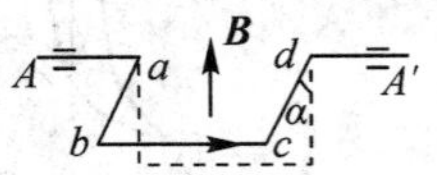

题 5.8 图

5.9　已知半径为 $R=0.10$ m 的半圆形闭合线圈，载有电流 $I=10$ A，置于均匀外磁场中，磁场方向与线圈平面平行，磁感应强度的大小为 0.5 T。

(1) 求线圈所受到的力矩；

(2) 在力矩作用下，线圈转过 90°角时，力矩做的功是多少？

5.10　已知螺绕环的平均周长 $l=10$ cm，环上线圈 $N=200$ 匝，线圈中电流 $I=100$ mA。

(1) 求管内 $\boldsymbol{B}$ 和 $\boldsymbol{H}$ 的大小；

(2) 若管内充满相对磁导率 $\mu_r=4200$ 的磁介质，则管内 $\boldsymbol{B}$ 和 $\boldsymbol{H}$ 的大小是多少？

第 6 章　变化的电磁场

本章首先介绍电动势的定义和法拉第电磁感应定律，其次讨论感应电动势的两种形式：动生、感生电动势，最后结合自感、互感现象介绍磁场能量和麦克斯韦电磁场方程组。通过本章的学习，能够加深对电场和磁场的认识，并建立起统一的电磁场概念。

6.1 电　动　势

任何闭合回路中的电流都会消耗电能，给闭合回路中的电流提供能量的装置叫做电源。电源在电路中有两个功能：一是在正、负极间提供稳定的电势差；二是为电路提供持续不断的电流。

电容器充电后，两极板间存在电势差，但其不能视为电源，现以带电电容器放电时产生的电流为例进行讨论。如图 6.1.1(a)所示，当用一根导线将充电的电容器两极板 A、B 连接时，就会有电流从 A 板通过导线流向 B 板，但这时电流不稳定，且随着正负电荷中和，极板间电势差逐渐减小直至为零，电流也将为零。由此可见，单纯地依靠电路中静电力的作用，不能维持导体两端稳定的电势差，不能形成持续的电流。

为了获得稳恒电流，必须有一种不同于静电力的力能把图 6.1.1(b)中由极板 A 经导线流向 B 的正电荷再送回到极板 A，从而使两极板间保持恒定的电势差来维持由 A 到 B 的稳恒电流。**能把正电荷从电势较低的点(如电源负极板)送到电势较高的点(如电源正极板)的作用力称为非静电力**，记作 $\boldsymbol{F}_k$。不同类型电源内载流子的类型不同，为了讨论方便，我们均以正电荷载流子为例进行讨论。不同类型的电源，非静电力的性质多种多样，如化学电池中的非静电力是化学力，发电机中的非静电力是电磁力等。

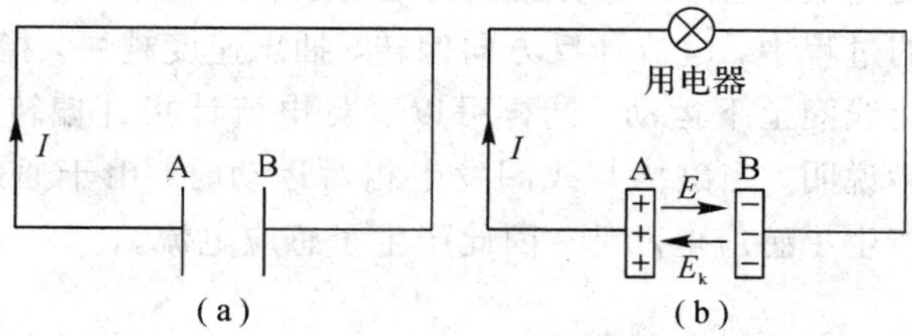

图 6.1.1　电容器与电源放电示意图

非静电力在把正电荷由负极移到正极的过程中，克服静电力并对电荷做功。根据能量守恒，在这个过程中，电源将其他形式的能量转换为电能。为了定量描述非静电力的做功本领的大小，引入电动势，**电动势**的定义为：**把单位正电荷从负极通过电源内部移到正极时，电源中的非静电力所做的功**，用 $\mathscr{E}$ 表示。如果用 A_k 表示在电源内部非静电力把正电荷 q 从负极搬到正极所做的功，则

$$\mathscr{E}=\frac{A_k}{q} \tag{6.1.1}$$

从场的观点来看，可把非静电力看作是非静电场对电荷的作用力。如用 $\boldsymbol{F}_k$ 表示正电荷 q 所受到的非静电力，用符号 $\boldsymbol{E}_k$ 表示非静电力的场强，则

$$\boldsymbol{E}_k=\frac{\boldsymbol{F}_k}{q}$$

正电荷 q 经电源内部由负极移到正极的过程中，非静电力对其所做的功为

$$A_k=\int_{-(\text{电源内})}^{+}\boldsymbol{F}_k\cdot d\boldsymbol{l}=q\int_{-(\text{电源内})}^{+}\boldsymbol{E}_k\cdot d\boldsymbol{l}$$

将式(6.1.1) 代入上式，可得

$$\mathscr{E}=\int_{-(\text{电源内})}^{+}\boldsymbol{E}_k\cdot d\boldsymbol{l} \tag{6.1.2}$$

电动势是标量，为了讨论问题方便，通常把电源内部电势升高的方向或者说从电源负极经电源内部至电源正极的方向规定为电源电动势的方向。由于电源外部 $\boldsymbol{E}_k$ 为零，所以电源电动势又可以定义为**把单位正电荷绕闭合回路一周时，电源中非静电力所做的功**，即

$$\mathscr{E}=\oint_L\boldsymbol{E}_k\cdot d\boldsymbol{l} \tag{6.1.3}$$

此定义对非静电力作用在整个回路上的情况(如感生电动势)也适用，这时电动势 $\mathscr{E}$ 的方向与回路中感应电流的方向一致。

6.2 电磁感应定律

英国物理学家化学家法拉第经过长期研究与反复实验于 1831 年提出：**不论用什么方法，只要使穿过导体闭合回路的磁通量发生变化，此回路中就会产生电流**。这一现象称为电磁感应现象，回路中产生的电流称为感应电流，而驱动感应电流的电动势则称为感应电动势。

如图 6.2.1 所示，一个空心线圈和一个电流计构成一个闭合导体回路，电路中没有电源，也没有电流。当磁棒按图中所示插入线圈时，电流计指针发生偏转，说明回路中有电流流过，而且插入的速度越快，电流计指针偏转得越厉害，当磁棒停止运动时，指针慢慢回到零位置。在磁棒抽出的过程中，电流计反方向偏转，抽出速度越快，指针偏转也越厉害。如果保持磁棒不动，而让线圈上下运动，同样可以看见电流计指针偏转，偏转程度与线圈运动速度有关。这个实验说明，当磁棒与线圈发生相对运动时，由于通过线圈中的磁通量发生了变化，在线圈中产生了感应电动势，因此产生了感应电流。

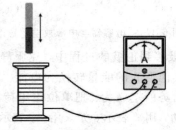

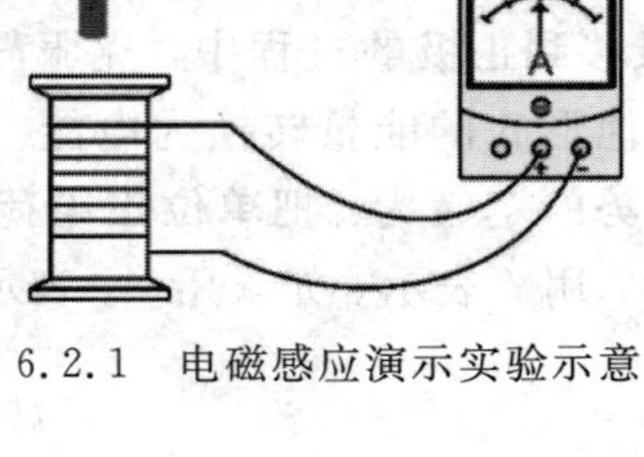

图 6.2.1　电磁感应演示实验示意图

法拉第总结大量实验研究结果后提出：**导体回路中产生的感应电动势的大小与穿过回路的磁通量的变化率成正比，这就是法拉第电磁感应定律**。如果磁通量随时间的变化率以韦伯/秒为单位，感应电动势以伏特为单位，则法拉第电磁感应定律表示为

$$\mathscr{E}_{\mathrm{i}}=-\frac{\mathrm{d}\Phi_{\mathrm{m}}}{\mathrm{d}t} \tag{6.2.1}$$

式中负号确定了感应电动势的方向。判断感应电动势方向的具体方法是：先选定回路的绕行参考正方向，然后按照右手螺旋法则确定回路所包围面积的法线正方向，计算得到磁场穿过闭合回路的磁通量 Φ_{m}，再根据磁通量随时间的变化率 $\frac{\mathrm{d}\Phi_{\mathrm{m}}}{\mathrm{d}t}$ 来判断感应电动势的方向。如果 $\frac{\mathrm{d}\Phi_{\mathrm{m}}}{\mathrm{d}t}>0$，则感应电动势为负值，其方向与选定的回路绕行方向相反；反之，如果 $\frac{\mathrm{d}\Phi_{\mathrm{m}}}{\mathrm{d}t}<0$，则感应电动势为正值，其方向与选定的回路绕行方向相同。需指出，根据上述的约定，不管在开始时选定什么样的绕行参考正方向，应用法拉第感应定律得到的感应电动势的方向和数值都是确定的，与回路中绕行方向的选择无关。

关于法拉第电磁感应定律，需要强调以下几点：

(1) 引起回路中产生感应电流的原因是回路中建立了感应电动势，感应电动势比感应电流更本质，即使回路中的电阻无穷大或回路不闭合，而使感应电流为零，但感应电动势依然存在。

(2) 回路中产生感应电动势的原因是磁通量的变化，而不是磁通量，即使磁通量很大，如果不随时间变化，也不会产生感应电动势。

(3) 法拉第电磁感应定律数学表达式中的负号表明产生的感应电动势总是阻碍原磁通量的变化。楞次于 1833 年总结出了判断感应电流方向的定律：**闭合回路中，感应电流的方向总是使得它自身所产生的磁通量反抗引起感应电流的磁通量的变化**。这一结论又**称为楞次定律**。

式(6.2.1)只适用于单匝导体回路。如果回路是 N 匝串联的线圈，则整个线圈的感应电动势等于各匝线圈中感应电动势之和。如果穿过单匝线圈的磁通量为 Φ_{mi}，则

$$\mathscr{E}_{\mathrm{i}}=-\frac{\mathrm{d}}{\mathrm{d}t}\left(\sum_{i=1}^{N}\Phi_{\mathrm{mi}}\right)=-\frac{\mathrm{d}\Psi}{\mathrm{d}t} \tag{6.2.2}$$

式中 $\Psi_{\mathrm{m}}=\sum_{i=1}^{N}\Phi_{\mathrm{mi}}$，是穿过各个线圈的总磁通量，也称为**磁通链**。如果穿过各线圈的磁通量相同，则穿过 N 匝线圈的总磁通量 $\Psi_m=N\Phi_{\mathrm{mi}}$，这时：

$$\mathscr{E}_{\mathrm{i}}=-\frac{\mathrm{d}\Psi_{\mathrm{m}}}{\mathrm{d}t}=-N\frac{\mathrm{d}\Phi_{\mathrm{mi}}}{\mathrm{d}t} \tag{6.2.3}$$

法拉第电磁感应定律是计算感应电动势的一种普遍适用的方法。

例 6.2.1 长直导线中载有恒定电流 I，在它旁边平行放置一匝数为 N，长为 l_1，宽为 l_2 的矩形线框 $abcd$，如图 6.2.2 所示。$t=0$ 时，ad 边离长直导线的距离为 r_0。设矩形线框以匀速 $\boldsymbol{v}$ 垂直导线向右运动，求任意 t 时刻线框中感应电动势的大小和方向。

解 载流长直导线周围空间是一非均匀磁场，当线圈向右运动时，通过线圈的磁通量将发生变化，为求感应电动势，需要先求出任意 t 时刻通过线圈的磁通量。为此，选取顺时针方向作为线圈绕行参考正方向，则线圈法线 $\boldsymbol{n}$ 的方向垂直纸面向里。取距离长直导线 r

的矩形小面积元 $\mathrm{d}\boldsymbol{S}=l_1\mathrm{d}r\boldsymbol{n}$，电流 I 在小面积元处产生的磁感应强度为 $\boldsymbol{B}=\frac{\mu_0 I}{2\pi r}\boldsymbol{n}$，$t$ 时刻穿过面元的磁通量为

$$\mathrm{d}\Phi_{\mathrm{m}}=\boldsymbol{B}\cdot\mathrm{d}\boldsymbol{S}=\frac{\mu_0 I l_1}{2\pi r}\mathrm{d}r$$

t 时刻通过每匝线圈的磁通量为

$$\Phi_{\mathrm{m}}=\int_S\boldsymbol{B}\cdot\mathrm{d}\boldsymbol{S}=\int_{r_0+vt}^{r_0+l_2+vt}\frac{\mu_0 I l_1}{2\pi r}\mathrm{d}r=\frac{\mu_0 I l_1}{2\pi}\ln\frac{r_0+l_2+vt}{r_0+vt}$$

N 匝线圈中的感应电动势为

$$\mathscr{E}=-N\frac{\mathrm{d}\Phi_{\mathrm{m}}}{\mathrm{d}t}=\frac{N\mu_0 I l_1 l_2 v}{2\pi(r_0+vt)(r_0+l_2+vt)}$$

$\mathscr{E}$ 为正值，故感应电动势的方向与所选取绕行正方向一致，为顺时针方向。

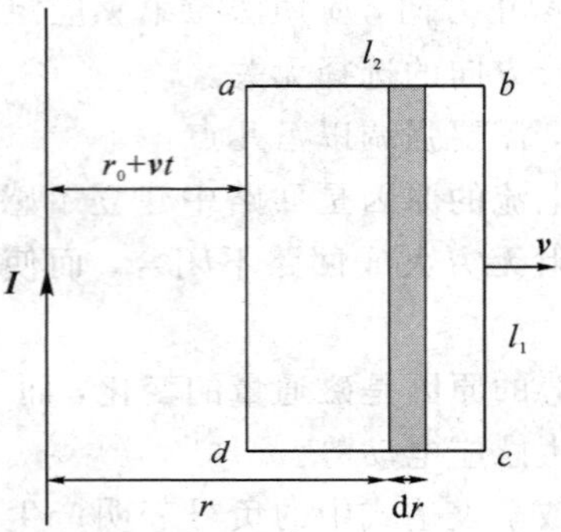

图 6.2.2 例 6.2.1 图

6.3 动生电动势和感生电动势

为了对电磁感应现象有进一步的了解，下面我们按照磁通量变化的原因的不同，分两种情况具体讨论。一种是导体回路或其中一部分在磁场中有相对于磁场的运动，这样产生的电动势称为动生电动势。另一种是导体不动，因磁场的变化而产生的感应电动势，称为感生电动势。

一、动生电动势

产生动生电动势的原因可以用运动电荷受到的洛伦兹力加以解释。如图 6.3.1 所示，匀强磁场 $\boldsymbol{B}$(垂直纸面向里)中，放置一 U 型金属导轨，长为 l 的导体棒可在导轨上无摩擦地滑动，与导轨构成的矩形回路 $abcd$。当导体棒以速度 $\boldsymbol{v}$ 沿导轨向右滑动时，导体棒内的自由电子也以速度 $\boldsymbol{v}$ 随之运动。此时，电子将受到磁场的洛伦兹力作用，即

$$\boldsymbol{f}_{\mathrm{e}}=(-e)\boldsymbol{v}\times\boldsymbol{B}$$

$\boldsymbol{f}_{\mathrm{e}}$ 的方向沿纸面向下。在该洛伦兹力作用下，大量自由电子向下定向漂移运动，从而引起负电荷在导体棒的下端积累，正、负电荷在棒的两端的累计导致在棒的内部建立一个自上而下的静电场。当导体中的电子受到的洛伦兹力和电场力达到平衡时，就会在导体棒 ab 两

端形成稳定的电势差，b 端电势高于 a 端电势。此时，这段运动的导体棒相当于电源，它的非静电力是洛伦兹力，电源的电动势就是动生电动势。

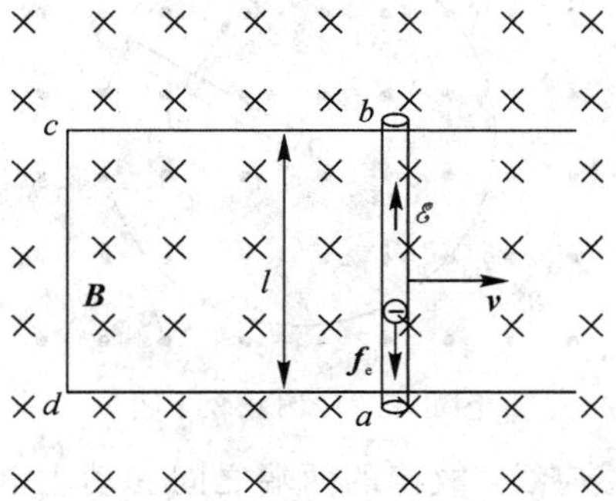

图 6.3.1　动生电动势

我们知道，电动势的定义为把单位正电荷从电源的负极通过电源内部移动到正极过程中，非静电力所做的功。对于动生电动势，作用于单位正电荷上的非静电力(即非静电性电场强度 $\boldsymbol{E}_k$)是洛伦兹力，即

$$\boldsymbol{E}_k=\frac{\boldsymbol{f}_e}{-e}=\boldsymbol{v}\times\boldsymbol{B}$$

所以，ab 导线中的动生电动势为

$$\mathscr{E}_{ab}=\int_{-}^{+}\boldsymbol{E}_k\cdot\mathrm{d}\boldsymbol{l}=\int_a^b(\boldsymbol{v}\times\boldsymbol{B})\cdot d\boldsymbol{l}$$

从以上讨论中可以看出，动生电动势只可能存在运动的这段导体上，而不动的导体上没有电动势，它只是提供了电流可运行的通路。若运动的导体不构成回路，则在导体上虽然没有感应电流，但仍可能有动生电动势，此时导体相当于一个开路的电源。至于动生电动势的大小和方向，这要看导体在磁场中怎么运动。例如，若导体平行于磁场方向运动，根据洛伦兹力来判断，此时没有动生电动势；若导体横切磁场方向运动，则有动生电动势。因此，有时形象地说成“导体做切割磁感应线运动时产生动生电动势”。

对于一般情况，在磁场中安放一任意形状的导线 L，当它在任意稳恒磁场中运动或者形变时，其上的线元 $\mathrm{d}l$ 的速度 v 的大小和方向都可能不同，各线元 dl 所在处的磁感应强度 $\boldsymbol{B}$ 的大小和方向也可能不同，此时导线上的动生电动势可由线元上的动生电动势 $\mathrm{d}\mathscr{E}$ 积分得到，即

$$\mathscr{E}=\int_L(\boldsymbol{v}\times\boldsymbol{B})\cdot\mathrm{d}\boldsymbol{l}\tag{6.3.1}$$

这个公式提供了另一种计算感应电动势的方法。

也许会产生这样的问题：洛伦兹力始终与带电粒子的运动方向垂直，即它对电荷的运动是不做功的，而这里又说动生电动势是由洛伦兹力做功引起的，两者岂不是矛盾？希望读者自己探讨这个问题，这里作两点提示：一是导体中电子除了随导体一起定向运动外，形成电流时还有定向的漂移速度，其在磁场中真正的洛伦兹力并不是上面分析的那么简单；二是要使导体能够在磁场中持续运动下去，必须有外力作用于导体，导体作为电源的能量其实来自于外力的功。

例 6.3.1　长度为 L 的一根铜棒，其一端在垂直纸面向外的均匀磁场中以角速度 ω 旋

转，角速度的方向与磁场平行，如图 6.3.2 所示。求这根铜棒两端的电势差 U_{OA}。

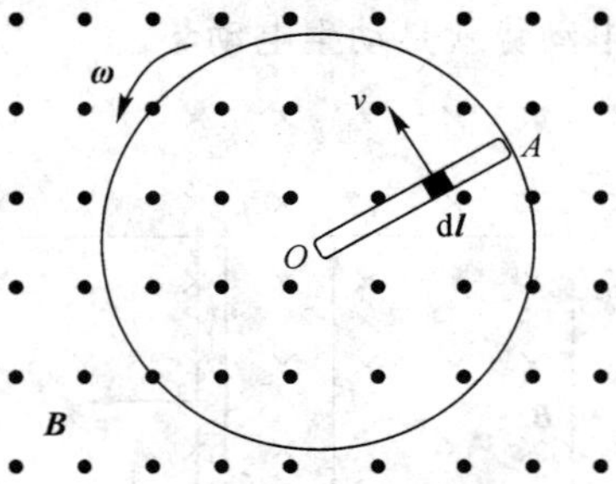

图 6.3.2　例 6.3.1 图

解　铜棒旋转时切割磁感应线，故棒的两端之间有动生电动势。由于棒上每一小段 dl 的速度不同，计算动生电动势应运用式(6.3.1)。设 $d\boldsymbol{l}$ 处的速度为 $v=\omega l$，这一小段上产生的动生电动势为

$$d\mathscr{E}=(\boldsymbol{v}\times\boldsymbol{B})\cdot d\boldsymbol{l}=vBdl=B\omega l dl$$

则整根铜棒上产生的电动势为

$$\mathscr{E}=\int d\mathscr{E}=\int_0^L B\omega l\,dl=\frac{1}{2}B\omega L^2$$

这里动生电动势的方向是由 O 指向 A 的，因此 O 端的电势比 A 端的电势低，两者相差 $\mathscr{E}$，所以

$$U_{OA}=-E=-\frac{1}{2}B\omega L^2$$

二、感生电动势

用洛伦兹力能够很好地解释动生电动势，但当导体或者回路不动时，由于磁场变化而激发的电动势无法用前面的分析来解释。导体没有运动即没有宏观的运动速度，磁场分布变化时，能够在导体中产生感应电动势说明带电粒子一定受到力的作用，但这种力不是洛伦兹力。1861 年，麦克斯韦在分析电磁感应现象的基础上，大胆地提出了感生电场的假设：**变化的磁场在周围空间激发出电场线为闭合曲线的电场，称其为感生电场或者涡旋电场**，其电场强度用 $\boldsymbol{E}_v$ 表示。产生感生电动势的非静电力就是这个涡旋电场力。后来大量地实验证实了麦克斯韦假设的正确性。

在变化的磁场中，涡旋电场力作为非静电力使固定不动的导体回路产生感应电动势，这种由变化磁场产生的感应电动势称为感生电动势。根据电动势的定义和法拉第电磁感应定律可以得到

$$\mathscr{E}=\oint_L \boldsymbol{E}_v\cdot d\boldsymbol{l}=-\frac{d\Psi}{dt}=-\frac{d}{dt}\iint_S \boldsymbol{B}\cdot d\boldsymbol{S} \tag{6.3.2}$$

当回路固定不动时，磁通量的变化仅来自磁场的变化，上式可以改写为

$$\mathscr{E}=\oint_L \boldsymbol{E}_v\cdot d\boldsymbol{l}=-\iint_S \frac{\partial\boldsymbol{B}}{\partial t}\cdot d\boldsymbol{S} \tag{6.3.3}$$

式(6.3.3)说明在变化的磁场中，涡旋电场强度对任意闭合路径的线积分等于这一闭合路径所包围的面积上的磁通量的变化率。式中的负号表示 $\boldsymbol{E}_v$ 与 $\frac{\partial\boldsymbol{B}}{\partial t}$ 构成左手螺旋关系。

如果空间同时存在静电场 $\boldsymbol{E}_e$，则总的电场 E 等于涡旋电场 $\boldsymbol{E}_v$ 与静电场 $\boldsymbol{E}_e$ 的矢量和，根据静电场的环路定理知 $\oint_L \boldsymbol{E}_e \cdot d\boldsymbol{l}=0$，不难得到：

$$\mathscr{E}=\oint_L \boldsymbol{E}\cdot d\boldsymbol{l}=-\int_S \frac{\partial \boldsymbol{B}}{\partial t}\cdot d\boldsymbol{S} \tag{6.3.4}$$

式(6.3.4)是静电场环路定理的推广，当空间中不存在磁场或者磁场不随时间变化时，此式为静电场的环路定理；当空间中不存在静电场时，此式表示感生电场的环路定理。

涡旋电场和静电场的共同之处是：它们都是自然界中客观存在的物质，它们对电荷都能施加力的作用。它们的不同之处在于：涡旋电场是由变化的磁场激发的，其电场线是一系列闭合的曲线，所以它的环流 $\oint_L \boldsymbol{E}_v \cdot d\boldsymbol{l}$ 通常不为零，因此感生电场不是保守场；而静电场是保守场。

在以上的讨论中，我们把感应电动势分成动生电动势和感生电动势，这种分法其实有一定的相对性。例如图 6.2.1 所示的情形，如果以线圈为静止的参考系来观察，磁棒的运动引起空间的磁场发生变化，线圈内的电动势是感生的；但如果我们在以磁棒一起运动的参考系来观察，则磁棒是静止的，空间磁场未发生变化，由于线圈的运动产生感应电动势，因而线圈内的电动势是动生的。所以，由于运动是相对的，同一感应电动势在某参考系内看是感生的，在另一参考系内看则可能是动生的。然而，我们也必须看到，参考系的变换只能在一定程度上消除动生和感生的界限，在普遍情况下不可能通过参考系的变换，把感生电动势完全归结为动生电动势，反之亦然。

例 6.3.2　如图 6.3.3 所示，一半径为 R 的长直螺线管中载有变化电流，管内磁场分布均匀，当磁感应强度以恒定变化率 $\frac{\partial \boldsymbol{B}}{\partial t}$ 增加时，求管内外的 $\boldsymbol{E}_v$，并计算同心圆形导体回路中的感应电动势。

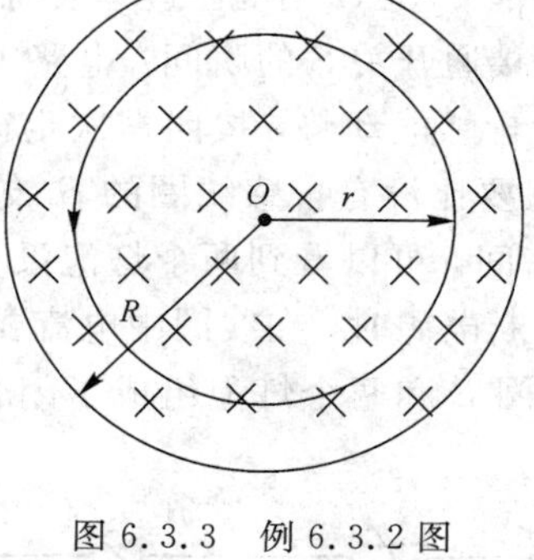

图 6.3.3　例 6.3.2 图

解　电流变化引起螺线管内磁场变化，变化的磁场在螺线管的内外激发出有旋电场。由于磁场分布具有对称性，因此有旋电场的电场线是一簇圆心在螺线管轴线上的圆，并且任意一个圆上各点的 E_v 都相等。任取一个圆作为积分回路 L，半径为 r，将 E_v 沿逆时针方向积分，有

$$\mathscr{E}=\oint_L \boldsymbol{E}_v\cdot d\boldsymbol{l}=\oint_L E_v dl=E_v\oint_L dl=E_v 2\pi r$$

根据式(6.3.4)，可得到

$$E_v 2\pi r=\frac{\partial B}{\partial t}\pi r^2$$

$$E_v=\frac{r}{2}\frac{\partial B}{\partial t}$$

$$\mathscr{E}=\pi r^2\ \frac{\partial B}{\partial t}$$

$\mathscr{E}$ 的方向与 E_v 的方向同向，为逆时针方向。

在管外，即 $r>R$ 区域，各处的 $B=0$，$\frac{\partial B}{\partial t}=0$，故

$$\mathscr{E}=E_v 2\pi r=\pi R^2\ \frac{\partial B}{\partial t}$$

因此有

$$E_v=\frac{R^2}{2r}\frac{\partial B}{\partial t}$$

E_v 线的方向与 $\mathscr{E}$ 的方向都是沿逆时针方向。

6.4 自感与互感

一、自感

当一线圈回路中的电流变化时，它所激发的磁场穿过线圈自身的磁通量也将变化，从而使线圈产生感应电动势。**这种因线圈中电流变化而在线圈自身引起的电磁感应现象叫做自感现象**；所产生的电动势叫做自感电动势，用 $\mathscr{E}_L$ 表示。

自感现象可以通过下述实验来观察。图 6.4.1 所示的电路中，S_1 和 S_2 是两个规格相同的灯泡，L 是自感线圈，实验前调节变阻器 R 使其电阻阻值和线圈 L 的电阻值相等。当接通开关 S 的瞬间，可以观察到灯泡 S_2 比 S_1 后亮，过一段时间后两灯泡才达到同样的亮度。这个实验现象可以解释如下：当接通开关 S 的瞬间，电路中的电流由零开始增加，在 S_2 支路中，电流的变化使线圈中产生自感电动势，按照楞次定律，自感电动势要阻碍电流的增加，因此在 S_2 支路中电流的增大要比没有自感线圈的 S_1 支路缓慢，于是灯泡 S_2 也比 S_1 亮得缓慢些。当把开关 S 断开的瞬间，可以看到两个灯泡没有立即熄灭，而是更亮一些之后再缓慢地暗下去。这是因为当切断电源时，在线圈中电流要快速减小，而产生自感电动势，这时，虽然电源已经断开，但线圈 L 和两个灯泡组成了闭合回路，自感电动势在回路中引起感应电流。

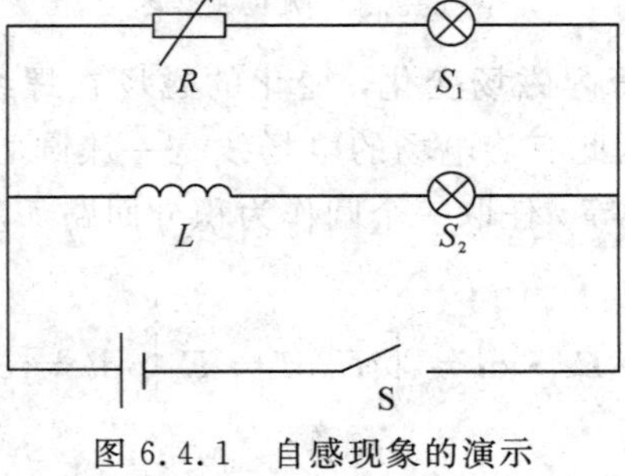

图 6.4.1　自感现象的演示

现在以长直螺线管为例，讨论自感电动势的大小和哪些因素有关。设有一无铁芯的长直螺线管，长为 l，截面半径为 R，管上绕组的总匝数为 N，假设螺线管中通有电流 I，对于一根密绕线圈的长直螺旋管，忽略漏磁和管两端磁场的边缘效应，把磁场近似地看作在管内均匀分布，则线圈中各点的磁感应强度为

$$B=\frac{\mu_0 NI}{l}$$

穿过 N 匝线圈的磁通链数为

$$\Psi_m=\frac{\mu_0 N^2 I}{l}\pi R^2$$

当线圈中的电流 I 变化时，在 N 匝线圈中产生的自感电动势为

$$\mathscr{E}_L=-\frac{\mathrm{d}\Psi}{\mathrm{d}t}=-\frac{\mu_0 N^2\pi R^2}{l}\frac{\mathrm{d}I}{\mathrm{d}t}$$

整理上式可写为下列形式：

$$\mathscr{E}_L=-L\frac{\mathrm{d}I}{\mathrm{d}t} \tag{6.4.1}$$

式(6.4.1)反映了自感电动势与电流变化率之间的关系，其中的符号表明：当线圈回路中的$\frac{\mathrm{d}I}{\mathrm{d}t}>0$ 时，$\mathscr{E}<0$，即自感电动势与电流方向相反；反之，当$\frac{\mathrm{d}I}{\mathrm{d}t}<0$ 时，$\mathscr{E}>0$，即自感电动势与电流方向相同，说明自感电动势总是反抗流过线圈回路中电流的变化。式中的 $L=\frac{\mu_0 N^2\pi R^2}{l}$，体现了**回路产生自感电动势来反抗电流变化的能力，称为该回路中的自感系数**，简称自感。L 的大小与线圈的几何形状、匝数等因素有关，如同电阻和电容一样，自感是自感元件的一个参量。

对于一个任意形状的回路，当回路中电流变化时，会引起回路自身磁通链数的变化，从而激发出感应电动势为

$$\mathscr{E}_L=-\frac{\mathrm{d}\Psi}{\mathrm{d}t}=-\frac{\mathrm{d}\Psi}{\mathrm{d}I}\frac{\mathrm{d}I}{\mathrm{d}t}=-L\frac{\mathrm{d}I}{\mathrm{d}t} \tag{6.4.2}$$

式中：

$$L=\frac{\mathrm{d}\Psi}{\mathrm{d}I} \tag{6.4.3}$$

是回路中的自感，它等于回路中的电流变化单位值时，在回路本身所围面积内引起磁通链数的改变值。根据式(6.4.2)，对不同的回路，在电流变化率$\frac{\mathrm{d}I}{\mathrm{d}t}$相同的条件下，回路中的 L 越大，产生的 E_L 越大，电流越不容易变化。换句话说，自感作用越强的回路，保持其回路中电流不变的性质越强。自感系数 L 的这一特性与力学中的质量 m 相似，所以常把自感 L 不太确切地称为“电磁惯量”。

如果回路的几何形状保持不变，而且在它的周围空间中没有铁磁性物质，那么根据毕奥-萨法尔定律，空间中任一点的磁感应强度 $\boldsymbol{B}$ 与回路中的电流成正比，通过回路所围面积的磁通链数 Ψ_m 也与 I 成正比，式(6.4.3)可写为

$$L=\frac{\Psi}{I} \tag{6.4.4}$$

式(6.4.4)可作为不存在铁磁性物质时回路自感的定义，即回路自感的大小等于回路中电流为单位值时穿过这个回路所围面积的磁通链数，它仅与回路结构和周围介质分布等因素有关，而和回路中的电流无关。如果回路周围有铁磁性物质存在，则通过回路所围面积的磁通链数和回路中的电流不呈线性关系，在这种情况下，从自感的一般定义式(6.4.2)可知，回路的自感 L 与电流 I 有关，将不是常量。

在国际单位制中，自感的单位为亨利(H)，实用上也常用毫亨(mH)与微亨(μH)作为自感的单位。

自感应现象在电工、电子技术中的应用很广泛。例如利用线圈具有阻碍电流变化的特性，可以稳定电路中的电流；无线电设备中常常以线圈和电容器构成谐振电路或者滤波器等。但在供电系统中切断载有强大电流的电路时，由于电路中的自感元件的作用，开关处会出现强烈的电弧，因此应设法避免。

二、互感

如图 6.4.2 所示，两个相邻的线圈 1 和 2，分别通有电流 I_1、I_2，当其中的一个线圈的电流发生变化时，根据法拉第电磁感应定律，在另一个线圈中将产生感应电动势，这种现象称为互感应现象，相应的电动势称为**互感电动势**。很明显，线圈中的**互感应电动势**，不仅与线圈的电流变化快慢有关，而且与两个线圈的结构和相对位置有关。

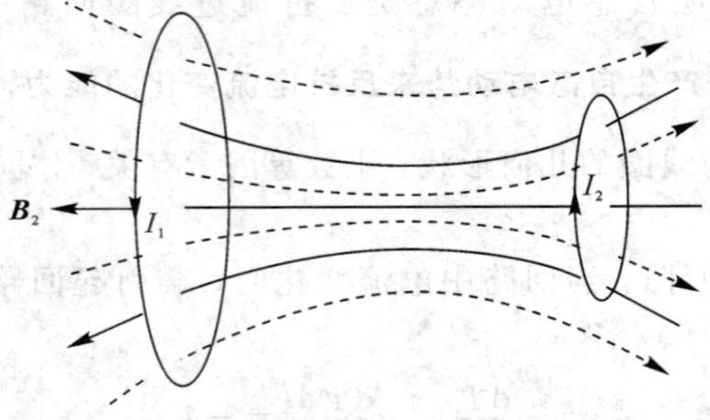

图 6.4.2　互感现象

假设两个线圈回路的形状、相对位置和周围磁介质的磁导率都保持不变，根据毕奥-萨伐尔定律，I_1 在周围空间中任意一点产生的磁感应强度都与 I_1 成正比，因此 1 线圈产生的磁场穿过 2 线圈的磁通量 Φ_{m21} 也必然和 I_1 成正比，即

$$\Phi_{m21} = M_{21} I_1 \tag{6.4.5}$$

同理：

$$\Phi_{m12} = M_{12} I_2$$

上面两式中 M_{21}、M_{12} 是两个比例系数，只与两个线圈回路的形状、大小和周围磁介质的磁导率有关。可以证明 $M_{21} = M_{12}$，我们统一用 M 来表示，称为**线圈的互感系数**。

根据法拉第电磁感应定律，在线圈回路的形状、大小、相对位置及周围磁介质的磁导率不变的情况下，电流 I_1 在 2 线圈中产生的互感电动势为

$$\mathscr{E}_{21} = -M \frac{\mathrm{d}I_1}{\mathrm{d}t} \tag{6.4.6}$$

同理，电流 I_2 在 1 线圈中产生的互感电动势为

$$\mathscr{E}_{12}=-M\frac{\mathrm{d}I_2}{\mathrm{d}t}$$

常用上面两式求互感电动势的大小，用楞次定律判断互感电动势的方向。式(6.4.6)也可作为互感的定义式，它表明互感等于一个回路中有一个单位的电流变化率时在另一个回路中产生的互感电动势，即互感描述两回路相互激发感应电动势的能力。在国际单位中，互感系数的单位也是亨利。自感系数、互感系数通常都由实验测定。

当两个有互感耦合的线圈串联时，由于有互感的存在，其总的自感系数可以表示为 $L=L_1+L_2\pm 2M$，其中 L_1、L_2、M 分别表示两个自感线圈的自感系数和它们之间的互感系数，正负号取决于两个自感线圈的串联是正串(两个线圈产生的磁场方向相同)还是反串(两个线圈产生的磁场方向相反)。两个线圈之间的互感系数，可以用各自的自感系数及耦合系数表示为

$$M=k\sqrt{L_1L_2}$$

式中 L_1、L_2 是两线圈各自的自感，k 为线圈间的耦合系数。一般地，$k\leqslant 1$。$k=1$ 称为两回路完全耦合，这只有在没有磁漏，即两回路中每个回路产生的磁通量都完全通过另一个回路时才能实现。绕在同一圆筒上的两个长直密绕螺线管，以及在一个铁芯上的两个线圈，可以近似看作是完全耦合的。

互感现象被广泛应用于无线电技术和电磁测量中，各种电源变压器、电压互感器、电流互感器等都是利用互感原理制造的。此外，电路之间的互感也会引起相互间干扰，必须采用磁屏蔽的方法来减少这样的干扰。

6.5　磁场能量

一、自感磁能

自感为 L 的线圈与电源接通，线圈中的电流 i 将由零增大至恒定值 I。这一电流变化在线圈中所产生的自感电动势与电流的方向相反，起着阻碍电流增大的作用，因此自感电动势 $\mathscr{E}=-L\dfrac{\mathrm{d}i}{\mathrm{d}t}$ 做负功。在建立电流 I 的整个过程中，外电源不仅要供给电路中产生焦耳热的能量，而且还要反抗自感电动势做功 W，即

$$W=\int\mathrm{d}W=\int_0^{\infty}(-\mathscr{E})i\,\mathrm{d}t=\int_0^{\infty}\left(L\frac{\mathrm{d}i}{\mathrm{d}t}\right)i\,\mathrm{d}t=\int_0^{I}Li\,\mathrm{d}i=\frac{1}{2}LI^2$$

电源反抗自感电动势所做的功转化为储存在线圈中的能量，称为**自感磁能**，即

$$W_{\mathrm{m}}=\frac{1}{2}LI^2 \tag{6.5.1}$$

与电容储能作用一样，自感线圈也是储能元件。在图 6.4.1 中，切断开关后，灯泡 S 不立即熄灭就是线圈中所存储的磁能通过自感电动势做功全部释放出来的，变成灯泡 S 在很短时间内的所发出的光能和热能。

二、磁场能量

与电场一样，磁能是定域在磁场中的。接下来从通电自感线圈储存自感磁能的公式导

出磁场的能量密度公式。

以螺线管为例，已知长直密绕螺线管的自感系数 $L=\mu_0 n^2 V$，如果管内充满各向同性磁介质(非铁磁质)，则 $L=\mu n^2 V$，μ 为磁介质的磁导率。当螺线管通以电流 I 时，它所储存的磁场能量为

$$W_m=\frac{1}{2}LI^2=\frac{1}{2}\mu n^2 VI^2 \tag{6.5.2}$$

因为长直螺线管内 $B=\mu nI$，所以

$$W_m=\frac{1}{2}\frac{B^2}{\mu}V \tag{6.5.3}$$

式中 V 是螺线管内部空间体积，也就是磁场存在的空间体积。由于螺线管内部是均匀磁场，所以单位体积内的磁场能量 w_m 为

$$w_m=\frac{W_m}{V}=\frac{1}{2}\frac{B^2}{\mu} \tag{6.5.4}$$

w_m 称为**磁场能量密度**。虽然式(6.5.4)是从一个特例推导得到的，但可以证明在非均匀磁场的情况也是成立的。一般情况下，磁能密度是空间位置的函数。要求解不均匀磁场的磁场能量，可把磁场所在的空间划分为无数个体积元，任一体积元 dV 内的磁能为

$$dW_m=w_m dV=\frac{1}{2}\frac{B^2}{\mu}dV$$

有限体积 V 内的磁能则为

$$W_m=\int_V dW_m=\frac{1}{2}\int_V \frac{B^2}{\mu}dV \tag{6.5.5}$$

对于一个载流线圈储存的磁场能量可以有如下表示：

$$W_m=\frac{1}{2}LI^2=\int_V \frac{1}{2}\frac{B^2}{\mu}dV \tag{6.5.6}$$

这为自感 L 提供了另外一种计算方法，即磁能法定义自感：

$$L=\frac{2W_m}{I^2} \tag{6.5.7}$$

例 6.5.1　如 6.5.1 所示，一长同轴电缆由半径为 R_1 的内圆柱体和半径为 R_2 的圆筒同轴组成，其间充满磁导率为 μ 的磁介质，内外导体中通有大小相等、方向相反的轴向电流 I，且电流在圆柱体内均匀分布，求长为 l 的一段电缆内所储存的磁能。

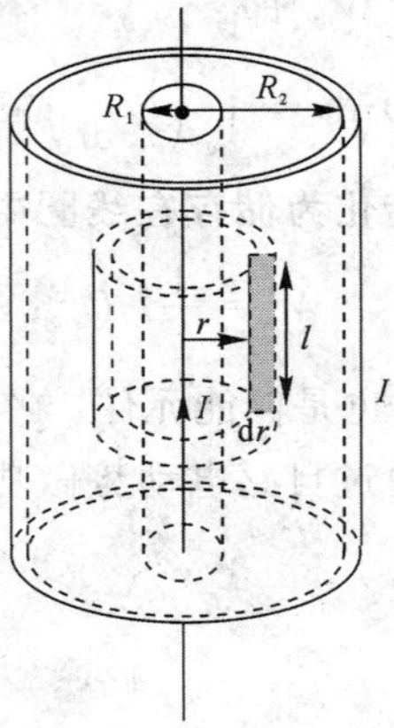

图 6.5.1　例 6.5.1 图

解　根据安培环路定理，可求得圆柱体与圆筒之间、离轴线距离为 r 处的磁感应强度为

$$B=\frac{\mu I}{2\pi r}\quad (R_1<r<R_2)$$

此处的磁能密度为

$$w_{m1}=\frac{B^2}{2\mu}=\frac{\mu I^2}{8\pi^2 r^2}$$

两导体间磁能密度是 r 的函数。取半径为 r，厚为 $\mathrm{d}r$，长为 l 的圆柱壳体积 $\mathrm{d}V$ 作为体积元，则 $\mathrm{d}V=2\pi r l\mathrm{d}r$，其中的磁能为

$$\mathrm{d}W_{m1}=w_{m1}\mathrm{d}V=\frac{\mu I^2}{8\pi^2 r^2}2\pi r l\mathrm{d}r=\frac{\mu I^2 l\mathrm{d}r}{4\pi r}$$

所以储存在长为 l 的内外两载流导体之间的总磁能为

$$W_{m1}=\int \mathrm{d}W_{m1}=\int_{R_1}^{R_2}\frac{\mu I^2 l\mathrm{d}r}{4\pi r}=\frac{\mu I^2 l}{4\pi}\ln\frac{R_2}{R_1}$$

由于在内圆柱体横截面内，电流是均匀分布的，根据安培环路定理可求得此圆柱体内的磁感应强度 $\boldsymbol{B}$ 的大小为

$$B=\frac{\mu_0 I r}{2\pi R_1^2}$$

因导体的磁导率接近于真空中的磁导率，故导体中的磁导率取为 μ_0。用上述同样的方法，可求出长为 l 的圆柱体内储存的磁能为

$$W_{m2}=\int_V \frac{B^2}{2\mu_0}\mathrm{d}V=\int_0^{R_1}\frac{\mu_0 I^2 l r^3\mathrm{d}r}{4\pi R_1^4}=\frac{\mu_0 I^2 l}{16\pi}$$

所以载有电流 I，长为 l 的同轴电缆内所储存的总磁能为

$$W_m=W_{m1}+W_{m2}=\frac{\mu I^2 l}{4\pi}\ln\frac{R_2}{R_1}+\frac{\mu_0 I^2 l}{16\pi}$$

注意，若已知 W_m，则有 $W_m=\frac{1}{2}LI^2$ 可求得自感系数 L。此处长为 l 的同轴电缆的自感系数 L 为

$$L=\frac{\mu l}{2\pi}\ln\frac{R_2}{R_1}+\frac{\mu_0 l}{8\pi}$$

选择适当的电缆尺寸，使 $\frac{\mu_0 l}{8\pi}$ 相对 $\frac{\mu l}{2\pi}\ln\frac{R_2}{R_1}$ 可忽略不计；或者电缆的内导体不是圆柱体，而是空心圆筒，则由于筒内磁场为零，$\frac{\mu_0 l}{8\pi}$ 项不存在，这时单位长度同轴电缆的自感即为

$$L=\frac{\mu l}{2\pi}\ln\frac{R_2}{R_1}$$

6.6　麦克斯韦电磁场方程组

麦克斯韦在前人实践的基础上提出：变化的磁场可以产生涡旋电场及变化的电场(位移电流)可以产生磁场两个假设，并用一组方程概括了全部电场和磁场的性质和规律，建立

了完整的电磁场理论基础。本节介绍麦克斯韦理论的基本概念及其积分方程组。

一、位移电流

我们知道，恒定电流的磁场遵从安培环路定理，即

$$\oint_L \boldsymbol{H} \cdot \mathrm{d}\boldsymbol{l} = \sum_{(L内)} I_i$$

式中的电流是穿过以闭合曲线 L 为边界的任意曲面 S 的传导电流(电荷定向运动形成的电流)。以确定的闭合曲线 L 为边界的曲面 S 有无限多个，在恒定电流的情况下，电流恒是闭合的，这样穿过同一个闭合曲线 L 为边界的不同曲面的电流恒相等，那么对于非恒定电流产生的磁场，安培环路定理是否还适用呢?

例如在电容器充电过程中，如图 6.6.1 所示，在电容器的一个极板附近，任取一包围载流导线的闭合曲线 L，以 L 为边界作 S_1 和 S_2 两个曲面。当把安培环路定理分别应用于曲面 S_1 和 S_2 上时，结果有差异。对于曲面 S_1，因有传导电流 I 穿过该面，故有

$$\oint_L \boldsymbol{H} \cdot \mathrm{d}\boldsymbol{l} = I$$

对于曲面 S_2，它伸展到电容器两极板之间，不与导体相交，则穿过该曲面的传导电流为零，因此有

$$\oint_L \boldsymbol{H} \cdot \mathrm{d}\boldsymbol{l} = 0$$

于是在非恒定磁场中，把安培环路定理应用到以同一闭合曲线 L 为边界的不同曲面时，得到完全不同的结果。

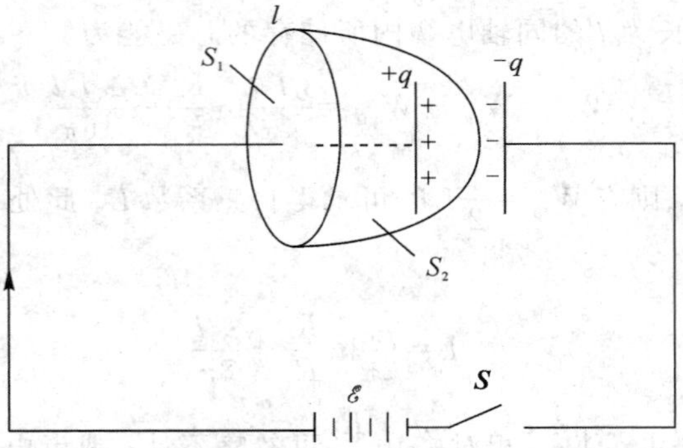

图 6.6.1

麦克斯韦认为上述矛盾的出现，是由于把 $\boldsymbol{H}$ 的环流认为唯一的由传导电流决定，而传导电流在电容器两极板间却中断了。他注意到，在电容器充电(或放电)过程中，电容器极板间虽无传导电流，却存在着电场，电容器极板上的自由电荷 q 随时间变化形成传导电流的同时，极板间的电场、电位移也随时间变化着。设极板面积为 S，某时刻极板上的自由电荷面密度为 σ，则电位移 $D=\sigma$，于是极板间的电位移通量 $\Phi_D = DS = \sigma S$。电位移通量的时间变化率为

$$\frac{\mathrm{d}\Phi_D}{\mathrm{d}t} = \frac{\mathrm{d}(DS)}{\mathrm{d}t} = \frac{\mathrm{d}q}{\mathrm{d}t} \tag{6.6.1}$$

式中：$\frac{dq}{dt}$为导线中的传导电流。由式(6.6.1)可知，穿过 S_2 曲面的电位移通量变化率$\frac{d\Phi_D}{dt}$与穿过 S_1 曲面的传导电流$\frac{dq}{dt}$大小相等。麦克斯韦把$\frac{d\Phi_D}{dt}$称为位移电流 I_D，即

$$I_D = \frac{d\Phi_D}{dt} \tag{6.6.2}$$

引入位移电流概念后，在电容器极板处中断的传导电流 I 被位移电流$\frac{d\Phi_D}{dt}$接替，使电路中电流保持连续不断。**传导电流和位移电流之和称为全电流**。在非恒定情况下，全电流 $I+I_D$ 是保持连续的。前面讲过，在非恒定情况下，应用安培环路定理出现的问题就在于电流不连续，现在有了位移电流，这就使得全电流在非恒定情况下保持连续。很自然地，我们将非恒定情况下安培环路定理应推广为

$$\oint_L \boldsymbol{H} \cdot d\boldsymbol{l} = I + I_D \tag{6.6.3}$$

该式称为**全电流安培环路定理**。它表明不仅传导电流能产生有旋磁场，位移电流也能产生有旋磁场。需要提醒注意的是，位移电流只表示电位移通量的变化率，不是真实的电荷在空间运动。之所以把电位移通量的变化率称为电流，仅仅是因为它在产生磁场这一点上和传导电流一样。显然，形成位移电流不需要导体，它不会产生焦耳热，即使在真空中仍可以有位移电流存在。

综上所述，位移电流产生的磁场也是有旋场，根据式(6.6.3)，I_D 的方向与 $\boldsymbol{H}$ 的方向之间的关系，与 $\boldsymbol{I}$ 的方向与 $\boldsymbol{H}$ 的方向之间的关系相同，即满足右手螺旋法则。麦克斯韦位移电流假设的实质是**变化的电场能产生磁场**。位移电流的引入深刻揭示了电场和磁场的内在联系和依存关系，反映了自然现象的对称性。法拉第电磁感应定律说明了变化的磁场能够激发涡旋电场，位移电流的观点说明了变化的电场能激发涡旋磁场，两种变化的场相互联系着，形成了统一的电磁场。

二、麦克斯韦方程组

麦克斯韦把电磁现象的普遍规律概括为四个方程式，通常称之为麦克斯韦方程组。

(1) 通过任意闭合面的电位移通量等于该曲面所包围自由电荷的代数和，即

$$\oint_S \boldsymbol{D} \cdot d\boldsymbol{S} = \sum q(\text{自由}) \tag{6.6.4}$$

(2) 电场强度沿任意闭合曲线的线积分等于穿过以该曲线为边界的任意闭合曲面的磁通量对时间变化率的负值，即

$$\oint_L \boldsymbol{E} \cdot d\boldsymbol{l} = -\int_S \frac{\partial \boldsymbol{B}}{\partial t} \cdot d\boldsymbol{S} \tag{6.6.5}$$

(3) 通过任意闭合曲面的磁通量恒等于零，即

$$\oint_S \boldsymbol{B} \cdot d\boldsymbol{S} = 0 \tag{6.6.6}$$

(4) 磁场强度沿任意闭合曲线的线积分等于穿过以该曲线为边界的曲面的全电流，即

$$\oint_L \boldsymbol{H} \cdot d\boldsymbol{l} = I_c + \int_S \frac{\partial \boldsymbol{D}}{\partial t} \cdot d\boldsymbol{S} \tag{6.6.7}$$

以上四个电磁理论关系式称为麦克斯韦方程组的积分形式。

在应用麦克斯韦方程组去解决实际问题时，常常要涉及电磁场和物质的相互作用，为此要考虑介质对电磁场的影响，即

$$\boldsymbol{D}=\varepsilon\boldsymbol{E},\ \boldsymbol{B}=\mu\boldsymbol{H}$$

在非均匀介质中，还要考虑电磁场量在界面上的边值关系，以及具体问题中 $\boldsymbol{E}$ 和 $\boldsymbol{B}$ 的初始值条件，通过求解方程组，求得任一时刻的 $\boldsymbol{E}(x, y, z)$ 和 $\boldsymbol{B}(x, y, z)$，也就确定了空间某处任意时刻的电磁场。

麦克斯韦在前人成就的基础上，发展了法拉第的电磁感应理论，把有关电磁现象的各项实验规律总结提高，成为以麦克斯韦方程组为核心的完整理论体系。它不仅能全面说明当时已知的所有电磁现象，还成功地预言了电磁波的存在，指出光辐射也是在一定频率范围内的电磁辐射。麦克斯韦的电磁场理论对上世纪末到本世纪初以来的生产技术以及人类生活带来了深刻的变化。

习　题　6

6.1　长直载流导线载有电流 I，一导线框与它处在同一平面内，导线 ab 可在线框上无摩擦滑动，如图所示。若 ab 向右以匀速度 v 运动，求线框中感应电动势的大小。

6.2　一电阻为 R 的金属框架置于均匀磁场 $\boldsymbol{B}$ 中，长为 l，质量为 m 的导体杆可在金属框架上无摩擦的滑动，如图所示。现给导体杆一个初速度 v_0，求：

(1) 导体的速度大小 v 与时间 t 的函数关系；

(2) 回路中感应电流与时间 t 的函数关系；

(3) 在时间 $t\to\infty$时，回路产生的焦耳热是多少?

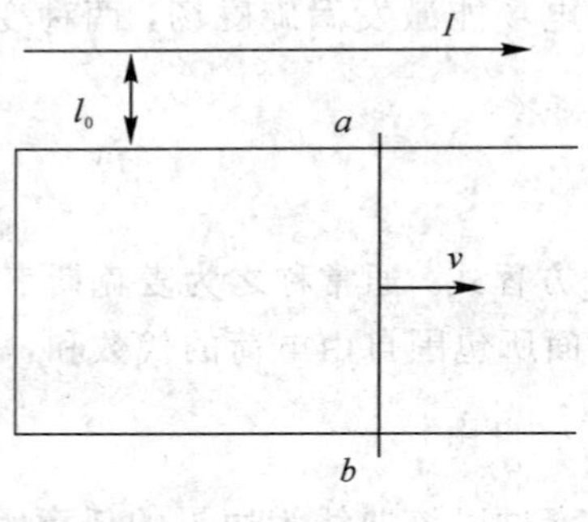

题 6.1 图

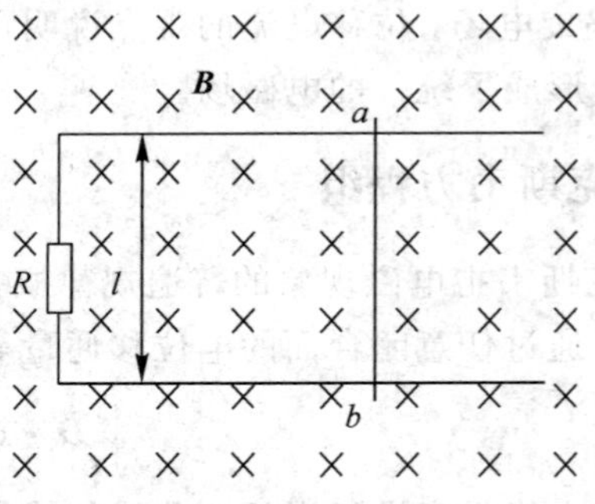

题 6.2 图

6.3　在磁感应强度 $B=0.4\ T$ 的均匀磁场中放置一圆形回路，回路平面与 $\boldsymbol{B}$ 垂直，回路面积与时间的关系为 $S=5t^2+3\ \text{cm}^2$，求 $t=2$ s 时回路中的感应电动势的大小。

6.4　如图所示，载有电流 I 的长直导线附近，放一导体半圆环 MeN 与长直导线共面，且端点 MN 的连线与长直导线垂直。半圆环的半径为 b，圆心 O 与导线相距 a。设半圆环以速度 v 平行导线平移，求半圆环内感应电动势的大小和方向。

6.5　如图所示，在两平行载流的无限长直导线的平面内有一矩形线圈，两导线中的电流方向相反、大小相等，且电流以$\dfrac{dI}{dt}$的变化率增大，求：

(1) 任一时刻线圈内所通过的磁通量;

(2) 线圈中的感应电动势。

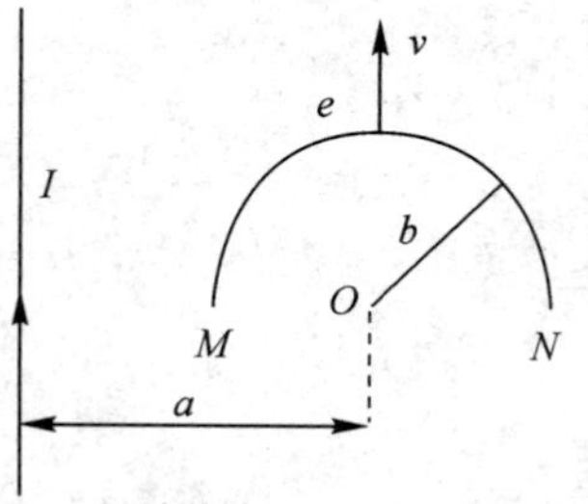

题 6.4 图

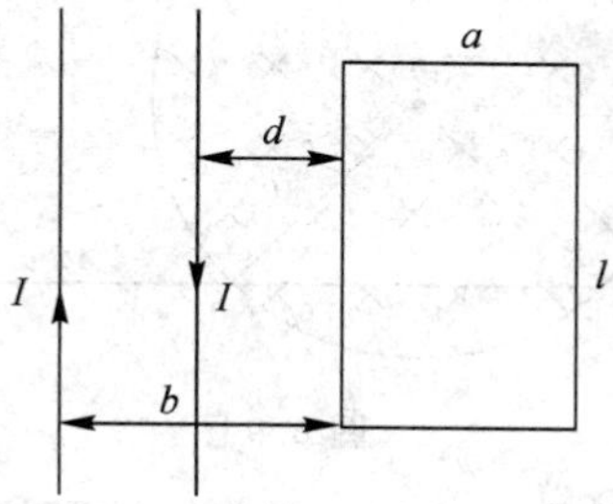

题 6.5 图

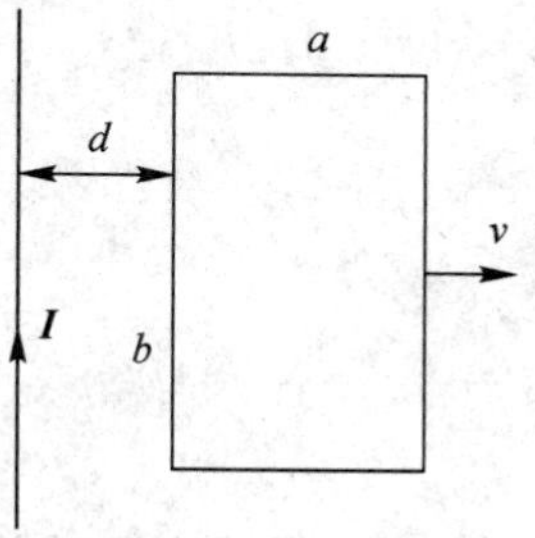

题 6.6 图

6.6 如图所示，长直导线通以电流 $I=5$ A，在其右方放一长方形线圈，两者共面，线圈长 $b=0.06$ m，宽 $a=0.04$ m，线圈以速度 $v=0.03$ m/s 垂直与直线平移远离，求 $d=0.05$ m 时线圈中的感应电动势的大小和方向。

6.7 导线 ab 长为 l，绕过 O 点的垂直轴以匀角速度 ω 转动，$aO=\dfrac{l}{3}$，磁感应强度 $\boldsymbol{B}$ 平行于转轴，如图所示，求：

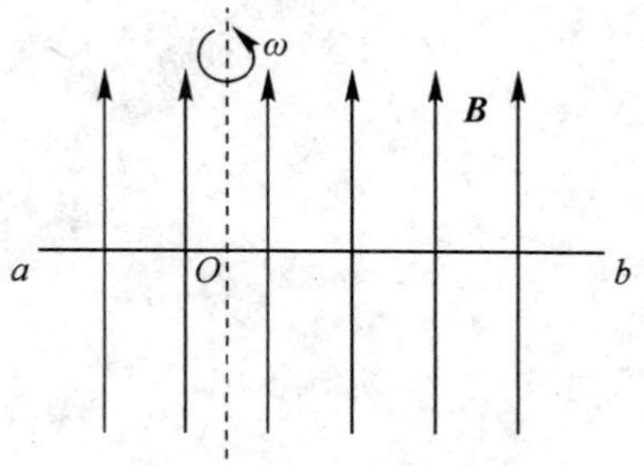

题 6.7 图

(1) ab 两端的电势差;

(2) a、b 两端哪点的电势高?

6.8 一个线圈的自感系数的大小决定于哪些因素?

6.9 用金属丝绕制的标准电阻要求是无自感，怎样绕制自感系数为零的线圈?

6.10 两个线圈的互感系数的大小决定于哪些因素?

6.11 有两个线圈距离相隔不太远，如何放置可使其互感系数为零?

6.12 磁感应强度为 $\boldsymbol{B}$ 的均匀磁场充满一半径为 R 圆柱形空间，一金属杆放在如图所示的位置，杆长为 $2R$，其中一半位于磁场内、另一半在磁场外。当 $\dfrac{\mathrm{d}\boldsymbol{B}}{\mathrm{d}t}>0$ 时，求杆两端的感应电动势的大小和方向。

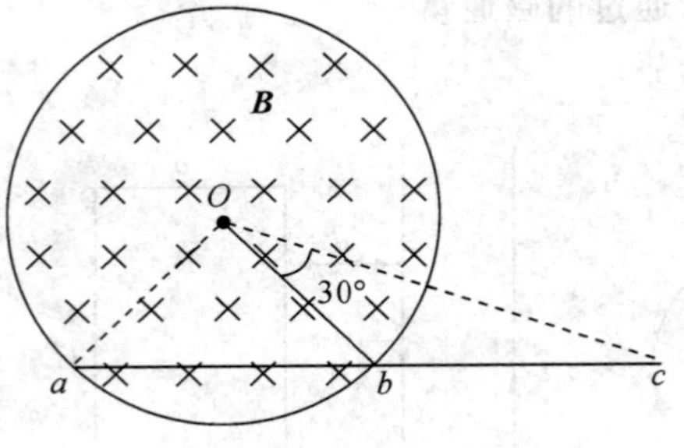

图 6.9 图

6.13　两线圈串联后总自感为 1.0 H，在它们的形状和位置都不变的情况下，反串联后总自感为 0.4 H，试求它们之间的互感。

6.14　一无限长圆柱形直导线，其截面各处的电流密度相等，总电流为 I，求导线内部单位长度上所储存的磁能。

6.15　设电荷在半径为 R 的圆形平行板电容器极板上均匀分布(忽略边缘效应)。当它接在角频率为 ω 的简谐交变电路中时，电流为 $i=I_0\cos(\omega t)$。计算电容器极板间磁感应强度的分布(用 r 表示离极板轴线的距离)。

第三篇　波动光学

光学是物理学中发展较早的一个重要组成部分。

从人类对光的认识过程，可以把光学分为几何光学、波动光学、量子光学等阶段。

几何光学是人们对于光的性质最早的认识，基于光的直线传播性质和反射、折射定律，研究光在透明介质中的传播规律，不涉及光的本质问题。针孔成像、球面镜成像、透镜成像以及日蚀月蚀等自然现象均可以用几何光学来解释。

17 至 18 世纪，关于光的本质问题有两派学说。一派是牛顿所主张的微粒学说，认为光是从发光体发出的以一定速度向空间传播的一种微粒。另一派是惠更斯倡议的波动学说，认为光是在介质中传播的一种波。由于两种学说都不能完整且系统地解释包括牛顿环在内的光学现象，因而无法判定两种学说的优劣。

19 世纪初，以托马斯·杨的“杨氏双缝干涉”为代表的一系列实验奠定了波动光学的基础，波动光学逐渐形成。它以光的波动性质为基础，研究光在空间传播、相互作用时的规律。

20 世纪，人类对光的研究进入到光的发生、光和物质的相互作用的微观层面，形成了光和一切微观粒子都具有波粒二象性的认识，推动了量子光学的建立。

本章将从波动的角度来研究光的性质，主要介绍光的干涉、衍射、偏振等内容。

光的干涉、衍射、偏振现象在现代科学技术中的应用十分广泛。例如，长度的精密测量、光谱学的测量与分析、光弹效应、晶体结构分析、光电子通信、激光全息技术、芯片制造技术等都与这些理论相关。随着激光技术的不断发展，集成光学、光量子通信等新领域的研究成果将对自动控制、智能交通等领域带来更多的发展机遇。

第7章 波动光学

7.1 光的相干性与杨氏双缝干涉

一、光源与相干光

1. 光源

发射光波的物体称为光源。光源发出的可见光是波长在400～760 nm之间的电磁波。

根据光源的发光机理，可将光源分为热辐射光源、电致发光光源、光致发光光源和化学发光光源四种类型。热辐射发光是利用高温物体的热辐射效应获得可见光，如白炽灯、卤素灯等；电致发光是利用半导体或稀薄气体中的电子直接将电能转换为光能获得可见光，如霓虹灯、LED发光器件等；光致发光是利用辐射的紫外光照射发光物质获得可见光，如荧光灯等；化学发光是利用燃烧或剧烈氧化过程而获得可见光，如燃烧过程、磷的氧化过程等。

一般普通光源(非激光光源)的发光的机理是处于激发态的原子(或分子)的自发辐射。光源中的原子吸收了外界能量后，处于一种不稳定的激发态，平均停留时间只有10^{-11}～10^{-8} s，然后自发地回到低激发态或基态，同时向外发出光波。由于每个原子发光是间歇的，每次发光持续时间很短，所以原子发射的光波可视为频率一定、振动方向一定、有限长的一段光波，通常称为光波列。图7.1.1所示为原子光波列示意图。

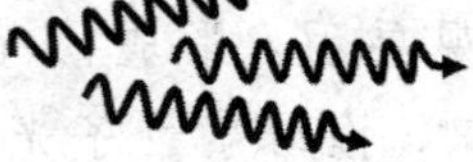

图7.1.1　原子光波列示意图

在普通光源中，各原子的激发和辐射参差不齐，彼此间没有联系，是一种随机过程，因而不同原子在同一时刻发出的光波列在频率、振动方向和相位上各自独立，同一原子在不同时刻所发出的波列之间的振动方向和相位也各不相同。所以，普通光源发出的光波与机械波有很大的区别，前者是千千万万的原子随机地、此起彼伏地发射的彼此毫无联系的大量光波列的集合。

2. 相干光

在机械波中，两列波相遇发生干涉现象的条件是：振动频率相同、振动方向相同、在相遇点的相位差恒定。满足相干条件的两列波称为相干波，两列相干波在共同传播的区域叠加，会形成定域性的振动加强或减弱的现象，称为波的干涉现象。

在光学中，实验表明：从两个独立的同频率的单色普通光源（如高压钠灯）发出的光相遇，不能得到干涉图样。

光是电磁波，是交变的电磁场在空间的传播，习惯上将电场矢量用 $\boldsymbol{E}$ 表示，磁场矢量用 $\boldsymbol{H}$ 表示。而对人眼或感光仪器起作用的主要是电矢量 $\boldsymbol{E}$，因此，在以后的讨论中我们提到的光波中的振动矢量指的就是电矢量 $\boldsymbol{E}$，称为**光矢量**。$\boldsymbol{E}$ 矢量和 $\boldsymbol{H}$ 矢量在同一地点同时出现，具有相同的相位，它们相互垂直，且都与光的传播方向垂直，$\boldsymbol{E}$、$\boldsymbol{H}$、光的传播方向三者满足右手螺旋关系，如图 7.1.2 所示。这也说明光是横波，这一点将在光的偏振部分进行详细讨论。

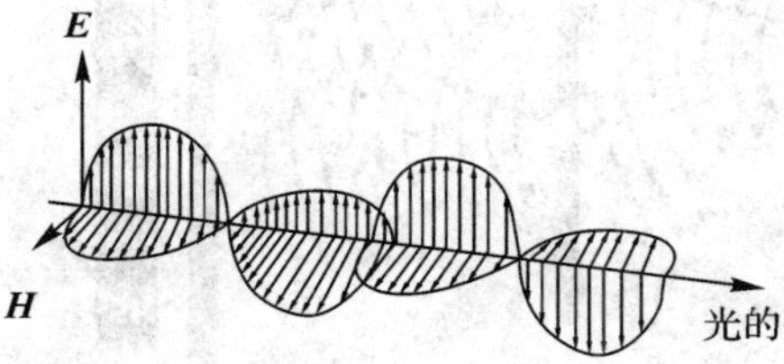

图 7.1.2　光波矢量示意图

要在空间看到光的干涉图样，两束光必须满足相干条件，即两束光的光矢量必须是同方向，两束光的频率必须相同，两束光到相遇点的相位差恒定。满足相干条件的两束光称为**相干光**，相应的光源称为**相干光源**。

根据光源的发光机理，来自不同光源的两列光波，由于原子发光的随机性和光矢量振动的不确定性，即使是相同频率的两束光也不能满足相干条件。这样的两束光相遇叠加时，仅仅是两束光的强度进行代数求和叠加，称为**非相干叠加**，生活中绝大多数现象都属于这种情况。而来自同一光源上不同部分发出的光波，情况和上面类似，也不属于相干光。

怎样才能获得两束相干光呢？原则上可以将光源上同一点发出的光波进行**分束**，让分束后的两束光经历不同的路径再相遇叠加。由于这两束光是来自同一发光原子的光，其频率、初始相位必然是相同的，在相遇点，两束光的相位差是恒定的，而光矢量的方向一般总有相互平行的振动分量，这样就满足了相干条件，从而获得相干光。

获得相干光的具体方法有两种，即分**波阵面法**和**分振幅法**（又叫**分强度法**）。分波阵面法是在同一波阵面的不同部分获取次级相干波源从而产生相干波的方法，本章中的杨氏双缝干涉属于此种类型。分振幅法是利用光在透明介质表面的反射和折射，将同一光束分割为两束不同振幅（强度）的相干光，本章中的薄膜干涉属于此种类型。

还需要说明一点，由于光波列有一定的长度，如果分束后的两束相干光在空间沿不同路径传播时的距离差异过大，超过了光波列的长度，导致相干波列在空间不能相遇，则也不会发生干涉现象。因此，两列分束相干光的波程差需小于光波列的长度，称为**空间相干条件**。

二、杨氏双缝干涉

英国物理学家托马斯·杨在 1801 年用实验方法实现了光的干涉。他让太阳光通过一条狭缝，再通过距离狭缝一段距离处的与狭缝平行的两条狭缝，在两狭缝后面的屏幕上得到光的干涉图样。之后，他在发表的论文《物理光学的相关实验与计算》中详细阐述了这些实验结果，使光的波动理论得到证实。

杨氏双缝干涉的实验原理如图 7.1.3 所示。在普通单色光源前面放置一个带有小孔 S 的屏，再放置一个带有两个相距很近的小孔 S_1、S_2 的屏，在比较远的地方放置观察屏，就可以观察到明、暗相间的干涉图样了。

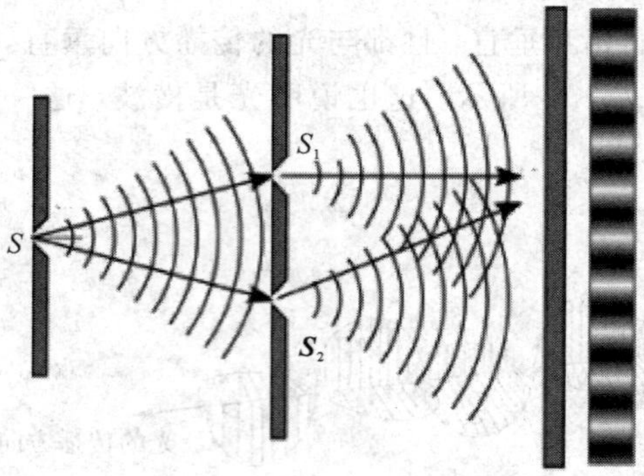

图 7.1.3 杨氏双缝干涉实验示意图

根据惠更斯原理，小孔 S 可看作是发射球面波的点光源，如果小孔 S_1 和 S_2 处于该球面波的同一波阵面上，则它们是满足相干条件的相干子光源，由它们发出的光在观察屏上相遇时就可以产生光的干涉现象了。为了提高干涉条纹的亮度，实际上用三个相互平行的狭缝代替 S、S_1、S_2 三个小孔，用柱面波代替球面波实现干涉，此实验被称为杨氏双缝干涉实验。目前，也可以选用相干性好、亮度高的激光光源直接照射双缝，便可以在观察屏上获得清晰明亮的干涉条纹了。

现在对杨氏双缝干涉条纹的位置及相关因素做定量分析。如图 7.1.4 所示，设两个狭缝之间的距离为 d，观察屏与双缝屏之间的距离为 D，且 $D \gg d$，两条狭缝的中点为 c，其中垂线与观察屏的交点为 O 点，取观察屏上任意一点 P，设 P 点距 O 点距离为 x，P 点距 S_1、S_2 的距离分别为 r_1、r_2，来自于 S_1 与 S_2 的两束相干光到 P 点相遇时，波程差为

$$\delta = r_2 - r_1 \tag{7.1.1}$$

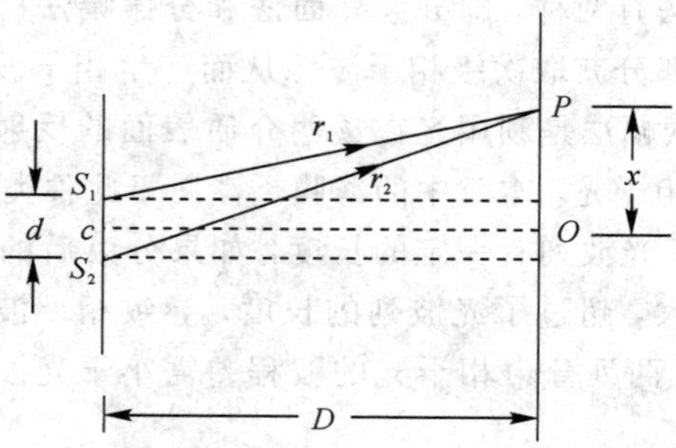

图 7.1.4 杨氏双缝干涉条纹位置计算示意图

根据几何关系可知：

$$r_1^2 = D^2 + \left(x - \frac{d}{2}\right)^2$$

$$r_2^2 = D^2 + \left(x + \frac{d}{2}\right)^2$$

所以

$$\delta = r_2 - r_1 = \frac{r_2^2 - r_1^2}{r_2 + r_1} = \frac{2dx}{r_2 + r_1}$$

由于 $D \gg d$，故 $r_2 + r_1 \approx 2D$，两束光的波程差为

$$\delta \approx \frac{d}{D}x \tag{7.1.2}$$

由于这两束光在 S_1、S_2 位置处的相位相同，因此它们在观察屏 P 点的相位差完全取决于两束光的波程差。

根据波程差与相位差的关系 $\Delta\varphi = 2\pi \frac{\delta}{\lambda}$ 可知：

当 $\Delta\varphi = 2\pi \frac{\delta}{\lambda} = 2\pi \frac{d}{D\lambda}x = \pm 2k\pi$ 时，干涉相长，对应明条纹的位置满足关系式：

$$x = \pm \frac{D}{d}k\lambda \quad (k = 0, 1, 2, \cdots, \text{干涉相长}) \tag{7.1.3}$$

当 $\Delta\varphi = 2\pi \frac{\delta}{\lambda} = 2\pi \frac{d}{D\lambda}x = \pm(2k+1)\pi$ 时，干涉相消，对应暗条纹的位置满足关系式：

$$x = \pm(2k+1)\frac{D\lambda}{2d} \quad (k = 0, 1, 2, \cdots, \text{干涉相消}) \tag{7.1.4}$$

式中 k 为相应明、暗条纹的级次。

由于条纹的位置只与 x 有关，因此条纹的形状是平行于狭缝 S_1、S_2 的彼此平行的条纹。根据式(7.1.3)和式(7.1.4)可以看出：

(1) 观察屏 O 点处对应为一条明条纹，级次 $k=0$，称为零级明条纹。其他条纹以该条纹为中心对称分布，明暗条纹交替排列。

(2) 相邻明条纹和相邻暗条纹的间距均为

$$\Delta x = x_{k+1} - x_k = \frac{D}{d}\lambda \tag{7.1.5}$$

明条纹和暗条纹的间距相等，与干涉级次 k 无关。条纹的间距 Δx 与入射光的波长 λ 和双缝距观察屏的距离 D 成正比，与双缝之间的距离 d 成反比。

(3) 若用白光做光源，则观察屏上除了中央 O 点处条纹仍为白光外，其他级次条纹中，不同波长的明条纹出现的位置不同，从而呈现彩色条纹，波长越大距中央 O 点越远。

例 7.1.1 在杨氏双缝实验中，双缝间距 $d=0.20$ mm，双缝距观察屏距离 $D=1.0$ m，试计算：

(1) 第一级明条纹距同侧第三级明条纹的距离为 6.0 mm，求入射单色光的波长；

(2) 若入射单色光的波长为 500 nm，求相邻明条纹的间距。

解 (1) 由双缝干涉明条纹的位置公式 $x = \pm\frac{D}{d}k\lambda$ 可得

$$x_3 = \frac{D}{d}3\lambda \text{ , } x_1 = \frac{D}{d}\lambda$$

故第一级明条纹与同侧第三级明条纹的距离 $\Delta x_{31} = x_3 - x_1 = \frac{D}{d}2\lambda$，代入数值，计算可得

$$\lambda=\frac{d\Delta x_{31}}{2D}=6.0\times10^{-7}\ \mathrm{m}=600\ \mathrm{nm}$$

(2) 当入射光波长 $\lambda=500$ nm 时，根据相邻明条纹的间距公式可知：

$$\Delta x=\frac{D}{d}\lambda=2.5\times10^{-3}\ \mathrm{m}=2.5\ \mathrm{mm}$$

例 7.1.2 用白光做光源观察杨氏双缝干涉实验，设双缝间距为 d，双缝距观察屏距离为 D，试计算能观察到的清晰且完整的可见光谱有几条。

解 已知白光是由波长在 400～760 nm 的可见光组成的复色光，各波长的光形成明条纹的条件为

$$\delta=\frac{d}{D}x=\pm k\lambda$$

当 $k=0$ 时，各种波长的光的波程差均为零，所以，各种波长的光在 $x=0$ 处均干涉相长，形成中央白色明条纹。

在中央明条纹两侧，各种波长光的同一级明条纹由于波长不同而位置不同，彼此分离而形成光谱。从中央条纹往外看，波长越短，距离中央条纹越近；波长越长，距离中央条纹越远。所以，各级光谱中紫光距中央条纹最近，而红光距中央条纹最远。再往远处，由于短波长条纹间距小，长波长条纹间距大，将会出现高级次的短波长光和低级次的长波长光相重叠的现象，形成不同级次光谱重叠的现象，因而看不到清晰且完整的光谱。

假设第 k 级的红光条纹和第 $k+1$ 级的紫光条纹发生重叠，因此能观察到的清晰且完整的光谱可由下式得到

$$k\lambda_{红}=(k+1)\lambda_{紫}$$

计算得 $k=\frac{\lambda_{紫}}{\lambda_{红}-\lambda_{紫}}=\frac{400}{760-400}=1.1$，对级次 k 取整，则 $k=1$，可知能观察到得清晰且完整的可见光谱为第一级。由于各级条纹关于中央明条纹对称分布，所以清晰且完整的可见光谱共有两条。

在杨氏双缝实验之后，相继出现了洛埃镜、菲涅尔双棱镜等用于观察光的干涉现象的其他实验装置，进一步验证了光的波动性。

三、光程与光程差

上述杨氏双缝干涉实验中，两束光均在空气中传播，分析观察屏上各点的干涉结果时，只需知道两束相干光的波程差 δ，根据 $\Delta\varphi=\frac{2\pi}{\lambda}\delta$ 确定其相位差，即可得该点的干涉结果。但如果两束光均不在空气中传播，或者两束光经过不同的介质后再相遇，即使知道它们的波程差，也不能得到准确的干涉结果，此时需要引入光程的概念，使用光程差的分析方法。

单色光在不同介质中的传播速度不同，在折射率为 n 的介质中，光速 $u=\frac{c}{n}$，c 为光在真空中的传播速度。由于单色光的频率无论在何种介质中传播都恒定不变，都等于光源的频率 ν，故单色光在真空中的波长 $\lambda=\frac{c}{\nu}$，与其在折射率为 n 的介质中的波长的关系为

$\lambda_n=\dfrac{u}{\nu}=\dfrac{\lambda}{n}$。由此表明，光在折射率 $n>1$ 的介质中传播时，其波长要缩短。光每传过一个波长的距离，相位变化为 2π，若光在介质中传播的几何路程为 r，那么相应的相位变化为 $\dfrac{2\pi}{\lambda_n}r=\dfrac{2\pi}{\lambda}nr$。可见，光在折射率为 n 的介质中传播 r 距离时的相位变化，与其在真空中传播 nr 距离时的相位变化相同。

由以上讨论可知，在相位变化相同的条件下，将光在介质中传播的路程 r，可以折合为光在真空中传播的路程 nr，由此引出光程的概念。

光程是一个折合量，在相位变化相同的条件下，把光在介质中传播的路程折合为光在真空中传播的相应路程。在数值上，光程等于介质折射率乘以光在介质中传播的路程，即

$$光程=nr \tag{7.1.6}$$

当一束光连续经过几种介质时，总光程$=\sum\limits_i n_i r_i$。

下面通过简单的例子进一步了解光程在光的干涉分析中的意义。

如图 7.1.5 所示，S_1 和 S_2 为初相相同的相干光源，光束 S_1P 和 S_2P 分别经过折射率为 n_1 和 n_2 的介质，在 P 点相遇叠加，两束光的相位差为

$$\Delta\varphi=2\pi\frac{r_2}{\lambda_2}-2\pi\frac{r_1}{\lambda_1}=2\pi\frac{n_2r_2}{\lambda}-2\pi\frac{n_1r_1}{\lambda}$$

即

$$\Delta\varphi=\frac{2\pi}{\lambda}(n_2r_2-n_1r_1)$$

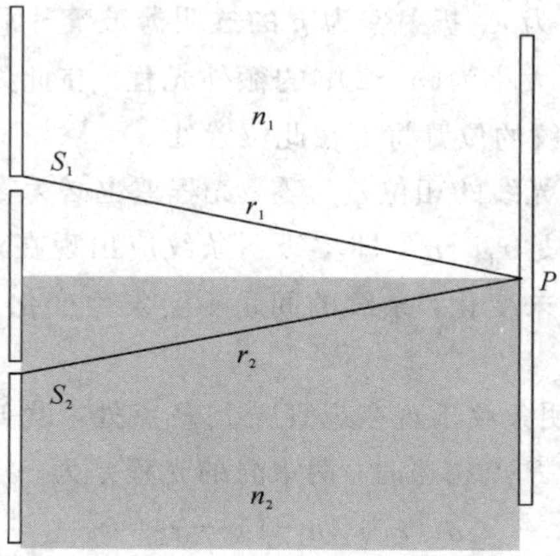

图 7.1.5　光通过不同介质的光程分析

引入光程的概念后，处理通过不同介质的相干光的相位差问题，可以不用介质中的波长，而统一用真空中的波长 λ 进行计算。在上面结果中，令

$$\delta=n_2r_2-n_1r_1 \tag{7.1.7}$$

式中 δ 称为光程差。当 $n_2=n_1=1$ 时，即两束光均在真空(空气近似看作真空)中传播时，光程差 $\delta=r_2-r_1$，等于两束光的波程差。所以，波程差是特殊情况下的光程差。

根据式(7.1.7)，可以得到两束光相遇时相位差和光程差的关系为

$$\Delta\varphi=\frac{2\pi}{\lambda}\delta \tag{7.1.8}$$

有了光程的概念以及光程差与相位差的关系，处理光经过不同介质时的干涉问题可归纳为如下结果：

$$\delta=n_2r_2-n_1r_1=\begin{cases}\pm k\lambda & (k=0,1,2\cdots,\text{干涉加强，明条纹})\\ \pm(2k+1)\dfrac{\lambda}{2} & (k=0,1,2\cdots,\text{干涉相消，暗条纹})\end{cases} \tag{7.1.9}$$

例 7.1.3 如图 7.1.6 所示，杨氏双缝干涉实验中，设单色入射光的波长为 λ，双缝间距为 d，双缝距观察屏距离为 D，在 S_2 缝上覆盖一块厚度为 e、折射率为 n 的透明薄玻璃片，试求干涉条纹如何移动？移动多少距离？

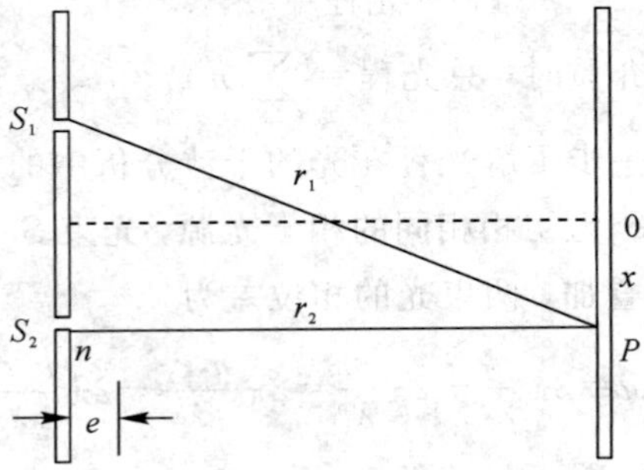

图 7.1.6 例 7.1.3 图

解 以观察屏中央原来零级明条纹的位置 $x=0$ 处分析，由于两束光所走的几何距离相等，但在 S_2 缝上覆盖厚度为 e、折射率为 n 的透明薄玻璃片后，由 S_2 发出的光线光程为 $r_2+(n-1)e$、比原来增加了大小为 $(n-1)e$ 的额外光程。在此处叠加的两条光线的光程差将不为零，所以原零级明条纹的位置将不在此位置处。

零级明条纹对应的两条光线的相位差为零，光程差也必为零，为了保证光程差等于零，两条光线通过的波程差须满足 $r_1>r_2$，即零级明条纹应出现在观察屏中央的下方。由于杨氏双缝干涉装置的其他参数未变化，条纹的间距不会发生变化，因此可知，所有的条纹将向下方平移一段距离。

如图 7.1.6，假设零级明条纹出现在观察屏上 P 点处，设 P 点距观察屏中央的距离为 x，从 S_1 和 S_2 发出的光线到 P 点相遇时，两束光的光程差为

$$\delta=r_2+(n-1)e-r_1=0$$

即

$$r_2-r_1=(1-n)e$$

由式(7.1.2)几何关系和上式可得

$$r_2-r_1=\frac{d}{D}x=(1-n)e$$

$$x=-\frac{D}{d}(n-1)e$$

中央明条纹由原来 $x=0$ 处移动到此位置处，所以，所有条纹平移的距离为

$$\Delta x=\frac{D}{d}(n-1)e$$

例 7.1.4　由例 7.1.3 可知，当光透过折射率为 n、厚度为 e 的玻璃时，会带来 $(n-1)e$ 的额外光程，影响干涉条纹的形成。在光学实验中，薄透镜是经常使用的光学器件，可以实现对光束的会聚、扩束等功能，而薄透镜加入光路中，是否会带来额外光程差而影响光的干涉现象？

解　如图 7.1.7 所示，这是一个薄凸透镜的成像示意图，S 是放在透镜 L 主轴上的点光源，S' 是透镜对 S 所成的实像。

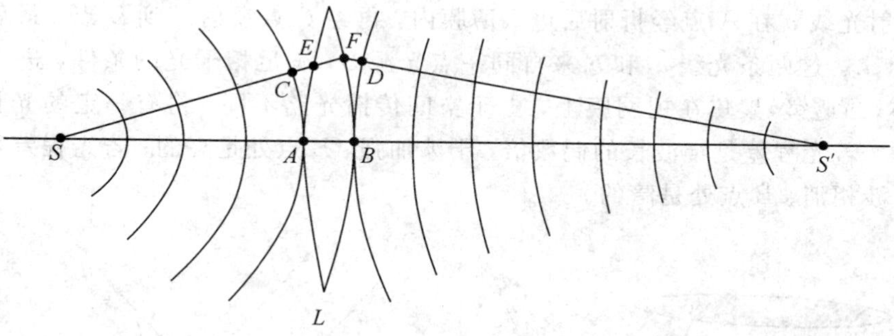

图 7.1.7　例 7.1.4 图

由 S 发出的球面波波阵面到达 AC 位置处，光线 SA 和 SC 是等光程的。当光线 SA 通过透镜到达 B 时，在相同时间内，光线 SC 则在透镜上 E、F 两点处相继折射而到达 D，几何路程 $CEFD$ 虽然比 AB 长，但两者光程相等。在此之后，球面波波阵面从 BD 逐渐会聚到达像点 S'，光线 BS' 和 DS' 也是等光程的。

由此可见，薄透镜可以改变光波的传播情况，但对各光线不造成额外光程差。在后面讨论光的干涉、衍射问题时，常用到薄透镜，但都不影响光程差的分析。

7.2 薄膜干涉

薄膜干涉是生活中常见的光的干涉现象。比如，肥皂泡在阳光照射下薄膜表面出现美丽的彩色条纹(见图 7.2.1)、各种光学仪器镜头表面的镀膜、微小厚度的光学测量、材料表面平整度检测、迈克尔逊干涉仪等都与薄膜干涉有关。

图 7.2.1　实验室拍摄的肥皂泡表面干涉条纹照片

薄膜是指透明介质形成的厚度很薄的一层介质膜，其形成干涉现象的光源不同于杨氏双缝干涉实验使用的点光源或者狭缝光源，而是有一定宽度和大小的光源，称为扩展光源或者面光源。所以，对薄膜干涉现象的分析较复杂，本部分着重介绍薄膜干涉的基本理论、薄膜等厚干涉和迈克尔逊干涉仪。

一、薄膜干涉的基本理论

如图 7.2.2(a)所示，MN 为一个透明介质薄膜。当人的眼睛观察薄膜上任一点 B 时，从光源上 S 点发出的光线以入射角 i 照射到薄膜上，在 B 点处，入射光线 b 经反射后成为 b_1。另一入射光线 a 在 A 点经折射后进入薄膜内，再经 C 点反射后到 B 点，最后折射进入原介质成为 a_1。这两条光线 a_1 和 b_1 来自同一点光源 S，满足相干光的条件，进入人的眼睛后经晶状体(凸透镜)聚焦在视网膜上，由于空间传播光路不同，将有一定的光程差，会形成干涉现象。若光程差是半波长的偶数倍，干涉加强，B 点处是亮的；若光程差是半波长的奇数倍，干涉相消，B 点处是暗的。

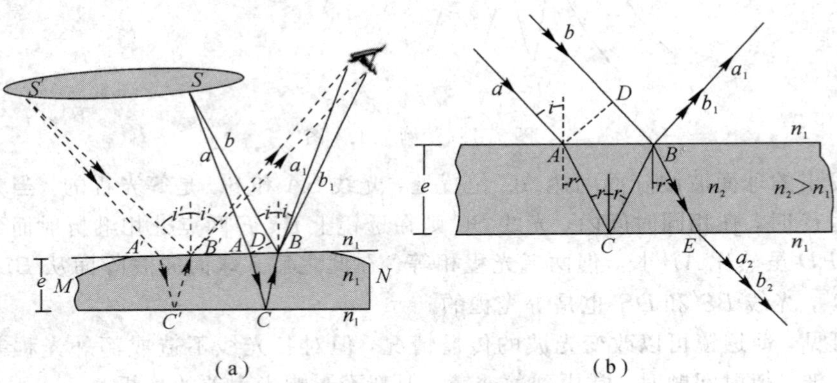

图 7.2.2 薄膜的干涉

从面光源上 S' 点发出的光线以另一入射角 i' 照射到薄膜上 B' 处，也发生与 B 点类似的干涉现象，人眼会看到亮或暗的情况。由于在薄膜不同位置处，人眼看到的干涉情况不同，所以可观察到明暗相间的干涉条纹。如果入射光是白光或复色光，就会形成彩色条纹。

现在来讨论光线 aa_1 和 bb_1 的光程差具体表达式。如图 7.2.2(b)所示，对薄膜来说，AB 的距离远远小于光源 S 到薄膜的距离，所以 SA 与 SB 之间的夹角$\angle ASB$ 非常微小，可以认为 SA 与 SB 是相互平行的。由 A 点向 SB 做垂线，垂足为 D，可认为 $SA=SD$，即从光源 S 发出的光线到达 A 点和 D 点光程相同，两束光线的光程差取决于后面的光路。光线 a 在薄膜中经历路程 ACB 到达 B 点，而光线 b 在原介质中经历了路程 DB 在 B 点反射，假设薄膜的折射率 n_2 大于原介质的折射率 n_1，则两条光线的光程差为

$$\delta=n_2(AC+CB)-n_1 DB+\frac{\lambda}{2} \tag{7.2.1}$$

此处增加了一项 $\lambda/2$ 需要特殊说明。前面在机械波的学习中介绍过，机械波从波疏媒质传播到波密媒质分界面上反射时，会发生半波损失，而光在不同介质分界面反射时，也会发生类似的半波损失现象。当一束光从小折射率介质向大折射率介质传播时，即从光疏介质向光密介质传播的分界面发生反射，就会出现相位 π 的突变，相当于光程有 $\lambda/2$ 的变化。在

处理光的半波损失时，可以在光程上加 $\lambda/2$，也可以减去 $\lambda/2$，保持一致即可。此处，光线 b 在 B 点的反射符合半波损失的条件，有半波损失存在，而光线 a 在 C 点是由光密介质向光疏介质传播，反射光没有半波损失。所以，这两束光的光程差就增加了一项由反射光的半波损失不同而带来的额外光程差。

从图 7.2.2(b)中的关系可知：

$$AC=CB=\frac{e}{\cos\gamma},\ DB=AB\sin i=2e\tan\gamma\sin i$$

式中：e 为 B 点处薄膜的厚度；γ 为折射角。根据折射定律 $n_1\sin i=n_2\sin\gamma$，式(7.2.1)化简为

$$\begin{aligned}\delta&=2n_2AC-n_1DB+\frac{\lambda}{2}=2n_2\frac{e}{\cos\gamma}-2n_1e\tan\gamma\sin i+\frac{\lambda}{2}\\&=\frac{2n_2e}{\cos\gamma}(1-\sin^2\gamma)+\frac{\lambda}{2}=2n_2e\cos\gamma+\frac{\lambda}{2}=2e\sqrt{n_2^2-n_2^2\sin^2\gamma}+\frac{\lambda}{2}\end{aligned}$$

$$\delta=2e\sqrt{n_2^2-n_1^2\sin^2 i}+\frac{\lambda}{2}\qquad(7.2.2)$$

薄膜干涉的条件为

$$\delta=2e\sqrt{n_2^2-n_1^2\sin^2 i}+\frac{\lambda}{2}=\begin{cases}\pm k\lambda & (k=0,1,2,\cdots,\text{干涉加强，明条纹})\\\pm(2k+1)\dfrac{\lambda}{2} & (k=0,1,2,\cdots,\text{干涉相消，暗条纹})\end{cases}\qquad(7.2.3)$$

根据薄膜干涉条件分析，影响薄膜上下表面反射光光程差的主要因素有两个，即薄膜的厚度 e 和入射光的入射角度 i，由此形成两类干涉现象：入射光为平行光，光程差仅与薄膜厚度有关，处在同一条干涉条纹上的薄膜厚度相等，此类干涉称为**等厚干涉**；若薄膜为等厚度，则光程差仅与入射倾角有关，同一条干涉条纹对应的入射光入射倾角相等，此类干涉称为**等倾干涉**。

二、等厚干涉

等厚干涉发生在厚度不均匀的薄膜上，劈尖干涉、牛顿环属于这一类干涉。

1. 劈尖干涉

两块平板玻璃，将它们的一端相互叠合，另一端垫入薄纸片或细小的物体，如图 7.2.3 所示。此时，在两玻璃片之间形成一空气薄膜，空气薄膜的上下表面即为两块玻璃板的内

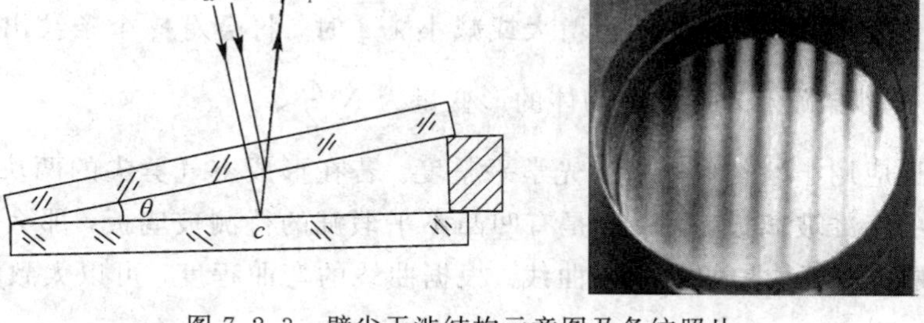

图 7.2.3　劈尖干涉结构示意图及条纹照片

表面，这一薄膜称为空气劈尖。两玻璃板叠合的交线称为棱边，其夹角 θ 称为劈尖角，在平行于棱边的线上，空气薄膜的厚度是相等的。

当单色平行光垂直照射两块玻璃板时，在空气劈尖的上下两表面的反射光线将形成相干光。设空气劈尖在 c 处的厚度为 e，光线 a、b 分别在劈尖的下表面和上表面反射，形成两相干光 a_1、b_1，用式(7.2.2)分析其形成的光程差。将 $i=0$、$n_2=1$ 代入，可得两束相干光的光程差为

$$\delta=2e+\frac{\lambda}{2}$$

所以，反射光的相干条件为

$$\delta=2e+\frac{\lambda}{2}=\begin{cases}\pm k\lambda & (k=0,1,2,\cdots,\text{干涉加强，明条纹}) \\ \pm(2k+1)\dfrac{\lambda}{2} & (k=0,1,2,\cdots,\text{干涉相消，暗条纹})\end{cases} \tag{7.2.4}$$

每一条明、暗条纹都与一定的 k 值相对应，也就是与劈尖的一定厚度 e 相对应。

在两块玻璃相叠合的棱边位置处，$e=0$，光程差等于 $\lambda/2$，因此应看到一条暗条纹，对应 $k=0$，实验观察的结果也是如此，这是“半波损失”的又一个有力证据。

任何相邻的明条纹或暗条纹之间对应的空气膜的厚度差为

$$e_{k+1}-e_k=\frac{1}{2}(k+1)\lambda-\frac{1}{2}k\lambda=\frac{\lambda}{2} \tag{7.2.5}$$

如图 7.2.4 所示，从玻璃上表面来看，任何两条相邻的明条纹或暗条纹之间的距离 Δl 可由下式确定：

$$\Delta l\sin\theta=e_{k+1}-e_k=\frac{\lambda}{2} \tag{7.2.6}$$

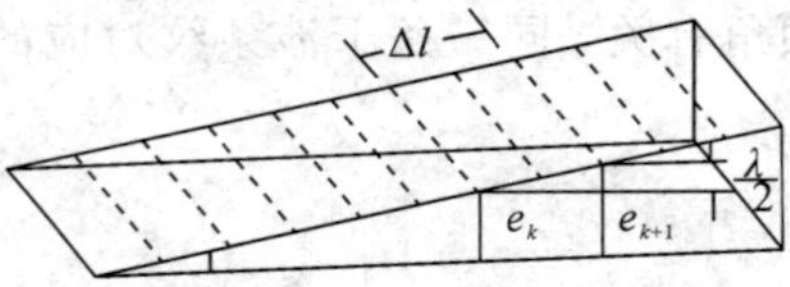

图 7.2.4　劈尖干涉条纹间距

式中 θ 为劈尖角，显然 θ 越小，干涉条纹间距越大，看起来越稀疏。如果劈尖角 θ 相当大时，干涉条纹间距就会变得很小，视觉上将密不可分，劈尖干涉现象消失。

利用劈尖干涉可以测量物体的微小形变量。从式(7.2.6)可知，任意两相邻明条纹或暗条纹之间的厚度差为 $\lambda/2$，所以当两玻璃板之间垫放的物体有微小的厚度变化时，观察到的劈尖条纹数就会变化。当物体厚度每增大或减小 $\lambda/2$ 时，将会有一个条纹出现或消失。若观察到有 N 条干涉条纹移动过，则物体的形变量为 $N\dfrac{\lambda}{2}$。

劈尖干涉还应用于检查玻璃板的光学平整度。若在形成空气劈尖的两块玻璃板中，一块是光学平面的标准玻璃板，另一块是有凹凸不平瑕疵的待测玻璃板，那么干涉条纹将不再是直线，而是疏密不均匀的不规则曲线。根据曲线的弯曲程度，可以大致测量出瑕疵的不平整度大小。

如果形成劈尖的介质膜不是空气，而是其他透明物质(例如油、二氧化硅等)，则其上下表面反射光的光程差计算与空气薄膜类似，但是否存在附加光程差 $\lambda/2$，要根据具体情况决定。

例 7.2.1　折射率 $n=1.4$ 的劈尖在单色光的垂直照射下，测得两相邻明条纹的距离 $l=2.5$ mm。若该单色光的波长 $\lambda=500$ nm，求劈尖的劈尖角 θ 为多大。

解　在劈尖的表面上任选第 k 条和第 $k+1$ 条相邻的明条纹，用 e_k 和 e_{k+1} 分别表示这两条明条纹所在位置处的薄膜厚度。根据劈尖明条纹的条件，应有如下关系式：

$$2ne_k+\frac{\lambda}{2}=k\lambda$$

$$2ne_{k+1}+\frac{\lambda}{2}=(k+1)\lambda$$

两式相减，得到

$$n(e_{k+1}-e_k)=\frac{\lambda}{2}$$

$$e_{k+1}-e_k=\frac{\lambda}{2n}$$

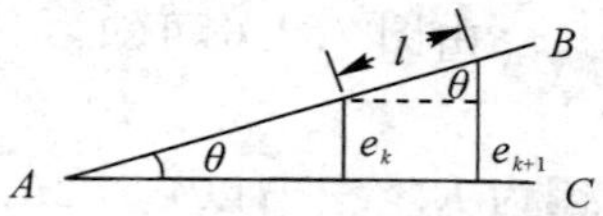

图 7.2.5　例 7.2.1 图

从图 7.2.5 中可以看出，$e_{k+1}-e_k$ 与两条相邻明条纹的间距 l 之间的关系为

$$l\sin\theta=e_{k+1}-e_k=\frac{\lambda}{2n}$$

所以

$$\sin\theta=\frac{\lambda}{2nl}$$

将 $n=1.4$、$l=2.5$ mm、$\lambda=500$ nm 代入可得

$$\sin\theta=\frac{\lambda}{2nl}=\frac{5.00\times10^{-7}}{2\times1.4\times2.5\times10^{-3}}=7.1\times10^{-5}$$

因 $\sin\theta$ 很小，所以

$$\theta\approx\sin\theta=7.1\times10^{-5}\ \text{rad}$$

2. 牛顿环

在一块平板玻璃 B 上，放置一个曲率半径为 R 的平凸透镜 A，如图 7.2.6 所示，在 A、B 之间形成一个上表面为球面、下表面为平面的空气薄膜。当单色平行光垂直照射时，空气薄膜上、下表面反射光发生干涉，呈现干涉条纹。在空气薄膜的上表面可以观察到，以接触点 O 为中心的一系列明暗相间的环形干涉条纹，这被称为**牛顿环**(见图 7.2.7)，也是一种等厚干涉。

牛顿环各明、暗环的半径 r 与入射光的波长λ、凸透镜的曲率半径 R 有确定的关系。设某一条牛顿环位置处的空气薄膜厚度为 e，则其上、下表面反射光发生干涉应满足如下条件：

$$2e+\frac{\lambda}{2}=\begin{cases}k\lambda & (k=1,\ 2,\ \cdots,\ \text{明环})\\ (2k+1)\dfrac{\lambda}{2} & (k=0,\ 1,\ 2,\ \cdots,\ \text{暗环})\end{cases}\tag{7.2.7}$$

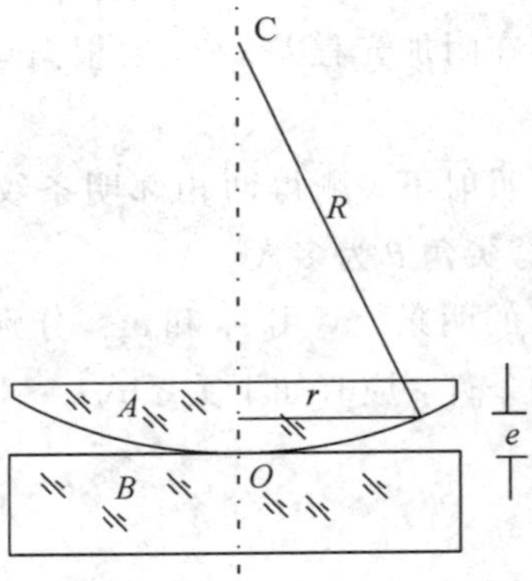

图 7.2.6　牛顿环结构示意图

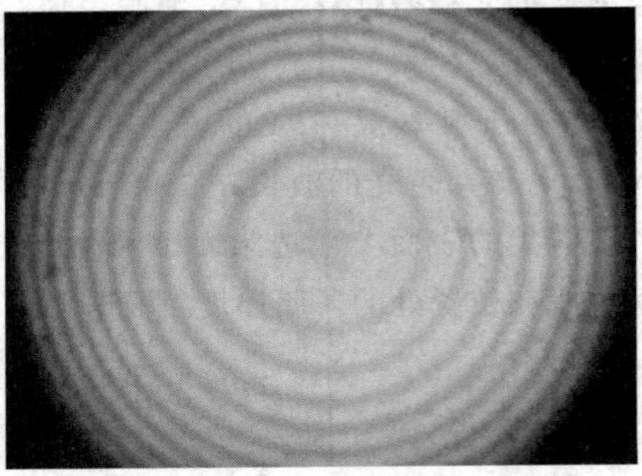

图 7.2.7　实验室拍摄的牛顿环照片

由图 7.2.6 可知：

$$r^2=R^2-(R-e)^2=2Re-e^2$$

因为 $R\gg e$，所以 $e^2\ll 2Re$，将 e^2 从式中略去，可得

$$e=\frac{r^2}{2R} \tag{7.2.8}$$

式(7.2.8)说明 e 与 r 的平方成正比，所以从中心往外，离开中心越远，光程差增加越快，看到的条纹就越密集，牛顿环呈现内疏外密的分布规律。

将式(7.2.8)代入式(7.2.7)，可得牛顿环明、暗环的半径分别为

$$r=\begin{cases}\sqrt{\dfrac{(2k-1)R\lambda}{2}} & (k=1,\ 2,\ \cdots,\ \text{明环})\\ \sqrt{kR\lambda} & (k=0,\ 1,\ 2,\ \cdots,\ \text{暗环})\end{cases} \tag{7.2.9}$$

在透镜与平板玻璃的接触点 O 位置处，因空气薄膜厚度 $e=0$，两反射光的光程差为 $\lambda/2$，且实际接触处不可能为一个点，而是接近圆形的区域，故牛顿环的中心为一个暗斑。

利用牛顿环测量凸透镜曲率半径的方法是，分别测出两个暗环的半径 r_k 和 r_{k+m}，代入式(7.2.9)后，联立求解可得到凸透镜的曲率半径：

$$R=\frac{r_{k+m}^2-r_k^2}{m\lambda} \tag{7.2.10}$$

以上两种等厚干涉都是在反射光方向观察干涉条纹，其实在透射光方向也可以观察到干涉现象，但透射光干涉的明暗条纹恰好与反射光相反。所以，在空气薄膜的透射光牛顿环中，其中心为一亮斑。

例 7.2.2　用波长为 589.3 nm 的钠光灯照射一个牛顿环装置，测得第 k 级暗环的半径为 4.0 mm，第 $k+10$ 级暗环的半径为 6.0 mm，试计算该牛顿环装置中，凸透镜的曲率半径 R 和级次 k 的数值。

解　根据牛顿环的暗环半径公式 $r_k=\sqrt{kR\lambda}$，可知：

$$r_k=\sqrt{kR\lambda}，\ r_{k+10}=\sqrt{(k+10)R\lambda}$$

联立以上两式得到

$$\lambda=\frac{r_k^2}{kR}=\frac{r_{k+10}^2}{(k+10)R}$$

将 $r_k=4.0\ \mathrm{mm}$、$r_{k+10}=6.0\ \mathrm{mm}$、$\lambda=589.3\ \mathrm{nm}$ 代入上式，计算可得

$$R=3.39\ \mathrm{m},\ k=8$$

三、迈克尔逊干涉仪

迈克尔逊干涉仪是由物理学家迈克尔逊和莫雷合作，为了研究“以太”漂移而设计制造的精密光学仪器。该仪器利用分振幅法产生双光束相干光实现干涉。通过调整干涉仪，既可以产生等厚干涉条纹，也可以产生等倾干涉条纹，利用干涉条纹变化可进行微小位移、形变量以及透明材料折射率等测量。迈克尔逊干涉仪的构造照片如图 7.2.8(a)所示。用激光光源获得的迈克尔逊干涉条纹照片如图 7.2.8(b)所示。在近代物理和近代计量技术中，利用该仪器的原理还研制出了多种专用干涉仪，在此仅介绍迈克尔逊干涉仪的基本原理及简单应用。

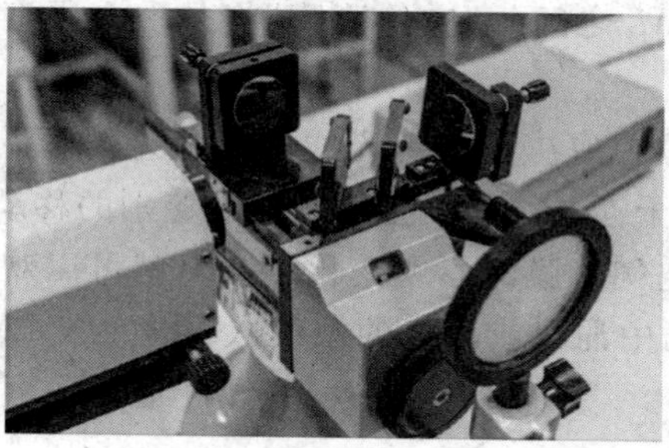

(a)

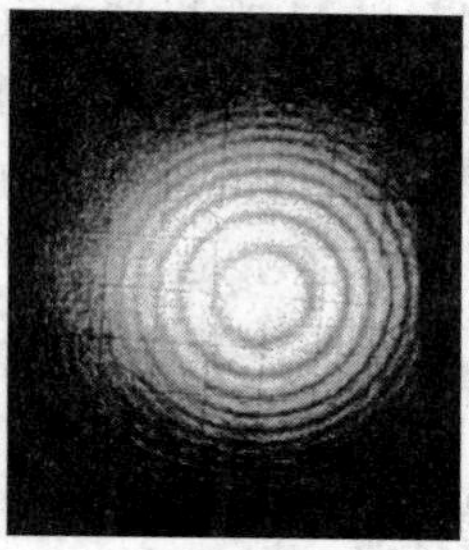

(b)

图 7.2.8　迈克尔逊干涉仪示意图

迈克尔逊干涉仪原理如图 7.2.9 所示。M_1 和 M_2 是两块精细磨光的平面反射镜，分别安装在相互垂直的两臂上，其中 M_2 是固定的，M_1 用螺旋控制，可在导轨上做微小移动。G_1 和 G_2 是两块材料相同、厚度均匀且相等的平行玻璃片，均与两臂倾斜成45°角。在 G_1 的一个表面上镀有半透明的薄银层(图中用阴影表示)，使照射在 G_1 薄银层上的光线一半反射，一半透射，所以 G_1 被称为分束板。

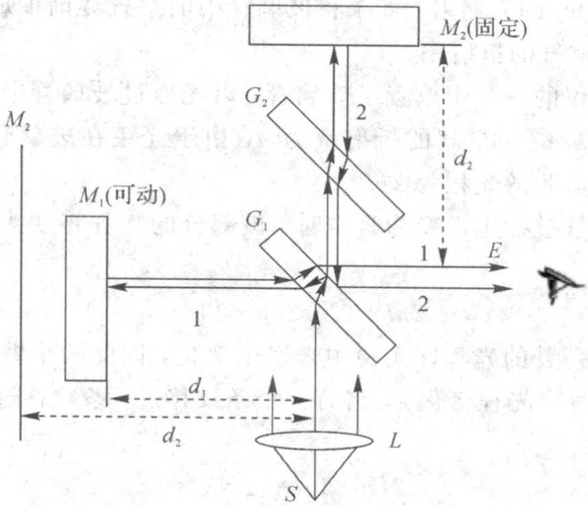

图 7.2.9　迈克尔逊干涉仪原理图

光源 S 发出的光线经透镜 L 扩束后，射向分束板 G_1，折射进入 G_1 的光线，一部分被薄银层反射后再次穿过 G_1 射向 M_1，这部分光线用 1 表示，经过 M_1 反射后的 1 光线第三次穿过 G_1 后向 E 传播，到达观察屏。分束后的另外一部分光线透过薄银层，这部分光线用 2 表示，穿过 G_2 后被 M_2 反射，再次穿过 G_2 后到达 G_1，被反射后射向 E，也到达观察屏。显然，1 路光线和 2 路光线是两束相干光，在 E 处可以看到如图 7.2.8(b)所示的干涉条纹。装置 G_2 的作用是使光线 1 和 2 分别三次穿过等厚度的玻璃片，以免光线所经历的路程不同而引起较大的光程差，因此，G_2 又称作补偿板。

设想镀银层所形成的 M_2 的虚像是 M_2'，所以从 M_2 反射的光线可以看成是从虚像 M_2' 发出来的，于是在 M_2' 和 M_1 之间就构成了一个等效的"空气薄膜"。从薄膜两个表面 M_1 和 M_2' 反射的光线 1 和 2 的干涉，可以当作薄膜干涉来处理。如果 M_1 和 M_2 不是严格地相互垂直，则 M_1 和 M'_2 之间的"空气薄膜"就是劈尖状，形成的干涉条纹将近似为平行的等厚干涉条纹。如果 M_1 和 M_2 严格地相互垂直，则 M_1 和 M_2' 之间的"空气薄膜"将是一个厚度均匀的空气薄膜，干涉条纹将为环形的等倾干涉条纹。

根据薄膜干涉的理论可知，上述条纹的位置取决于干涉光线的光程差。只要光程差有微小的变化(甚至于是 0.01 个波长的变化)，干涉条纹将发生明显的可鉴别的移动。当调节 M_1 向前或向后平移半个波长的距离时(对应空气薄膜的厚度变化 $\lambda/2$)，就可以观察到干涉条纹从中心涌出或消失一条。所以，若在视场中涌出或消失的条纹数目为 ΔN，就可知 M_1 移动的距离 Δd 为

$$\Delta d=\Delta N\,\frac{\lambda}{2} \tag{7.2.11}$$

式(7.2.11)建立的条纹移动数量 ΔN、单色光波长 λ 及微小移动距离 Δd 的关系，可用于测量微小长度变化的计算，其测量精度比其他方法要高得多。迈克尔逊干涉仪用于测量气体或液体的折射率的理论可以做类似的分析。

利用迈克尔逊干涉仪进行的"迈克尔逊-莫雷"实验，为狭义相对论和近代物理学的建立奠定了实验基础。

例 7.2.3 在迈克尔逊干涉仪的一臂中放置 100 mm 长的玻璃管，并充以一个大气压的空气。用波长为 585 nm 的光照射，如果将玻璃管中的空气逐渐抽成真空，则发现有 100 条干涉条纹移动过，求空气的折射率。

解 迈克尔逊干涉仪的一臂中放置了玻璃管，以光通过玻璃管中空气的光程为研究对象。设玻璃管的长度为 l，管中空气的折射率为 n，由于光束在玻璃管中往返通过了两次，所以光通过有空气的玻璃管的光程为 $2nl$。

当玻璃管中由于空气被抽走而变为真空时，该部分的光程将变为 $2l$。比较抽气前后管中的光程变化为

$$2nl-2l=2(n-1)l$$

迈克尔逊干涉仪另一臂的光程在实验中未发生变化，因此两个臂的光程差变化仅由玻璃管中光程变化引起，每当光程变化 λ，将有一个条纹移过。条纹移过的数量 ΔN 和光程的变化关系为

$$2(n-1)l=\Delta N\lambda$$

故空气的折射率为

$$n=1+\frac{\Delta N\lambda}{2l}$$

将 $\Delta N=100$、$l=100$ mm、$\lambda=585$ nm 代入，可得

$$n=1.000\ 292$$

四、增透膜与增反膜

利用薄膜干涉的原理，可以在透镜或光学仪器镜头上进行镀膜，提高仪器的透光率或反射本领。一般来说，光照射到光学元件表面时，其能量分成反射和透射两部分，若使透射光能量增强，反射光能量则减少，能实现这个效果的镀膜称为**增透膜**。反之，使反射光能量增强的镀膜称为**增反膜**。

在现代光学仪器中，为了减少入射光能量在透镜元件的玻璃表面上反射时所引起的损失，常在镜面上镀一层厚度均匀的透明薄膜(常用的材料为氟化镁 MgF_2)，它的折射率介于玻璃与空气之间，膜的厚度适当时，可使对应的单色光在膜的两个表面上的反射光因发生干涉而相消，于是该单色光就几乎完全不发生反射而透过薄膜，这就是常见的增透膜。

另一方面，在有些光学系统中，又要求某些光学元件具有较高的反射本领。例如，激光器中的反射镜，要求对某种波长的单色光反射率在 99% 以上。为了增强反射能量，常在玻璃表面镀一层高反射率的透明薄膜，利用薄膜上、下表面反射光干涉相长的条件，从而使反射光增强，这即为增反膜。由于反射光能量约占入射光能量的 5%，为了达到较高的反射率，常在玻璃表面交替镀上折射率高低不同的多层介质膜，实现非常高的反射率，这些薄膜一般有 13 层，有的甚至达到 15 至 17 层。宇航员头盔的面罩上镀有对红外线具有高反射率的多层膜，以屏蔽宇宙空间极强的红外线照射。

由于可见光的波长范围是 400～760 nm，因此在设计增透膜或增反膜时，不可能同时实现所有波长的光增透或增反的效果，只能根据实际需要，选择某个波长或其附近小范围内的波长区间来确定薄膜的厚度。若有人眼观测因素且白光照射时，增透膜的设计波长通常选人眼最敏感的黄绿光($\lambda=550$ nm)作为设计参考波长。

例 7.2.4　在宇航员头盔的面罩上镀有对红外线高反射率的增反膜，它选用的是折射率介于空气和面罩之间的透明胶(折射率 $n_1=1.50$)，若红外线在真空中的波长 $\lambda=900$ nm，透明头盔面罩的折射率 $n_2=1.60$，则所镀的增反膜厚度至少为多少？

解　设增反膜的厚度为 e 时，在薄膜上下表面的反射光的光程差为

$$\delta=2n_1e$$

式中没有半波损失的修正项，因为光线在上、下表面反射时，都存在半波损失，但计算两束光的光程差时，两个半波损失修正项抵消。根据薄膜干涉的原理，两束反射光要满足干涉相长条件，即

$$2n_1e=k\lambda\quad(k=1,2,3,\cdots)$$

可知薄膜的厚度满足：

$$e=k\frac{\lambda}{2n_1}\quad(k=1,2,3,\cdots)$$

将 $\lambda=900$ nm、$n_1=1.50$、$k=1$ 代入计算可得薄膜的厚度最小应为

$$e_{\min}=k\frac{\lambda}{2n_1}=\frac{900\times10^{-9}}{2\times1.5}=3.0\times10^{-7}\ \text{m}=300\ \text{nm}$$

考虑到薄膜的机械强度和加工工艺，通常 k 取 2 或 3，即薄膜的厚度为 600 nm 或 900 nm。

7.3 光的衍射

干涉现象和衍射现象都是波动过程的特征。当障碍物的尺度与波长在数量级上很相近时，才能观察到明显的衍射现象。由于光的波长较小，一般光学实验中(例如透镜光学成像问题等)都认为光在均匀介质中沿直线传播。但是，当障碍物的大小与光的波长相近时，例如小孔、狭缝、小圆屏、细丝等，就能观察到明显的光的衍射现象，即光线偏离直线传播方向而进入几何阴影区的现象。如图 7.3.1(a)所示为灯光经过相机镜头后，由于光圈、光阑的衍射，出现星芒效果；图 7.3.1(b)为光线在刀片边缘发生直边衍射后，光影中出现了衍射条纹。

(a)

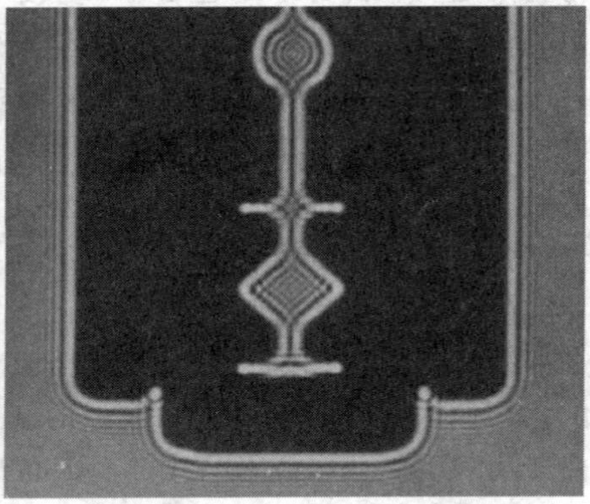

(b)

图 7.3.1 光的衍射现象

一、光的衍射分类和惠更斯-菲涅尔原理

1. 光衍射现象分类

在实验室中观察和测量光的衍射现象，通常需要光源、衍射屏和观察屏，如图 7.3.2 所示，S 为单色光源，K 为衍射屏(上面的透光部分可以是狭缝、小孔等)，E 是观察屏。

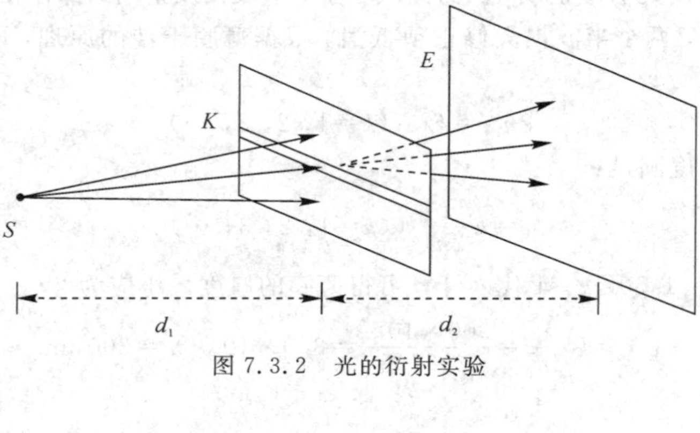

图 7.3.2 光的衍射实验

根据光源与衍射屏之间的距离 d_1 和衍射屏与观察屏之间的距离 d_2 的大小，把衍射现象分为两类：一类是 d_1 或 d_2 中至少有一个为有限远，此类衍射称为**菲涅尔衍射**，衍射分析方法比较复杂；另一类是 d_1 和 d_2 均接近无限大，此类衍射称为**夫琅和费衍射**。现实中很难实现 d_1 和 d_2 两个距离均为无限大，因此实验中使用单色平行光照射衍射屏，等效于 d_1 为无限大，同时在衍射屏后放置一个会聚凸透镜，将观察屏置于透镜焦平面上，等效于 d_2 接近无限大。由于夫琅和费类衍射可以看作是平行光通过衍射屏后发生衍射，并在无限远处观察衍射条纹，所以理论分析相对比较简单。

2. 惠更斯-菲涅尔原理

惠更斯原理指出：波在媒质中传播到任意位置处，波阵面上的每一点都可看成是发射子波的新波源，任意时刻子波的包迹决定了新的波阵面。惠更斯原理可以解释光通过衍射屏时，传播方向会发生改变，进入几何阴影区的现象，但不能详细解释衍射条纹的形状及强度分布。

菲涅尔用波的叠加与干涉思想，发展了惠更斯原理，为衍射理论奠定了基础。菲涅尔假定：**从同一波阵面上各点所发出的子波，在空间某点相遇时，也可相互叠加而产生干涉现象，空间各点波的强度，由各子波在该点的相干叠加所决定**。经过发展的惠更斯原理，称为**惠更斯-菲涅尔原理**。

根据菲涅尔“子波相干叠加”的设想，如果已知光波在某时刻的波阵面 S，如图 7.3.3 所示，则空间任一点 P 的光振动可由波阵面 S 上各面源 Δs 发出的子波在该点相干叠加后的合振幅来表示。这是研究衍射问题的基本理论基础，可以解释并定量计算各种衍射强度的分布，但计算相当复杂。一般情况下，采用菲涅尔提出的半波带法来讨论单缝夫琅和费衍射现象，以规避繁杂的数学积分等计算。

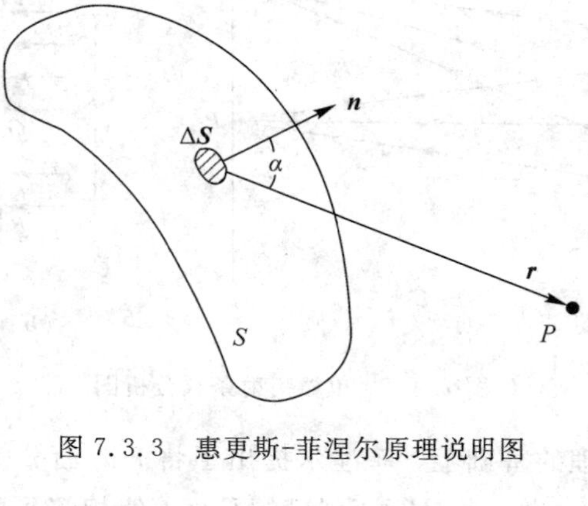

图 7.3.3　惠更斯-菲涅尔原理说明图

二、单缝夫琅和费衍射

图 7.3.4 为单缝夫琅和费实验装置示意图。在衍射屏 K 上开有一个细长的狭缝，单色点光源 S 放置于透镜 L_1 的焦点，发出的光线经透镜扩散为平行光束，照射向单缝衍射屏 K。在紧贴衍射屏后面设置会聚透镜 L_2，经过狭缝的衍射光线由 L_2 会聚在焦平面处的观察屏 E 上，在观察屏上可以看到一系列平行于狭缝的衍射条纹。

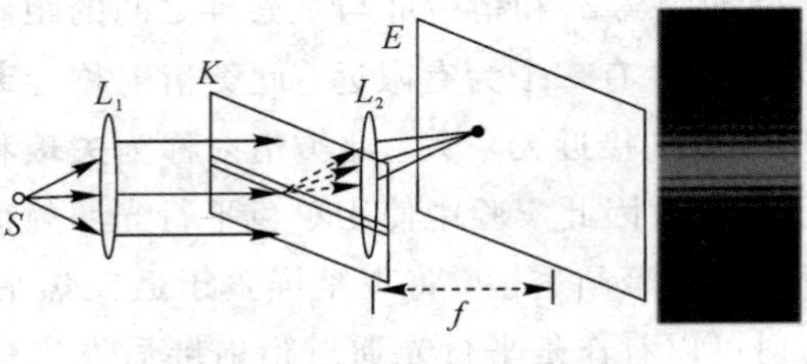

图 7.3.4 单缝夫琅和费演示实验装置示意图

现在用菲涅尔半波带法分析单缝衍射图样。如图 7.3.5(a)所示，K 是宽度为 a 的单缝，在单色平行光照射下，只有位于单缝所在处的波阵面 AB 上的各点的子波，向缝的右边各个方向发射衍射光线。将衍射光线传播方向与单缝平面法线方向之间的夹角称为衍射角。以任意衍射角 φ 方向来分析，各子波在 φ 方向上发出的衍射光线是一束平行光，如图 7.3.5(a)中的 2 光线，在透镜 L_2 的会聚作用下，这些光线会聚于焦平面上 P 点。φ 角不同，P 点的位置就不同，但都在 L_2 的主焦平面上，我们将在 L_2 的主焦平面上看到单缝夫琅和费衍射的衍射图样。

如图 7.3.5(b)所示，衍射角为 φ 的一束平行光，经透镜会聚在观察屏上 P 点，这一束从 A、… A_1、… A_2、…B 各点向 P 会聚的平行光线，它们从各点到 P 的光程是递增的。A、B 两点是边缘两点，两条边缘光线之间的光程差最大，表示为

$$BC = a\sin\varphi \tag{7.3.1}$$

由上面的分析可知，P 点处的明暗情况取决于光程差 BC 的量值。

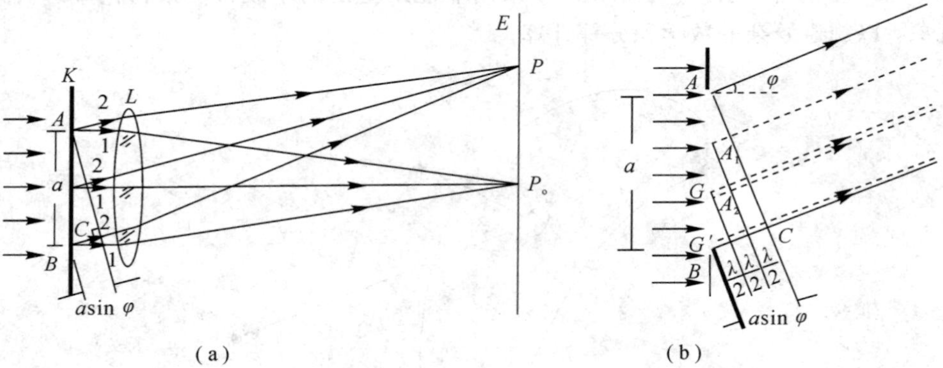

图 7.3.5 单缝衍射条纹分析图

在惠更斯-菲涅尔原理的基础上，菲涅尔提出了将波阵面分割成许多面积相等的半波带的方法。在 7.3.5(b)中，做一些平行于 AC 的平面，使相邻平面之间的距离等于入射光的半波长，即 $\lambda/2$。假定这些平面将单缝处的波阵面 AB 分成 AA_1、A_1A_2、A_2B 等若干个面积相等的带状区域，这样的区域称为**半波带**。由于各个半波带的面积相等，所以各个半波带在 P 点所引起的光振幅接近相等。两个相邻半波带上，任何两个对应点(如 AA_1 带上的 G 点与 A_2B 带上的 G' 点)所发出的光线的光程差总是 $\lambda/2$，相位差总是 π，经透镜会聚到 P 点，由于透镜不带入额外光程差，所以到达 P 点时的相位差仍然是 π。结果，由相邻半波带

所发出的任何光线将两两相消，在 P 点将完全相互抵消。

由此可见，当 BC 等于半波长的偶数倍时，对应衍射角方向上，单缝可被分成偶数个半波带，所有半波带的作用两两相互抵消，对应的 P 点处将是暗的；而 BC 等于半波长的奇数倍时，对应衍射角方向上，单缝可被分成奇数个半波带，相邻半波带两两相互抵消后，留下一个半波带的衍射光未被完全抵消，此时 P 点处是亮的。

根据以上分析，当单色平行光垂直入射到单缝时，单缝衍射明暗条纹与衍射角的关系为

$$a\sin\varphi=\begin{cases}0 & (\text{中央明纹中心})\\ \pm k\lambda & (k=1,\ 2,\ 3,\ \cdots,\ \text{暗条纹})\\ \pm(2k+1)\dfrac{\lambda}{2} & (k=1,\ 2,\ 3,\ \cdots,\ \text{明条纹})\end{cases} \tag{7.3.2}$$

式中 k 为级数，正、负号表示衍射条纹对称分布于中央明纹的两侧，φ 为该级明、暗条纹中心对应方向的衍射角。

必须指出，对于任意衍射角 φ 来说，如果 AB 不能被恰好分成整数个半波带，即 BC 不等于 $\lambda/2$ 的整数倍时，对应这些衍射角方向的衍射光线，经会聚透镜在 P 点相干叠加时，其亮度介于最亮与最暗之间。因而，在单缝衍射条纹中，强度分布是不均匀的，式(7.3.2)对应的是条纹最亮和最暗的位置。

衍射条纹中，明条纹的宽度定义为与其相邻的两个暗纹中心之间的间距。所以，中央明纹最宽，为 $a\sin\varphi_0=-\lambda$ 与 $a\sin\varphi_0=\lambda$ 之间对应的宽度。当 φ_0 很小时，$\varphi_0\approx\sin\varphi_0=\pm\lambda/a$，中央明纹的角宽度(条纹对透镜中心的张角)等于 $2\varphi_0\approx2\lambda/a$，也可用半角宽度描述，即

$$\varphi_0\approx\frac{\lambda}{a} \tag{7.3.3}$$

而其他明条纹的角宽度显然等于中央明条纹的一半，其角宽度近似为

$$\Delta\varphi=(k+1)\frac{\lambda}{a}-k\frac{\lambda}{a}=\frac{\lambda}{a} \tag{7.3.4}$$

设会聚透镜 L_2 的焦距为 f，则在衍射角较小的情况下，屏幕上观察到的各级明条纹的宽度(称作线宽度)为

$$\begin{cases}\Delta x_0=2f\tan\varphi_0\approx2f\sin\varphi_0=2f\dfrac{\lambda}{a} & (\text{中央明纹})\\ \Delta x=f\tan\Delta\varphi\approx f\sin\Delta\varphi=f\dfrac{\lambda}{a} & (\text{其他条纹})\end{cases} \tag{7.3.5}$$

可见，其他各级明纹宽度为中央明纹宽度的一半。

随着级数的增大，其他各级明条纹的亮度迅速减小。这是因为衍射角 φ 越大，AB 波面被分成的半波带数越多，每个半波带的面积相应减小，透过来的光强也随之减小，因而，未被抵消的半波带上发出的光，在屏幕上叠加形成的明条纹的亮度就越弱。各级明条纹的光强分布如图 7.3.6 所示。

当缝宽 a 一定时，对于同一级衍射条纹，波长 越大，衍射角 φ 就越大，因此，用白光作光源时，除了中央明纹的中部仍是白色外，其两侧将依次出现一系列由紫色到红色的衍射条纹，称为衍射光谱。

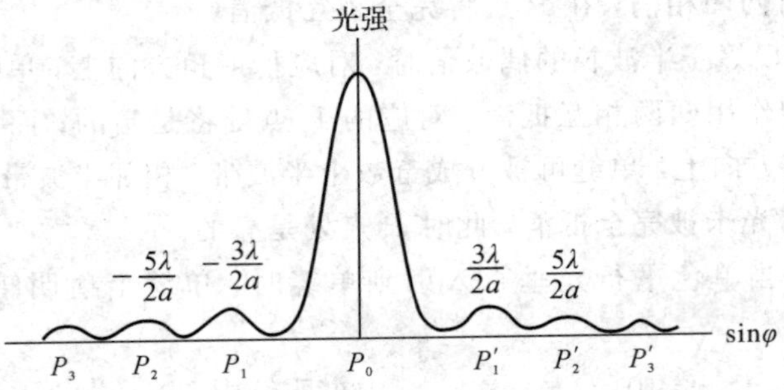

图 7.3.6　单缝衍射光强分布

若入射光是波长为 λ 的单色，缝宽 a 越小(a 不能小于 λ)，各级衍射条纹的衍射角 φ 越大，衍射现象越明显；当缝宽 a 越大时，各级衍射条纹的衍射角 φ 越小，将密集排列在中央明纹两侧附近而逐渐不可分辨，衍射现象将不明显；当 $a\gg\lambda$ 时，各级衍射条纹将并入中央条纹中，形成单一的明条纹，即透镜形成的单缝的像，衍射现象将消失，可用几何光学成像来解释。

例 7.3.1　用波长 $\lambda=500$ nm 的单色光垂直入射到缝宽 $a=0.2$ mm 的单缝上，缝后面的会聚透镜焦距 $f=1.0$ m，将观察屏放置在透镜焦平面上。在观察屏上，选焦点处为坐标原点，垂直缝的方向建立 x 坐标系。试计算：

(1) 中央明条纹的角宽度、线宽度；

(2) 第 1 级明纹的位置以及单缝此时可分为几个半波带?

(3) 其他明条纹的线宽度。

解　(1) 中央明条纹是上下两个第 1 级暗条纹之间的区域，根据单缝夫琅和费衍射公式，第 1 级暗纹对应的衍射角 φ_1 应满足关系：

$$\sin\varphi_0=\frac{\lambda}{a}=\frac{500\times10^{-9}}{0.2\times10^{-3}}=2.5\times10^{-3}$$

因 $\sin\varphi_0$ 很小，所以 $\varphi_0\approx\sin\varphi_0$，中央明条纹的角宽度为

$$\Delta\varphi=2\varphi_0\approx2\sin\varphi_0=5\times10^{-3}\ \text{rad}$$

根据几何关系可知，第 1 级暗纹的位置 x_1 为

$$x_1=f\tan\varphi_0\approx f\sin\varphi_0=\pm f\frac{\lambda}{a}=\pm1.0\times2.5\times10^{-3}\ \text{m}=\pm2.5\ \text{mm}$$

所以，中央明条纹的线宽度为

$$\Delta x_0=2x_1=2\times2.5\times10^{-3}\ \text{m}=5.0\ \text{mm}$$

(2) 第 1 级明条纹对应的衍射角 φ_1 满足：

$$\sin\varphi_1=(2k+1)\frac{\lambda}{2a}=\frac{3\times500\times10^{-9}}{2\times0.2\times10^{-3}}=3.75\times10^{-3}$$

所以，第 1 级明条纹的坐标为

$$x_1=f\tan\varphi_1\approx f\sin\varphi_1=\pm1.0\times3.75\times10^{-3}\ \text{m}=\pm3.75\ \text{mm}$$

对应 φ_1 方向上，单缝可被分为 $2k+1$ 个半波带，即 $k=1$，则

$$2k+1=2+1=3\ 个$$

(3) 第 k 级明条纹线宽度 Δx_k 为相邻的第 k 级和第 $k+1$ 级暗条纹中心之间的间距，即

$$\Delta x_k = x_{k+1} - x_k = f\sin\varphi_{k+1} - f\sin\varphi_k = f\,\frac{\lambda}{a} = 1.0\times\frac{500\times10^{-9}}{0.2\times10^{-3}}\ \text{m} = 2.5\ \text{mm}$$

可见，其他明条纹宽度为中央明条纹宽度的一半。

三、圆孔夫琅和费衍射与光学仪器的分辨率

在观察单缝夫琅和费的实验中，将图 7.3.4 中的单缝衍射屏 K 替换为有小圆孔的衍射屏，如图 7.3.7(a)所示，就可以在观察屏上观察到图 7.3.7(b)所示的圆孔衍射图样了。

衍射图样的中央是一明亮的圆斑，外围是一系列同心相间的暗环和明环。经理论计算可以证明，衍射图样的光强分布曲线如图 7.3.7(c)所示。

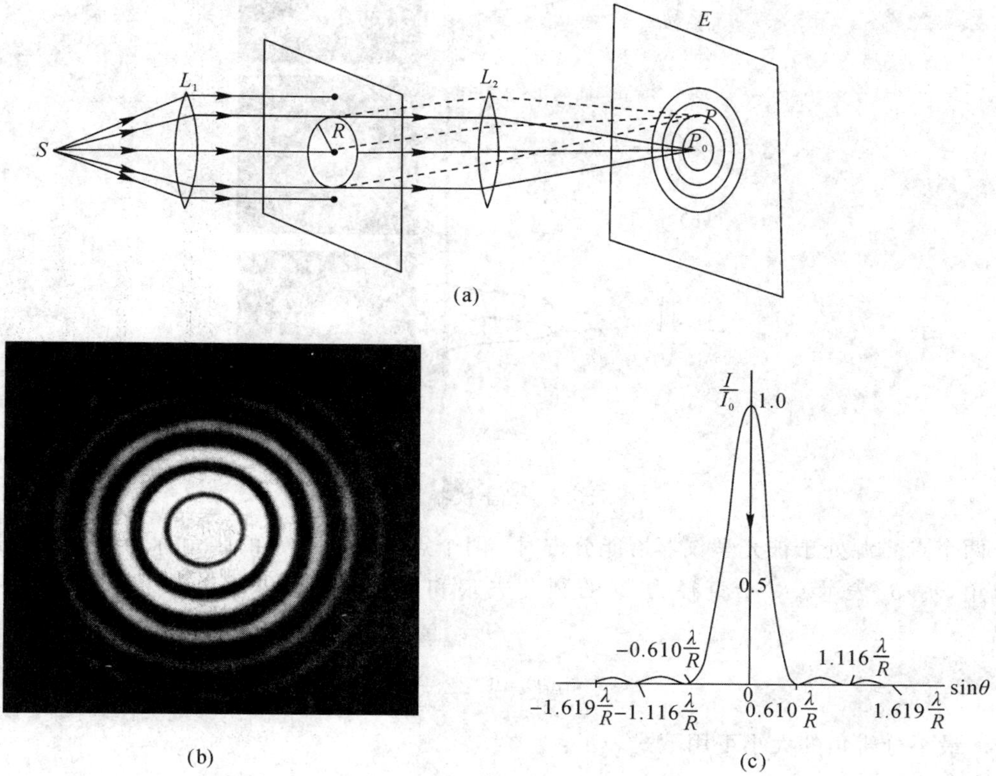

图 7.3.7　圆孔夫琅和费衍射

由第一暗环所包围的中央亮斑称为爱里斑，理论计算可知，爱里斑占整个入射光强的 84％左右。爱里斑的半角宽度为

$$\theta_1 \approx \sin\theta_1 = 0.610\,\frac{\lambda}{R} = 1.22\,\frac{\lambda}{D} \tag{7.3.6}$$

式中 $D=2R$ 是圆孔的直径，λ 是入射光的波长。显然，D 越小，或 λ 越大，衍射现象越明显。

由于大多数光学仪器的透镜边缘都是圆形的，所以研究圆孔的夫琅和费衍射，对评价光学仪器的成像质量有重要意义。例如，星空中的一颗星(可视为点光源)发出的光经望远镜的物镜后所成的像，并不是几何光学中所说的一个点，而是有一定大小的衍射斑。若星

空中两颗相隔较近的星所成的像斑(爱里斑)的中心不重叠，如图 7.3.8(a)所示，则能分辨这是两颗星；若两个像斑大部分重叠，如图 7.3.8(b)所示，则这两颗星就分不清楚了。

对一个光学仪器来说，如果一个点光源衍射图样的中心刚好与另一个点光源衍射图样的第一个暗环处重合，如图 7.3.8(c)所示，则规定为这两个点光源恰好能被该仪器分辨，这一规定称为**瑞利判据**。

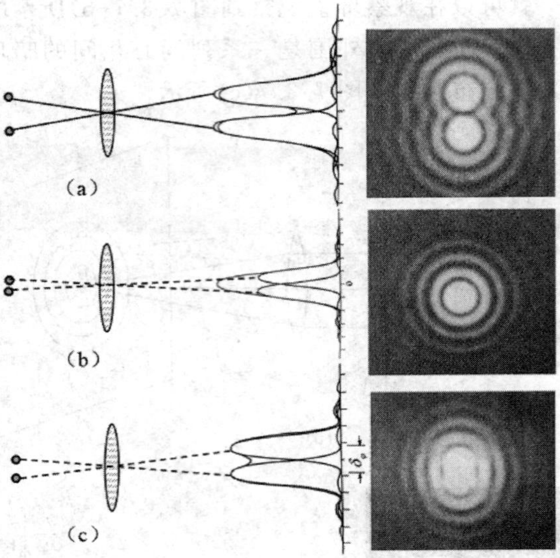

图 7.3.8　光学仪器分辨率

两个点光源处于被光学仪器恰能分辨时，两个点光源对透镜的张角称为该仪器的最小分辨角，用 δ_φ 表示。对于直径为 D 的圆孔夫琅和费衍射图样来说，第一级极小由下式给出：

$$\sin\theta_1 = 1.22\,\frac{\lambda}{D}$$

这样，最小分辨角的大小可用下式表示：

$$\delta_\varphi = \theta_1 \approx \sin\theta_1 = 1.22\,\frac{\lambda}{D} \tag{7.3.7}$$

该式表明：最小分辨角 δ_φ 与仪器的孔径 D 和光波的波长 λ 有关。例如，若人眼的瞳孔直径 $d \approx 2.0$ mm，人眼最敏感的黄绿色光波长 $\lambda = 550$ nm，可以算得人眼的最小分辨角为 3.4×10^{-4} rad，约为 $1'$；而天文望远镜的口径有 6 m，其最小分辨角可达到 1.12×10^{-7} rad，比人眼的分辨本领高得多。

通常，把望远镜等光学仪器的最小分辨角 δ_φ 的倒数称为其分辨本领，用 R 来表示，则望远镜的分辨本领为

$$R = \frac{1}{\delta_\varphi} = \frac{D}{1.22\lambda} \tag{7.3.8}$$

由此可知，望远镜的分辨本领与其口径成正比，与入射光的波长成反比，因此，提高望远镜

分辨本领的主要方式为增大望远镜口径和降低入射光波长。

虽然分辨率是望远镜非常重要的参数，但它并不是衡量各类望远镜工作能力的唯一指标。比如，射电望远镜的天线等效口径非常大，但由于观测的电磁波波长在米波范围，所以其分辨率并不比普通光学望远镜高，但其在探测灵敏度、观测波段的大气透明度、探空深度等方面是普通光学望远镜无法相比的。图 7.3.9 所示是被誉为"中国天眼"的 500 米口径球面射电望远镜(Five-hundred-meter Aperture Spherical Telescope，简称 FAST)。

图 7.3.9 中国 500 米口径球面射电望远镜

例 7.3.2 在通常亮度条件，人眼瞳孔的直径约为 3 mm，如果在白板上用黄绿颜色($\lambda=550$ nm)的笔画两条平行直线，间距为 1 cm，问人距离白板多远时恰能分辨这两条平行线？

解 根据式(7.3.7)计算人眼的最小分辨角为

$$\delta_\varphi=1.22\frac{\lambda}{D}=1.22\frac{550\times10^{-9}}{3\times10^{-3}}=2.2\times10^{-4}\text{ rad}$$

设人距白板的距离为 s，平行线间距为 l，其对人眼的相应张角 $\theta\approx\frac{l}{s}$，根据瑞利判据恰能分辨时，$\theta=\delta_\varphi$，所以

$$s=\frac{l}{\theta}=\frac{l}{\delta_\varphi}=\frac{1\times10^{-2}}{2.2\times10^{-4}}=45.5\text{ m}$$

四、衍射光栅

根据单缝衍射的结论可知，当狭缝较窄时，衍射效果虽然比较明显，但透过狭缝的总光强将大大减小，衍射光含有的信息量也会大大降低；若将狭缝宽度增大，虽然总透光强度增大，衍射光信息量增加，但衍射效果却不明显，各级衍射光变得不易分辨，无法获取衍射光的有效信息。为了解决这一矛盾，可使用衍射光栅。

1. 光栅衍射现象

由大量等宽度、等间距的平行狭缝所组成的光学元件称为**衍射光栅**。用于透射光衍射的叫透射光栅，用于反射光衍射的叫反射光栅。常用的透射光栅是在一块玻璃片上刻划许多条等间距、等宽度的平行刻痕，在每条刻痕处，入射光向各个方向散射而不易透过，两刻

痕之间的光滑部分可以透光，相当于透光狭缝。用来刻划光栅的光栅刻划机，需要比较高精密的制造技术，被誉为“精密机械之王”。

缝的宽度 a 和刻痕的宽度 b 之和，即 $(a+b)$ 称为**光栅常数**。常用的光栅是精制的刻线母光栅的优良塑制品或复制品。现代用的精制衍射光栅，在 1 cm 内刻痕可以达到 $10^3\sim10^4$ 条，所以，一般的光栅常数约为 $10^{-5}\sim10^{-6}$ m。

一束单色平行光垂直照射在光栅上，光线经过透镜 L 后，会聚在焦平面处的观察屏 E 上，将呈现各级衍射条纹，如图 7.3.10 所示。

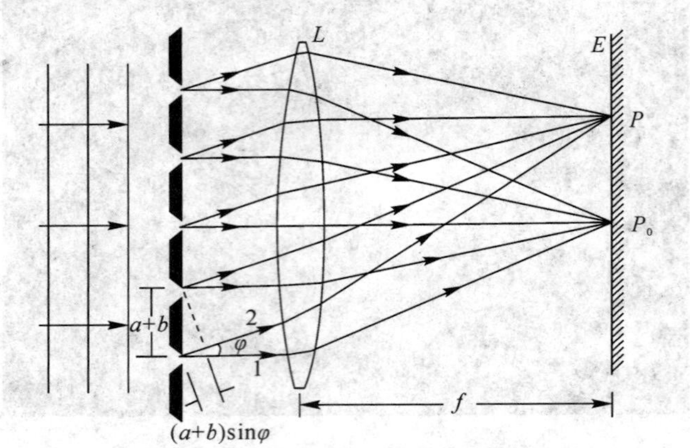

图 7.3.10　衍射光栅光路图

对光栅中每一条狭缝来说，都符合前面讨论的单缝衍射的结论。但是，由于光栅中含有大量等面积的平行狭缝，所以各个狭缝所发出的衍射光线还要发生干涉。即使在某一给定的衍射方向上，若按照单缝衍射将得到明纹，但由于缝与缝之间光波的相互干涉，最后可能得到的是暗条纹。总之，光栅的衍射条纹应该看作是**单缝衍射与缝间干涉共同作用**的结果。

2. 光栅公式

首先讨论明条纹的位置。当单色平行光垂直照射光栅时，每个缝均向各方向发出衍射光，发自各缝具有相同衍射角 φ 的光线是一束平行光，会聚于观察屏上的同一点。如图 7.3.10 中的 P 点，这些光波彼此叠加产生干涉，称为多光束干涉，从图中可以看出，选取任意相邻两缝上位置相对应的任意两点，它们在 φ 方向上发出的衍射光线，到达 P 点处的光程差均等于 $(a+b)\sin\varphi$。如果此值恰好等于入射光波长 λ 的整数倍，则这两条衍射光线在 P 点满足干涉相长的条件，相邻两缝在该方向上的所有衍射光线均两两干涉相长，与此同时，其他任意两缝沿 φ 方向的衍射光线，到达 P 点处也必然满足干涉相长，于是，在 φ 方向看，所有缝在该方向上的衍射光线会聚后，均相互加强，P 点处形成一条明条纹，这时，若光栅有 N 条透光狭缝，则在 P 点的光振幅，应是来自一条缝的衍射光振幅的 N 倍，合光强则是来自一条缝光强的 N^2 倍。所以，光栅的多光束干涉形成的明条纹的亮度，要比一条缝形成的明条纹亮度大得多。光栅缝的数目 N 越大，明条纹越明亮。满足以上条件的这些衍射明条纹，其位置满足：

$$(a+b)\sin\varphi=\pm k\lambda\quad(k=0,1,2,\cdots)\tag{7.3.9}$$

该式称为**光栅公式**，又叫**光栅方程**，式中 k 为明条纹的级数。

这些明条纹宽度非常细，但亮度非常高，通常称为光栅衍射主极大条纹。$k=0$，为零级主极大；$k=1$，为第 1 级主极大，其余依此类推。正、负号表示其他各级主极大在零级主极大两侧对称分布。

可以证明，在主极大以外其他衍射方向上，形成暗条纹的机会远比形成明条纹的机会多，在任意两条主极大明条纹之间相间分布着 $N-1$ 条暗条纹和 $N-2$ 条次级明条纹，由于次级明条纹强度相比主极大明条纹强度要小得多，所以，在两条主极大明条纹之间呈现的是广阔的暗背景，光栅缝数 N 越大，主极大明条纹越细。图 7.3.11 为具有不同数量透光缝的装置衍射图，可以清楚看到以上结论。

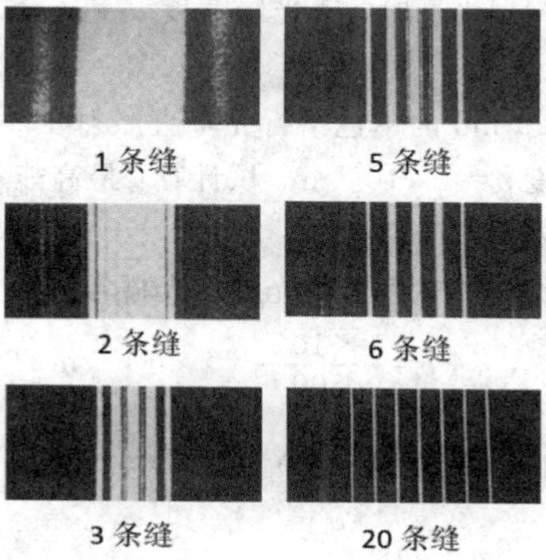

图 7.3.11 不同数量透光缝的衍射图

由于衍射角 φ 的取值范围介于 $-\frac{\pi}{2}\sim\frac{\pi}{2}$ 之间，即 $|\sin\varphi|\leqslant 1$，因而衍射级数的最大值 $k_m\leqslant\frac{a+b}{\lambda}$。它表明对于给定光栅常数的光栅，能观察到的主极大数目是有限的。对于光栅而言，其光栅常数越小，各级明条纹的衍射角越大，各级明条纹间距越大，越容易分辨，也容易准确测量位置，因此，实验中也常用光栅精确测量光波的波长。

从光栅公式还可以看出，光栅常数 $(a+b)$ 确定时，入射光波长 λ 越大，各级主极大明条纹的衍射角也越大，所以光栅对复色光具有色散分光的作用。若用一束白光入射到光栅上，各种波长的单色光将各自产生衍射条纹，除中央明纹仍由各色光混合为白光外，其两侧各级明条纹都将形成由紫色到红色对称排列的彩色光带，称为**光栅光谱**。由于短波长的光衍射角小，长波长的光衍射角大，所以同一级光谱中，波长较短的紫光靠近中央明条纹，波长较长的红光距中央明条纹最远，级数较高的光谱，将会发生重叠。光栅衍射光谱被广泛应用于分析、鉴定及标准化测量等。

3. 缺级现象

现在对光栅衍射主极大再做进一步讨论。若衍射角 φ 满足光栅公式(7.3.9)，同时还适合式(7.3.2)中单缝衍射暗纹条件，将发生缺级现象。

$$(a+b)\sin\varphi=\pm k\lambda \quad (k=0,1,2,\cdots)$$

$$a\sin\varphi=\pm 2k'\frac{\lambda}{2} \quad (k'=1,2,\cdots)$$

由以上两式可知，在 φ 向上每个缝均被分成了偶数个半波带，满足单缝衍射暗纹条件，当然此方向上就不存在缝与缝之间的干涉相长的情况了。按光栅公式应该出现光栅衍射主极大的方向上，实际上却是一条暗纹，这种现象称为光栅的缺级现象。

光栅主极大缺级的级次满足如下关系：

$$k=\frac{a+b}{a}k' \quad (k'=1,\ 2,\ \cdots) \tag{7.3.10}$$

例如 $(a+b)=3a$ 时，光栅缺级的级数 $k=3,\ 6,\ 9,\ \cdots$，这种现象进一步证明了光栅衍射是由单缝衍射和缝间干涉共同作用的结果。

为了避免缺级现象，在刻划光栅时，透光缝宽度 a 和不透光部分宽度 b 通常不应是简单的倍数关系。

例 7.3.3 用波长 $\lambda=590$ nm 的单色平行光垂直照射在一块每毫米有 500 条刻痕的光栅上，已知光栅透光缝的宽度 $a=1\times10^{-6}$ m。试计算：最高能观察到第几级主极大明条纹？总共能看到多少条主极大明条纹？

解 根据给定的光栅刻划参数，可知此光栅的光栅常数为

$$a+b=\frac{1\times10^{-3}}{500}=2\times10^{-6}\ \text{m}$$

由光栅公式(7.3.9)可知，当衍射角 $\varphi=\frac{\pi}{2}$ 时，观察到主极大明条纹级次取最大值 k_m，所以

$$k_m=\frac{(a+b)\sin\frac{\pi}{2}}{\lambda}=\frac{2\times10^{-6}}{590\times10^{-9}}\approx3.4\ 级$$

由于级次是整数，所以对计算结果取整，即 $k_m=3$，最高能观察到第 3 级主极大明条纹。

再根据式(7.3.10)的缺级条件，代入数据计算得

$$k=\frac{a+b}{a}k'=\frac{2\times10^{-6}}{1\times10^{-6}}k'=2k' \quad (k'=1,\ 2,\ \cdots)$$

所以此光栅缺级的级次有 2，4，6，…，实际能看到的主极大明条纹级次为 0，1，3 级，关于 0 级对称分布共有 5 条明条纹。

7.4 光的偏振

前面讨论了光的干涉和衍射规律，没有涉及光到底是横波还是纵波，而光的偏振现象则从实验上清楚地显示了光的横波性，与光的电磁理论的预言完全一致。

光的偏振现象普遍存在于自然界中，光在介质表面的反射、折射以及在晶体中的双折射现象都与光的偏振有关。光的偏振原理在 3D 影视制作、液晶显示、激光器设计、光弹效应等方面有广泛应用。

一、自然光和偏振光

1. 光的偏振性

在机械波中我们已知，根据质元的振动方向与波的传播方向之间的关系，将机械波分

为纵波和横波。横波的传播方向与质元的振动方向垂直，将质元的振动方向与波的传播方向构成的平面称为**振动平面**。显然，振动平面与包含波传播方向的其他平面性质不同，这种波的振动方向相对传播方向的不对称性，称为波的**偏振**。

光是电磁波，电矢量和磁矢量均与光的传播方向垂直。由于人的眼睛只能感受到光的电矢量，而看不到磁矢量，所以，人眼观察到的光是由电矢量振动构成的横波。通常所讲的光矢量即是电矢量，**光矢量平面**就是电矢量振动方向与光传播方向构成的平面，类似机械波中的振动平面。因此，光具有与机械波类似的偏振性。

虽然一个光子在空间传播时，其光矢量在光矢量平面内振动具有偏振性，但由光源发出的光束包含了大量的光子，光子间不存在相干性，且其偏振方向具有随机性，所以统计来看光束整体不具有偏振性。当光在介质表面发生反射、折射或经过特殊处理后，光矢量可能具有各种不同的偏振状态，这种不同的偏振状态称为光的**偏振态**。接下来讨论具有不同偏振态的线偏振光、自然光和部分偏振光。

2. 线偏振光

如果一束光的光矢量始终不变，只沿一个固定的方向振动，则称这种光为**线偏振光**。因线偏振光中沿传播方向各处的光矢量都在彼此平行的振动平面内，故线偏振光也称为**平面偏振光或完全偏振光**，简称**偏振光**。

因为不可能把一个原子所发射的光波分离出来，所以实验中获得的线偏振光，是包含众多原子的光波中光矢量方向相互平行的成分。实验中通常是让普通光源发出的光通过特殊的装置来获得线偏振光的。

图 7.4.1 是线偏振光示意图，其中图 7.4.1(a)表示光矢量振动方向在纸面内的线偏振光，图 7.4.1(b)表示光矢量振动方向垂直纸面的线偏振光。

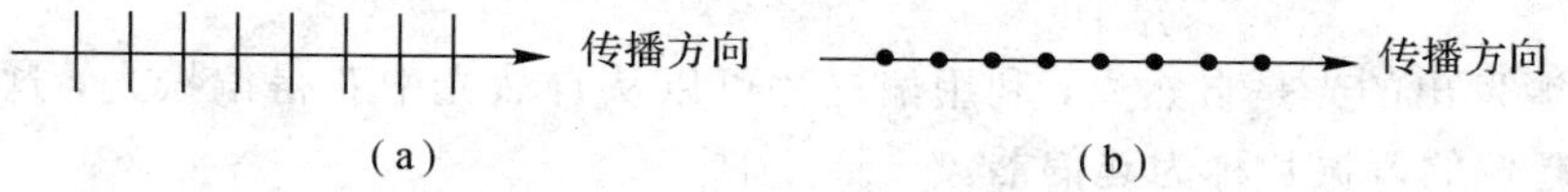

图 7.4.1　线偏振光示意图

3. 自然光

普通光源的发光机理是为数众多的原子或分子等的自发辐射，它们之间，无论在发光的先后次序(相位)、光矢量振动取向和大小(偏振和振幅)以及发光的持续时间(光波列长度)方面都相互独立。所以在垂直光传播方向的平面上看，几乎各个方向都有大小不等、前后参差不齐而快速变化的光矢量振动，但按照统计平均来说，无论哪一个方向的振动都不比其他方向占优势，这种偏振态为零的光称为**自然光**。

自然光中任何一个方向的光振动，都可以分解成某两个相互垂直方向的振动，他们在每个方向上的时间平均值相等，由于这两个分量是相互独立的，没有固定的相位关系，所以通常可以把自然光用两个相互独立的、等振幅的、振动方向相互垂直的线偏振光表示，如图 7.4.2(a)所示。这仅是一种表示方法，不代表自然光由两个强度相同且相互垂直的线偏振光合成。自然光通常用数量相等的小短线和小圆点来表示，如图 7.4.2(b)和(c)所示。

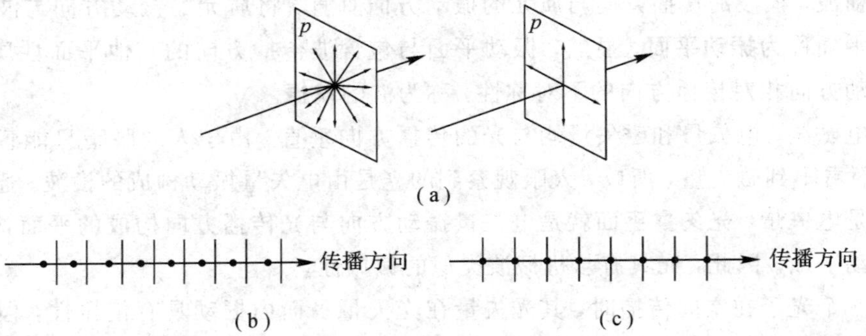

图 7.4.2　自然光示意图

4. 部分偏振光

当自然光在大多数透明介质表面发生反射或折射后，其偏振态发生改变，在垂直于光的传播方向的平面内各方向的光矢量振动都有，但它们的振幅大小不相等，这种光称为**部分偏振光**。部分偏振光可以看作是线偏振光与自然光的混合光，常将其表示为某一确定方向的光振动较强，而与之垂直方向的光振动较弱，这两个方向的光振动对比度越高，其越接近于线偏振光，对比度越低则越接近于自然光。图 7.4.3 是部分偏振光示意图，其中图 7.4.3(a)表示垂直纸面的光振动较强，图 7.4.3(b)表示平行纸面的光振动较强。

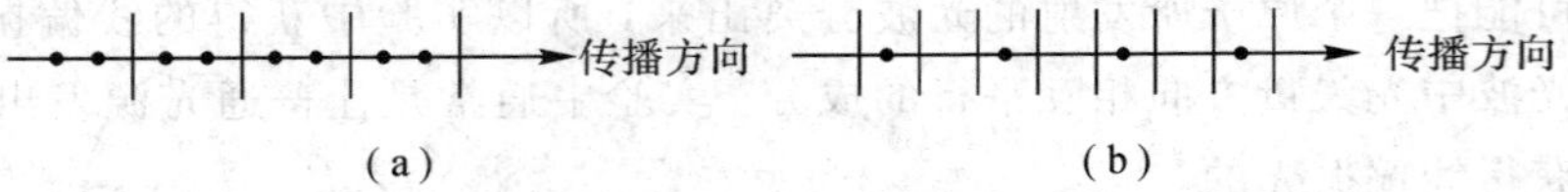

图 7.4.3　部分偏振光示意图

二、起偏和检偏

普通光源发出的光是自然光，利用偏振片可以从自然光中获得偏振光，这个过程称为**起偏**，用于起偏的偏振片称为**起偏器**。

利用不同偏振状态的光透过偏振片后光强的变化规律，可以区分和检验光的偏振类型，这个过程称为**检偏**，用于检偏的偏振片称为**检偏器**。

1. 偏振片

偏振片的制作方法是在透明的基片上蒸镀一层沿固定方向排列的晶体颗粒(如硫酸碘奎宁、电气石等)，或沿固定方向“刷”上一定厚度的含有特殊晶体颗粒的胶。这种晶粒对相互垂直的两个分振动光矢量具有选择性的吸收性能，对入射光在某个方向的光振动分量有强烈的吸收，而对垂直该方向的分量却吸收很少，因而只有沿吸收少的这个方向的光振动分量能够通过晶体。

所以，偏振片基本上只允许某一特定方向的光振动通过，这一方向称为偏振片的**偏振化方向**，也叫透光轴，在偏振片上用“↕”来标示。

2. 起偏与检偏

利用起偏器将普通光源发出的自然光转变为偏振光，这是最简便和常用的起偏方法。另外，还可以利用自然光在透明介质表面上以特殊角度入射时发生起偏，角度的大小由介质的折射率来决定。让自然光通过一些特殊的晶体或棱镜(如尼科耳棱镜、渥拉斯顿棱镜等)也可以获得偏振光。

检偏是利用检偏器检查一束光的偏振状态的过程。不同偏振状态的光通过检偏器后的状态有所区别，下面讨论如何对自然光、线偏振光、部分偏振光进行检偏和区分。

当一束自然光垂直入射到检偏器上时，由于自然光在任意方向分量的强度都为全部光强的一半，所以不管偏振片的偏振化方向如何放置，透射光的强度均不会发生变化。当以光的传播方向为轴时，将检偏器旋转一周过程中，透射光的强度不发生变化，均为入射光强的一半。

若入射光为线偏振光时，透射光的强度会受到偏振光的光矢量方向与偏振片偏振化方向之间夹角的影响，当检偏器在以光传播方向为轴旋转一周过程中，透射光会出现两次最大光强和两次光强为零的状态。

部分偏振光的检偏与线偏振光类似，只是当检偏器在以光传播方向为轴旋转一周过程中，透射光会出现两次最大光强和两次光强极小的状态，但光强极小值不为零。

图 7.4.4 是利用偏振片进行起偏和检偏的示意图。图中 A 为起偏器，用自然光垂直入射，出射光为线偏振光，光强是自然光的一半。B 为检偏器，由 A 出射的线偏振光射到 B 时，若 B 的偏振化方向与线偏振光的振动方向平行，如图 7.4.4(a)所示，光将完全通过，得到最大的透射光强；而当 B 的偏振化方向与线偏振光的振动方向垂直时，光不能通过，透射光强度为零，呈现消光状态，如图 7.4.4(b)所示。起偏与检偏的定量分析将通过马吕斯定律说明。

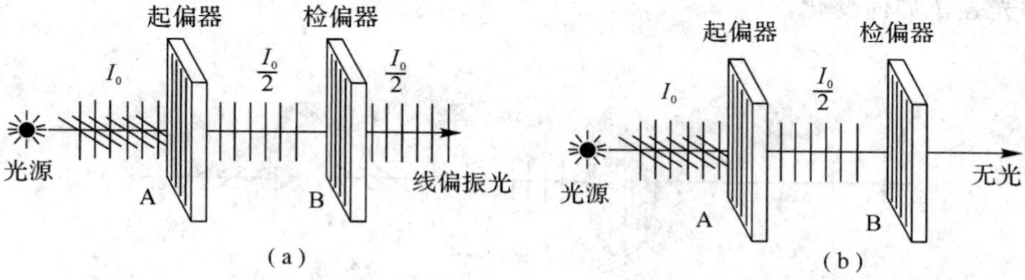

图 7.4.4　偏振片的起偏和检偏示意图

三、马吕斯定律

1809 年马吕斯在研究线偏振光通过检偏器后的透射光光强时发现，**如果入射线偏振光的光强为 I_0，透过检偏器后，透射光的光强 I 为**

$$I=I_0\cos^2\alpha \tag{7.4.1}$$

式中 α 是**线偏振光的振动方向与检偏器的透光轴方向之间的夹角**。这即为**马吕斯定律**。

马吕斯定律可做如下证明：

如图 7.4.5 所示，设入射线偏振光的光矢量振幅为 E_0，检偏器的偏振化方向为 OP 方向，光矢量与偏振化方向之间的夹角为 α。由于偏振光入射到检偏器上时，只有平行于偏振化方向的光振动分量能够通过，现将光矢量振幅分解为与偏振化方向平行的分量 $E_{/\!/}$ 和垂直分量 $E_{\perp}$。根据几何关系可知：

$$E_{/\!/}=E_0\cos\alpha \tag{7.4.2}$$

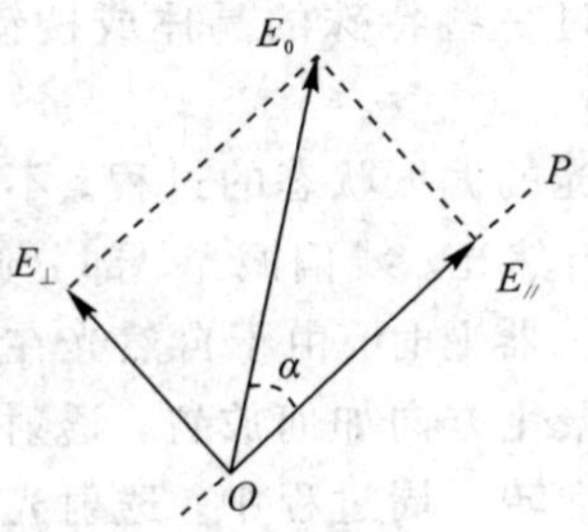

图 7.4.5　马吕斯定律的证明

透射光的光矢量振幅 $E=E_{/\!/}$，由光强与光矢量振幅的平方成正比可得，透射光的强度与入射光光强之比为

$$\frac{I}{I_0}=\frac{E_{/\!/}^2}{E_0^2}=\cos^2\alpha \tag{7.4.3}$$

得证式(7.4.1)的结论，即 $I=I_0\cos^2\alpha$。

当 $\alpha=0$ 或 π 时，光矢量与偏振片偏振化方向平行，即 $I=I_0$，透射光最强；当 $\alpha=\frac{\pi}{2}$ 或 $\frac{3\pi}{2}$ 时，光矢量与偏振片偏振化方向垂直，即 $I=0$，出现消光现象。

例 7.4.1　如图 7.4.6 所示，在两块正交偏振片(偏振化方向相互垂直)P_1、P_3 之间插入另一块偏振片 P_2，光强为 I_0 的自然光垂直入射到偏振片 P_1 上，试计算当转动 P_2 时，透过 P_3 的光强 I 如何变化。

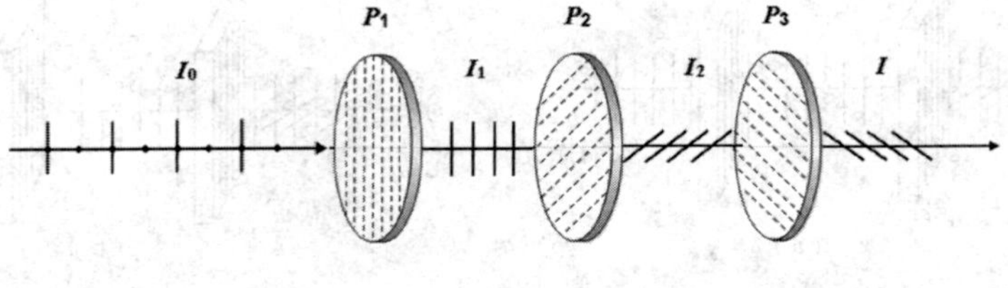

图 7.4.6　例 7.4.1 图

解　根据马吕斯定律，入射自然光透过 P_1 后，将成为光强 $I_1=\frac{1}{2}I_0$ 的线偏振光，振动方向平行 P_1 的偏振化方向。

若用 α 表示 P_1、P_2 偏振化方向之间的夹角，由马吕斯定律可得透过 P_2 的偏振光的光强 I_2 为

$$I_2=I_1\cos^2\alpha=\frac{1}{2}I_0\cos^2\alpha$$

由于 P_2、P_3 偏振化方向之间的夹角为 $\left(\frac{\pi}{2}-\alpha\right)$，也即 I_2 与 P_3 的偏振化方向的夹角为 $\left(\frac{\pi}{2}-\alpha\right)$，再一次应用马吕斯定律，求得透过 P_3 的偏振光的光强 I_3 为

$$I_3=I_2\cos^2(90^\circ-\alpha)=\frac{1}{2}I_0\sin^2\alpha\cos^2\sigma=\frac{1}{8}I_0\sin^2 2\alpha$$

当 $\alpha=\frac{\pi}{4}$、$\frac{3\pi}{4}$、$\frac{5\pi}{4}$、$\frac{7\pi}{4}$时，$I_3=\frac{1}{8}I_0$ 为最大透射光强。

四、反射与折射的偏振现象及布儒斯特定律

实验发现，自然光在两种透明的各向同性介质表面上反射和折射时，反射光和折射光都将是部分偏振光，反射光中垂直于入射面的光振动较强，折射光中平行于入射面的光振动较强，如图 7.4.7 所示。

1815 年，布儒斯特在研究反射光的偏振化程度时发现，反射光的偏振化程度和入射角有关，当入射角等于某一特定值 i_B 时，反射光中只有垂直入射面的分振动，为线偏振光；而折射光仍为部分偏振光，平行于入射面的分振动较强；同时，反射光和折射光线相互垂直，即反射角和折射角之和等于$\frac{\pi}{2}$，这称为**布儒斯特定律**，对应的特殊角度称为**布儒斯特角**，如图 7.4.8 所示。

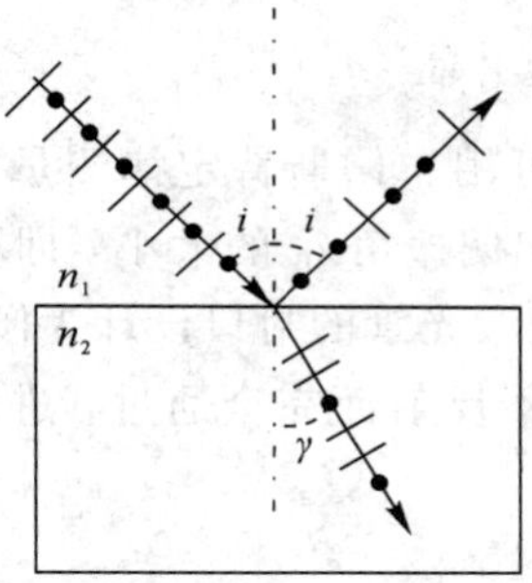

图 7.4.7　反射和折射光的偏振

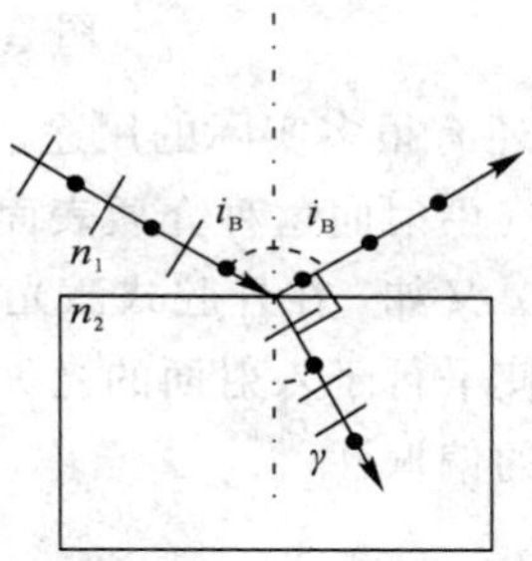

图 7.4.8　布如斯特定律

由于反射光线和折射光线垂直，所以 $i_B+\gamma=\frac{\pi}{2}$，$\sin\gamma=\cos i_B$。根据折射定律可得

$$\frac{\sin i_B}{\sin\gamma}=\frac{n_2}{n_1}$$

式中 n_1 和 n_2 分别为入射光和折射光所在介质的折射率，所以

$$\tan i_B=\frac{n_2}{n_1}$$

布儒斯特角表示为

$$i_B=\arctan\left(\frac{n_2}{n_1}\right) \tag{7.4.4}$$

当自然光在两种介质表面反射时，若入射角 $i=i_B$，则反射光为线偏振光，而折射光一般仍然是部分偏振光，而且偏振化程度不高，这是因为对于多数透明介质，折射光的强度要比反射光的强度大很多。例如，自然光由 $n_1=1$ 的空气射向 $n_2=1.50$ 的玻璃时，当入射角等于布儒斯特角，$i=i_B=\arctan\left(\frac{n_2}{n_1}\right)=56.3°$时，入射光中平行于入射面的光振动全部被折射，垂直于入射面的光振动也有 85% 被折射，反射光只占垂直入射面光振动的 15% 左右。

由于一次反射得到的偏振光的强度很小，折射光的偏振化程度又不高，为了能够增强

反射光的强度和提高折射光的偏振化程度，可以把许多相互平行的玻璃片叠在一起，构成玻璃片堆，如图 7.4.9(a)所示。自然光以布儒斯特角入射时，容易证明光在各层玻璃面上的反射和折射都满足布儒斯特定律，如图 7.4.9(b)所示，这样就可以在多次 12 的反射和折射中使折射光的偏振化程度提高。当玻璃片足够多时，在透射方向将得到光振动方向平行于入射面的线偏振光，这也是一种获得线偏振光的方法。

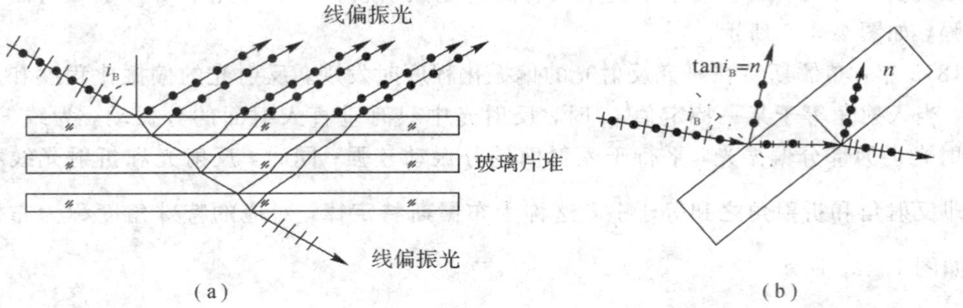

图 7.4.9　玻璃片堆

布儒斯特定律还有很多实际的用途。例如，可用布儒斯特定律测量非透明介质的折射率，将自然光由空气中射向这种介质表面，测出起偏振角 i_B 的大小，即可由 $\tan i_B=n$ 计算出该物质的折射率。又如，在外腔式激光器中，把激光管的封口设计为倾斜式，保证激光以布儒斯特角入射，使平行于入射面的光矢量分量不反射而完全通过，进而减小激光器的能量损耗，提高激光的偏振性。

习　题　7

7.1　将杨氏双缝实验装置做如下调节时，屏幕上的干涉条纹将如何变化？试说明理由。

(1) 使两缝之间的距离变小；

(2) 保持双缝间距不变，使双缝与屏幕间的距离变小；

(3) 整个装置的结构不变，全部浸入水中。

7.2　杨氏双缝干涉实验中，双缝与观测屏的距离 $D=1.2$ m，双缝的间距 $d=0.45$ mm，测得屏上干涉条纹中相邻明条纹间距为 1.5 mm，求单色光的波长 λ。

7.3　若用波长 $\lambda=546$ nm 的单色光进行双缝干涉实验，双缝与屏间的距离 $D=300$ mm，双缝的间距为 $d=0.134$ mm，试计算中央明条纹两侧第三级明条纹之间的距离。

7.4　在双缝干涉实验中，若用一薄玻璃片(折射率 $n_1=1.40$)覆盖缝 S_1，用同样厚度的玻璃片(折射率 $n_2=1.60$)覆盖缝 S_2，将使屏上原来中央明条纹所在 O 处变为第五级明条纹。设单色光波长 $\lambda=480$ nm，求玻璃片的厚度 e(可认为光线垂直穿过玻璃片)。

7.5　在杨氏双缝干涉实验中，双缝的间距 $d=0.2$ mm，屏到双缝的距离 $D=2.0$ m。若用一厚度为 $e=6.6$ mm、折射率为 $n=1.58$ 云母片覆盖其中一条缝后，试计算零级明纹将移到原来的第几级明纹处。

7.6　波长为 680 nm 的平行光垂直照射到长度 $L=0.12$ m 的两块平板玻璃上，两玻璃片一边相互接触，另一边被直径 $d=0.048$ mm 的细钢丝隔开，玻璃片之间形成空气薄膜劈尖干涉，试计算：

(1) 从棱边数起，第 5 条明条纹对应的空气薄膜的厚度；

(2) 从玻璃表面看，相邻两条明条纹之间的距离。

7.7　用两块折射率均为 1.60 的标准平面玻璃构造形成一个空气劈尖薄膜，用波长为 $\lambda=600$ nm 的单色平行光垂直入射时，产生等厚干涉条纹。假如将劈尖内充满 $n=1.40$ 的液体时，相邻明纹间距比空气劈尖的间距缩小了 0.5 mm，试计算劈尖角 θ 是多大？

7.8　用波长为 $\lambda=550$ nm 的单色平行光垂直照射由两块平板玻璃构成的空气劈尖薄膜，劈尖角 $\theta=2\times10^{-4}$ rad。将上面玻璃板的一段慢慢抬起一段距离，测得相邻明条纹间距缩小了 1.0 mm，求劈尖角的改变量 $\Delta\theta$。

7.9　用波长为 $\lambda=500$ nm 的平行光垂直入射到劈形薄膜的上表面，从反射光中观察，劈尖的棱边是暗纹.若劈尖上面介质的折射率 n_1 大于薄膜的折射率 n ($n=1.5$)，则

(1) 判断薄膜下面介质的折射率 n_2 与 n 的大小关系；

(2) 计算从棱边数，第 10 条暗纹处薄膜的厚度。

7.10　若用 $\lambda_1=600$ nm 和 $\lambda_2=450$ nm 两种不同波长的光分别进行牛顿环实验，发现用 λ_1 的光实验时的第 k 个暗环与用 λ_2 的光实验时的第 $k+1$ 个暗环位置重合，已知凸透镜的曲率半径为 190 cm，求用 λ_1 的光实验时第 k 个暗环的半径。

7.11　若将牛顿环装置中透镜与平板玻璃之间的空间充以液体时，第十个亮环的直径由 $d_1=1.40$ cm 变为 $d_2=1.27$ cm，求该种液体的折射率。

7.12　在迈克尔逊干涉仪的一条光路中，插入一块折射率为 $n=1.50$，厚度为 $e=0.3$ mm的透明玻璃片，若实验中使用的单色光波长为 $\lambda=500$ nm，试计算插入玻璃片的过程中共有多少条条纹移过。

7.13　使用迈克尔逊干涉仪测量微小形变实验中，使用的单色光波长为 $\lambda=589.3$ nm，若在动臂镜面移动中，共观察到 188 条明条纹从中心涌出，试计算动臂镜面的位移。

7.14　一平面单色光垂直照射在厚度均匀的薄油膜上，油膜覆盖在玻璃板上。油的折射率为 1.30，玻璃的折射率为 1.50，若单色光的波长可由光源连续可调，观察到波长为 500 nm 与 700 nm 这两个单色光在反射中消失，试求油膜层的厚度。

7.15　在折射率 $n_1=1.52$ 的镜头表面要蒸镀一层折射率 $n_2=1.38$ 的 MgF_2 增透膜，若选用波长 $\lambda=550$ nm 为设计波长，试计算增透膜的厚度应取多大？

7.16　白光垂直照射到空气中一厚度为 $e=380$ nm 的肥皂膜上，肥皂膜的折射率为 $n=1.33$，在可见光的范围内(400 ～760 nm)，试计算哪些波长的光在反射中增强？

7.17　平行单色光垂直入射在缝宽为 $a=0.15$ mm 的单缝上，缝后有焦距 $f=400$ mm 的凸透镜，在其焦平面上放置观察屏。若观测到中央明条纹两侧的两个第三级明条纹之间相距 8.0 mm，试计算入射光的波长是多大？

7.18　如果单缝夫朗和费衍射的第一级暗纹发生在衍射角为 $\varphi=30°$的方向上，所用单色光波长为 $\lambda=500$ nm，则单缝的宽度为多少？

7.19　一束单色平行光垂直照射在一光栅上，光栅光谱中共出现 5 条明条纹。若已知此光栅的缝宽度与不透明部分宽度相等，则在中央明纹一侧的两条明纹分别是第几级和第几级谱线？

7.20 一束平行光垂直入射到某个光栅上，该光束包含两种波长的光，$\lambda_1=440$ nm，$\lambda_2=660$ nm。实验发现，两种波长的谱线(不计中央明纹)第二次重合于衍射角 $\varphi=60°$的方向上。求此光栅的光栅常数是多少？

7.21　若用白光(波长范围 400 ～760 nm)照射到某衍射光栅上，试计算在观察屏上能观察到的清晰且完整的光谱有几条？

7.22　设偏振片对光线没有吸收，当光强为 I_0 的自然光通过叠放在一起的两个偏振片后，出射光强度变为 $I=\frac{I_0}{8}$，则两个偏振片的偏振化方向之间的夹角是多少？

7.23　将两个偏振片叠放在一起，两个偏振片的偏振化方向之间的夹角为60°，一束光强为 I_0 的线偏振光垂直入射到偏振片上，该光束的光矢量振动方向与两个偏振片的偏振化方向夹角均为30°。试计算：

(1) 透过每个偏振片后的光束强度；

(2) 若将入射光束换为强度相同的自然光，求透过每个偏振片后的光束强度。

7.24　一束自然光以60°角入射到某种透明材料表面上，若反射光束是完全偏振的，则透射光束的折射角是多少？该种材料的折射率是多大？

7.25　应用布儒斯特定律可以测介质的折射率。现测得光线从空气照射到某材料表面时的起偏角 $i_B=56.0°$，则这种物质的折射率为多少？

7.26　一束自然光自空气入射到折射率 $n=1.40$ 的液体表面上，若反射光是完全偏振的，则折射光的折射角为多大？

第四篇 近代物理

19 世纪末 20 世纪初，力学、热学、光学和电磁学的理论已相对成熟，如今把这一物理体系称为经典物理。然而关于光(电磁波)的深入研究，产生了两个当时无法解释的问题：一个是关于光速是否满足经典时空的伽利略变换；另一个是物体辐射电磁波(光)的能量随波长分布的问题，即黑体辐射问题。这两个问题被著名科学家开尔文称之为物理学晴朗天空中令人不安的“两朵乌云”，但正是它们开启了近代物理学的大门。

在洛伦兹、庞加莱等一系列科学家工作的基础上，爱因斯坦通过反复思考于 1905 年发表了《论动体的电动力学》一文，建立了狭义相对论，解决了关于光速在不同惯性参考系下的变换问题，颠覆了人们对时间和空间以及物质的认识。1915 年，爱因斯坦将该理论进一步推广，创立了广义相对论，提出了引力波的概念，这些理论早已被原子钟环球旅行、水星近日点进动、引力波测量等大量的实验所验证。

科学家普朗克在 1900 年提出了“能量子”的概念，完美解释了黑体辐射谱线。在他的启发下，爱因斯坦提出了光子的概念，又成功地解释了光电效应实验。1913 年，玻尔把量子化的概念应用于氢原子结构，解释了氢原子光谱。随之，人们认识到这是一种和经典物理有着显著区别的物理学知识，在 20 世纪最初的三十年内，经过薛定谔、海森堡等一大批科学家的努力，建立了量子力学。

时至今日，相对论和量子力学的发展已深入到各个领域，形成了诸多的分支学科。例如研究电子、质子等基本结构的粒子物理，研究原子分子性质的原子物理、量子化学，研究物质科学的凝聚态物理、宇宙形成和演化的宇宙学，以及等离子体和核聚变的高温物理等。这些知识已经对我们的生活产生了巨大的影响，在最近几十年，量子通信和量子计算技术飞速发展，成为各国政府投入的重点和科技工作者关注的焦点。近代物理不仅丰富了人类对于自然现象的认识，也在实践中推动着社会的发展。

本篇主要介绍狭义相对论的基本概念和量子物理形成早期的相关概念和知识。

第 8 章 狭义相对论基础

“四方上下曰宇，往古来今曰宙”，在一定的时间、空间中运动的物质构成了我们的宇宙。相对论就是研究时间、空间和物质运动关系的理论。狭义相对论是不考虑引力的情况，背景时空是平直的、均匀的；广义相对论讨论有引力的情况，背景时空是弯曲的、非均匀的。本章将简略介绍狭义相对论的基础知识。

8.1 力学相对性原理与伽利略变换

一、力学相对性原理

1632 年，伽利略出版了不朽巨著《关于托勒密和哥白尼两大世界体系的对话》，在书中他首次提出了力学相对性原理：**力学规律对于一切惯性系都是等价的，即在彼此作匀速直线运动的所有惯性系中，物体运动所遵循的力学规律是完全相同的，应具有完全相同的数学表达形式。**

伽利略用所谓“密闭船舱实验”来说明这一原理：即在一艘相对地面作匀速直线运动的密闭船舱中，我们观察舱中飞虫的运动，会发现飞虫朝任何方向飞行的情况都完全相同，不会更省力也不会更费力；观察水滴从空中自由下落，总是落进正下方的瓶中，不会偏出；观察茶杯中热气蒸腾，冒出的白雾也不会偏向任何方向。这与在地面上观察类似现象的结果是完全相同的，地面参考系与船舱参考系中力学规律完全相同，因此密闭船舱中的观察者无法判断船的状态是运动还是静止的。东汉时期，我国学者在《尚书纬 · 考灵曜》一书中也曾提出类似的观点：地恒动而人不知，譬如闭舟而行，不觉舟之运也。

二、伽利略变换

物质的运动是绝对的，但对运动的描述是相对的，观测者所选参考系不同，对运动的描述也不同。伽利略给出了力学相对性原理的数学表达，即伽利略变换式。如图 8.1.1 所示，

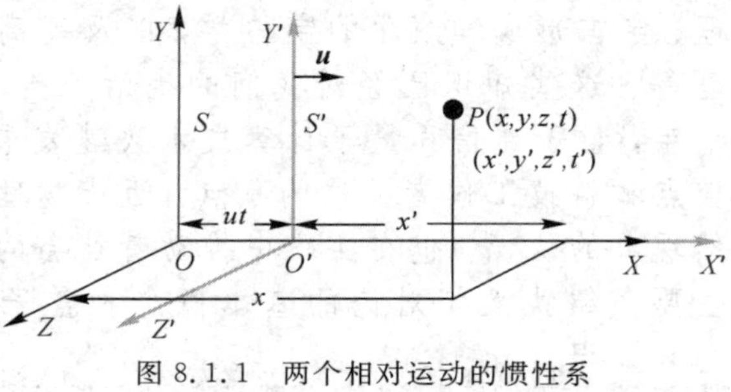

图 8.1.1 两个相对运动的惯性系

设有两个惯性参考系 S 和 S'，并在其上分别固连直角坐标系 $OXYZ$ 及 $O'X'Y'Z'$。S' 系相对 S 系以速度 u 沿 X 轴方向作匀速直线运动，且 $t=t'=0$ 时原点 O 与 O' 重合。假设在空间 P 点处发生了一个事件，可以用一组时空坐标来描写这个事件。S 系中的时空坐标描述为 (x, y, z, t)，S' 系中的时空坐标描述为 (x', y', z', t')，伽利略坐标变换式为

$$\begin{cases} x'=x-ut \\ y'=y \\ z'=z \\ t'=t \end{cases} \quad 或 \quad \begin{cases} x=x'+ut \\ y=y' \\ z=z' \\ t=t' \end{cases} \tag{8.1.1}$$

对伽利略坐标变换式 (8.1.1) 关于时间求导，我们还可以得到

速度变换式

$$\begin{cases} v'_x=v_x-u \\ v'_y=v_y \\ v'_z=v_z \end{cases} \tag{8.1.2}$$

加速度变换式

$$\begin{cases} a'_x=a_x \\ a'_y=a_y \\ a'_z=a_z \end{cases} \tag{8.1.3}$$

根据伽利略加速度变换式(8.1.3)，不同惯性系中加速度相同，而经典力学认为力和质量与参考系无关，牛顿第二定律在 S 系中为 $\boldsymbol{F}=m\boldsymbol{a}$，$S'$ 系中为 $\boldsymbol{F}'=m\boldsymbol{a}'$，即牛顿第二定律的数学形式在伽利略变换下保持不变，称为伽利略变换的不变性。由此得到推论：所有经典力学的基本定律都满足伽利略变换的不变性，或者说力学规律对一切惯性系都是等价的，这就是**力学的相对性原理**。伽利略变换式是经典力学相对性原理的数学表达形式。

三、经典力学绝对时空观

牛顿曾说："绝对的、真正的和数学的时间，就其本质而言，是永远均匀地流逝着，与任何外界事物无关""绝对空间，就其本质而言，是与任何外界事物无关的，它永远不动，永远不变"，这就是经典力学的绝对时空观。按照这种观点，**时间和空间是彼此独立、互不相关、并且独立于物质和运动之外的**。空间就像盛有宇宙万物的一个无形的永不运动的框架，而时间就像是独立的不断流逝着的流水。绝对时空观下时间间隔、空间间隔是绝对不变的，不同惯性系中观测的结果总相同，这正是伽利略变换的前提，即由绝对时空观可以导出伽利略变换，但绝对时空观并非力学相对性原理的前提。经典力学中又把物体的质量看做常量，即它不随观测者的相对运动而改变，因此时间、长度和质量这三个基本量都与参考系(或观测者)的相对运动无关。

经典力学的绝对时空观与伽利略变换理论上似乎是完美的、自洽的，但它们其实仍然有局限性。1928 年美国天文学家哈勃研究指出：距离我们 $l=6500$ 光年的金牛座蟹状星云源自 900 多年前即公元 1054 年的一次超新星爆发，爆发时恒星向外抛射物质的速度高达 $u=1500$ km/s。现在我们根据伽利略速度变换式(8.1.2)来估算地球上观察这次超新星爆发持续的时间。如图 8.1.2 所示，A 点抛射物质发出的光相对地球的速度为 $c+u$，光到达

地球需要的时间为 $t_A=\dfrac{l}{c+u}$，B 点抛射物质发出的光相对地球速度仍为 c，到达地球需要时间为 $t_B=\dfrac{l}{c}$，由此可得地球上观测到的超新星爆发至少应持续 $t_B-t_A\approx32$ 年。但根据我国古籍《宋会要》对这次超新星爆发的记载："初，至和元年五月晨出东方，守天关……，嘉佑元年三月，司天监言：'客星没，客去之兆也'"，即 1054 年 7 月天空中突然出现了一颗非常耀眼的"客星"，直到 1056 年 4 月才彻底消失不见，只持续了大约 22 个月，伽利略变换计算的结果与历史记载出现了明显的偏差，可见当涉及到电磁学规律时，伽利略变换的预测就与实际观测出现了不可调和的矛盾。

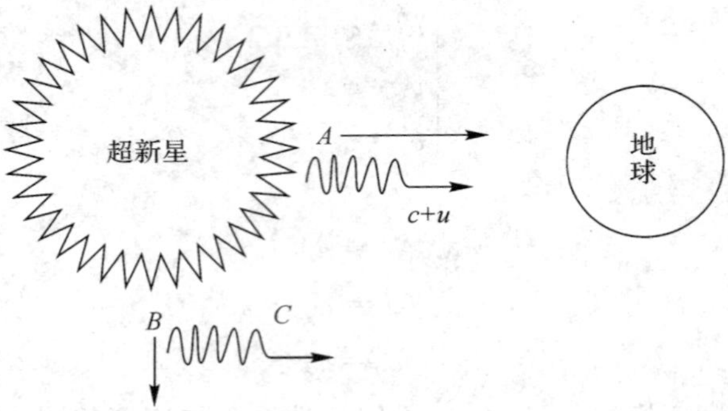

图 8.1.2　超新星爆发

麦克斯韦将经典电磁学的普遍规律总结为麦克斯韦方程后曾经预言了电磁波的存在，并指出真空中光(电磁波)传播的速率为常数 $c=\dfrac{1}{\sqrt{\mu_0\varepsilon_0}}$，只与真空介电常数和磁导率有关，与参考系的相对运动及光传播方向无关。理论和实验都表明对于光的传播速度问题，伽利略变换是不适用的。力学的相对性原理推广至电磁学时出现了矛盾，需要用新的变换来替代伽利略变换。

8.2　狭义相对论基本假设与洛伦兹变换

一、迈克尔逊-莫雷实验

根据经典力学的绝对时空观，应该存在一个绝对静止的惯性参考系，称为"以太"参考系。"以太"这种特殊的介质静止地充满整个宇宙，当光源相对于"以太"运动时，测得的光速应发生变化，根据这种变化就可推算光源相对绝对静止的"以太"参考系的运动速度。迈克尔逊-莫雷实验就是通过测量"以太"漂移速度来验证"以太"是否存在的实验。

迈克尔逊-莫雷实验的装置如图 8.2.1 所示，装置随地球一起相对"以太"运动，地球参考系中的观察者将会感受到迎面吹来的"以太风"。根据伽利略速度变换，受"以太风"的影响，装置中两条互相垂直的光路中的光速不同。因此，当此装置转动 90°，使两条光路方向互换时，两条光路的光程差将发生变化，预期的干涉条纹移动量约为 0.37。经过大量实验

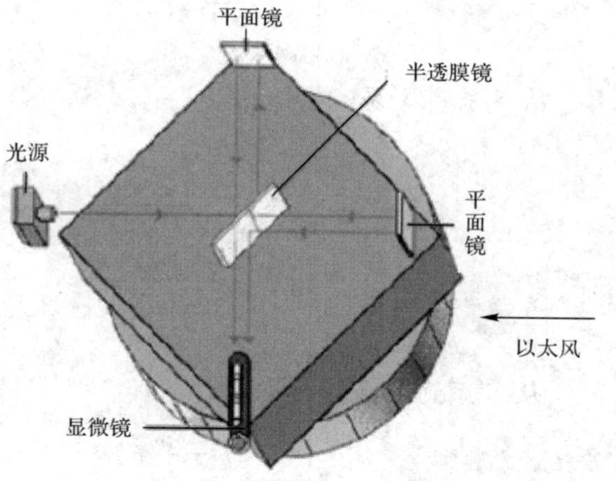

图 8.2.1　迈克尔逊-莫雷实验

后，他们宣布没有观察到干涉条纹有任何的变化，证明“以太”实际是不存在的。实验的零结果在经典力学的绝对时空观下无法给出令人信服的解释，直到 1905 年爱因斯坦建立狭义相对论。

二、狭义相对论基本假设

1905 年，爱因斯坦发表《论动体的电动力学》，打破了经典力学绝对时空观和伽利略变换的限制，创立了狭义相对论。狭义相对论有以下两条基本假设：

(1) **相对性原理：在所有惯性系中，一切物理学定律都具有相同的数学表达形式**，即对描述一切物理现象的规律而言，所有惯性系都是等价的。这个假设是对力学相对性原理的推广。

(2) **光速不变原理：在所有惯性系中，真空中光沿各个方向传播的速率都等于恒量 c，与光源及观察者的运动状态无关**。这个假设与迈克尔逊-莫雷实验等实验结果一致。

狭义相对论的两条基本假设与经典力学的绝对时空观是不相容的，承认这两条假设，就必须摒弃绝对时空观，建立新的时空坐标变换关系，并且要求这种新的变换在低速(远小于光速)条件下与伽利略变换兼容。爱因斯坦以这两条假设为基础，导出了能正确反映物理定律的相对性时空坐标变换式。实际上，早在爱因斯坦发表相对论之前，洛伦兹在研究电磁场理论，解释迈克尔逊-莫雷实验时就曾提出相同的变换式，因此称为洛伦兹-爱因斯坦变换，简称洛伦兹变换。

三、洛伦兹变换

设有两个惯性参考系 S 和 S'，并在其上分别固连直角坐标系 $OXYZ$ 及 $O'X'Y'Z'$。S' 系相对 S 系以速度 $\boldsymbol{u}$ 沿 X 轴方向作匀速直线运动，且 $t=t'=0$ 时原点 O 与 O' 重合。假设某时刻在空间某一点 P 处发生了一个事件，对此事件，S 系中的时空坐标描述为(x, y, z, t)，S' 系中的时空坐标描述为(x', y', z', t')，洛伦兹坐标变换给出了同一个事件在两个惯性系中时空坐标之间的变换关系：

$$
\text{从 } S \text{ 系到 } S' \text{ 系} \quad \begin{cases} x'=\dfrac{x-ut}{\sqrt{1-(u/c)^2}} \\ y'=y \\ z'=z \\ t'=\dfrac{t-\dfrac{u}{c^2}x}{\sqrt{1-(u/c)^2}} \end{cases} \tag{8.2.1}
$$

$$
\text{从 } S' \text{ 系到 } S \text{ 系} \quad \begin{cases} x=\dfrac{x'+ut'}{\sqrt{1-(u/c)^2}} \\ y=y' \\ z=z' \\ t=\dfrac{t'+\dfrac{u}{c^2}x'}{\sqrt{1-(u/c)^2}} \end{cases} \tag{8.2.2}
$$

下面对洛伦兹坐标变换式做以下几点说明：

(1) 在狭义相对论中，洛伦兹变换占据中心地位，集中体现了狭义相对论的时空观。洛伦兹变换中 x' 是 x 和 t 的函数，t' 也是 x 和 t 的函数，而且都与 S 系和 S' 系的相对运动速度 $\boldsymbol{u}$ 有关，揭示出时间、空间、物质运动之间不可分割的关系。

(2) 洛伦兹变换否定了 $t=t'$ 的绝对时间概念。狭义相对论中，时间和空间的测量互相不能分离，描述物理事件需要用四维时空坐标。

(3) 时间和空间坐标都是实数，故 $u<c$，即宇宙中任何物体的运动速度都不可能超过真空中的光速。

(4) 当 $u\ll c$ 时，$\sqrt{1-\left(\dfrac{u}{c}\right)^2}\approx 1$，则 $x'=\dfrac{x-ut}{\sqrt{1-(u/c)^2}}\approx x-ut$，$t'=\dfrac{t-\dfrac{u}{c^2}x}{\sqrt{1-(u/c)^2}}\approx t$，洛伦兹变换转化为伽利略变换，即伽利略变换是洛伦兹变换的低速近似。

(5) 根据洛伦兹变换还可以得到不同惯性系中两个事件的时间间隔和空间间隔的关系式。

设有 1、2 两个物理事件在 S 系中的时空坐标分别为 (x_1, y_1, z_1, t_1)，(x_2, y_2, z_2, t_2)，在 S' 系中的坐标分别为 (x_1', y_1', z_1', t_1')，(x_2', y_2', z_2', t_2')。在 S 系中两事件的空间间隔为 $\Delta x=x_2-x_1$，$\Delta y=y_2-y_1$，$\Delta z=z_2-z_1$，时间间隔为 $\Delta t=t_2-t_1$，在 S' 系中，两事件的空间间隔为 $\Delta x'=x_2'-x_1'$，$\Delta y'=y_2'-y_1'$，$\Delta z'=z_2'-z_1'$，时间间隔为 $\Delta t'=t_2'-t_1'$。由于两系相对运动速度 u 沿 X 轴方向，根据洛伦兹变换式(8.2.1)显然有 $\Delta y'=\Delta y$、$\Delta z'=\Delta z$，即在垂直于相对运动的方向上空间间隔保持不变，但在发生相对运动的方向，即 X 轴方向上空间间隔发生变化：

$$
\Delta x'=x_2'-x_1'=\frac{\Delta x-u\Delta t}{\sqrt{1-u^2/c^2}} \tag{8.2.3}
$$

时间间隔关系为

$$
\Delta t'=t_2'-t_1'=\frac{\Delta t-\dfrac{u}{c^2}\Delta x}{\sqrt{1-u^2/c^2}} \tag{8.2.4}
$$

同理可得

$$\Delta x=\frac{\Delta x'+u\Delta t'}{\sqrt{1-u^2/c^2}} \tag{8.2.5}$$

$$\Delta t=\frac{\Delta t'+\frac{u}{c^2}\Delta x'}{\sqrt{1-u^2/c^2}} \tag{8.2.6}$$

上述式(8.2.4)、式(8.2.6)等表明：事件发生地的空间距离将影响不同惯性系中的观察者对时间间隔的测量，即**空间间隔和时间间隔是紧密联系着的**。这正是狭义相对论时空观与经典力学绝对时空观的区别所在。

例 8.2.1　一艘宇宙飞船相对地面以 $u=0.6c$ 的速率沿 x 轴正向匀速飞行，飞船上有一个光信号从船尾传到船头，该飞船上的观测者测得船尾到船头的距离为 100 m。求：地面上的观测者所测得两个事件 1、2（光信号从船尾发出为 1 事件，光信号到达船头为 2 事件）之间的空间距离是多少？时间间隔是多少？

解　取飞船为 S'系，地面为 S 系，S'系相对于 S 系以 $u=0.6c$ 沿 x 轴正向运动。设在 S 系中的观测者测得 1、2 两事件的时空坐标分别为(x_1, t_1)、(x_2, t_2)，在 S'系中的观测者测得 1、2 两事件的时空坐标分别为$(x_1'$、$t_1')$、(x_2', t_2')，根据式(8.2.5)地面(S 系)上观测到两事件空间间隔为

$$\Delta x=\frac{\Delta x'+u\Delta t'}{\sqrt{1-u^2/c^2}}$$

代入 $\Delta x'=100$ m，$u=0.6c$，$\Delta t'=\Delta x'/c$ 得

$$\Delta x=200\ \text{m}$$

根据式(8.2.6)，地面(S 系)上观测到两事件时间间隔为

$$\Delta t=\frac{\Delta t'+\frac{u}{c^2}\Delta x'}{\sqrt{1-u^2/c^2}}$$

代入 $\Delta x'=100$ m，$u=0.6c$，$\Delta t'=\Delta x'/c$ 得

$$\Delta t=6.67\times10^{-7}\ \text{s}$$

8.3　狭义相对论时空观

一、“同时性”的相对性

经典力学的绝对时空观认为不同惯性系中的时间是一样的，因此在一个惯性系中“同时”发生的两个事件，在另一个惯性系中也必然是同时发生的，这虽然是我们日常生活的直观认识，但事实并非如此，狭义相对论将给出不同的结果。如图 8.3.1 所示的“爱因斯坦火车”实验，一列相对地面惯性系(S 系)以速度 $\boldsymbol{u}$ 沿 X 轴方向匀速运动的火车(S'系)上，车厢中点 P 处有一盏信号灯，此灯在某时刻发出闪光信号，则车厢尾部 A 点和头部 B 点处接收到光信号这两个事件，在不同的参考系中观察，结果将有差异。

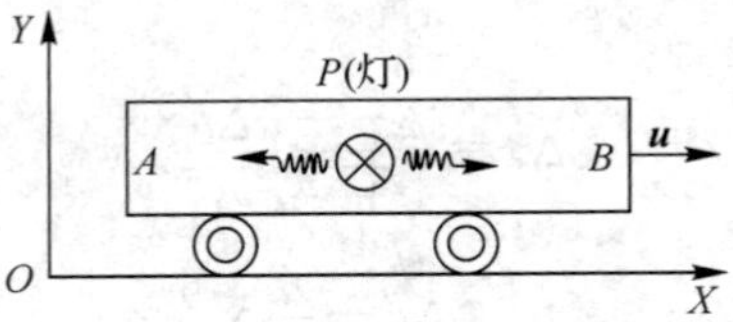

图 8.3.1 “爱因斯坦火车”实验

如图 8.3.2 所示，在 S' 系(车)中观测：根据光速不变原理，闪光信号以球面波形式扩散，A、B 两点到发光点 P 的距离相等，因此波面扩散到 A、B 两点是同时的，即 A、B 两点接收到光信号这两个事件是同时发生的。

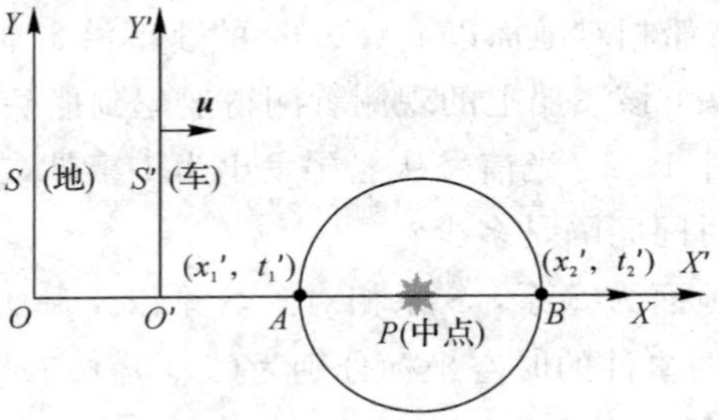

图 8.3.2 S' 系(车)中观测光信号同时到达 A、B 两点

如图 8.3.3 及图 8.3.4 所示，在 S 系(地面)中观测：一方面闪光信号以球面波形式扩散，另一方面因为车厢沿 X 轴方向运动，A 点在向着发光点 P 运动而 B 点在远离发光点 P 运动，所以波面先扩散至 A 点，后扩散至 B 点，A、B 两点接收到光信号这两个事件不是同时发生的。

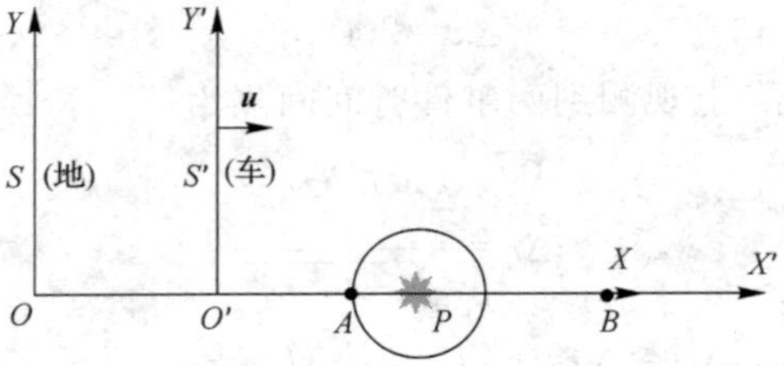

图 8.3.3 S' 系(地面)上观测 A 点先接收到光信号

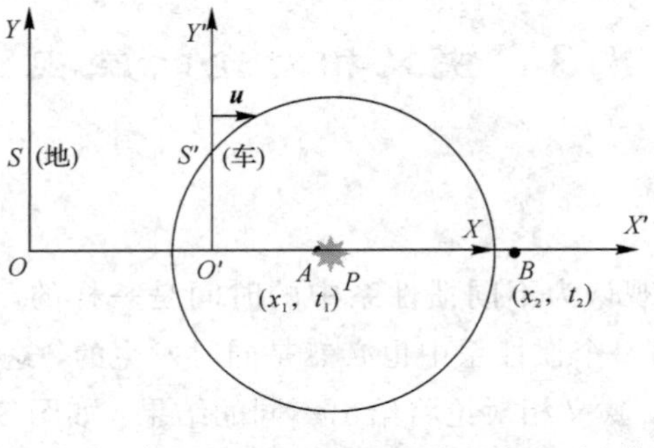

图 8.3.4 S' 系(地面)上观测 B 点后接收到光信号

“爱因斯坦火车”实验表明：在一个惯性系中观测到同时发生的两个事件，在另一个惯性系中可能会变成不同时。

现在用洛伦兹变换分析。设光信号到达 A 点为 1 事件，到达 B 点为 2 事件，两个事件在 S 及 S' 系中的坐标分别为 (x_1, t_1)、(x_2, t_2) 和 (x_1', t_1')、(x_2', t_2')。S' 系中，时间间隔 $\Delta t'=0$，即两个事件同时发生。S 系中两个事件的时间间隔 $\Delta t=\dfrac{\frac{u}{c^2}\Delta x'}{\sqrt{1-u^2/c^2}}$。因此，只要 $\Delta x'\neq 0$ 即 S' 系中两个事件异地，则必然有 $\Delta t'\neq 0$，即在 S 系中观测，两个异地同时事件变成不同时事件。若 $\Delta x'=0$ 即 S' 系中两个事件同地，则必然有 $\Delta t=0$，即在 S 系中观测，两同地同时事件仍是同时发生的。

上述分析表明：在某个惯性系中"同时"发生的两个事件，在其他惯性系中未必"同时"发生，称为"同时性"的相对性。只有在某惯性系中"同时性"且"同地"的两个事件，在其他所有惯性系中也必定"同时"且"同地"发生。这种情况称为"同时"的绝对性，是"同时性"的相对性中的特殊性。"同时性"的相对性是狭义相对论时空观的核心，产生的原因是光在不同惯性系中具有相同的速率和光的速率是有限的。类似的还有"同地性"的相对性，即在某惯性系中"同地"发生的两个事件，在其他惯性系中未必是"同地"的。

二、时间间隔的相对性(时间膨胀效应)

在不同惯性系中，时间间隔的测量与参考系有关，也是相对的。设惯性系 S' 以速度 u 沿 X 轴相对 S 系运动，S' 系中坐标 x' 处有一闪光计时器，先后在 t_1' 和 t_2' 时刻发出两个闪光信号，分别记做事件 1 和事件 2，在 S' 系中这两个事件时间间隔为 $\Delta t'=t_2'-t_1'$，空间间隔为 $\Delta x'=0$。在 S 系中观测，则根据式(8.2.6)，这两个事件的时间间隔变为

$$\Delta t=\frac{\Delta t'+\frac{u}{c^2}\Delta x'}{\sqrt{1-u^2/c^2}}=\frac{\Delta t'}{\sqrt{1-u^2/c^2}},$$

式中 $\Delta t'$ 代表 S' 系中两个同地事件的时间间隔，称为**原时或固有时间**，记为 τ_0。Δt 代表 S 系中这两个事件(变为异地事件)的时间间隔，称为**测量时间**，记为 τ，则

$$\tau=\frac{\tau_0}{\sqrt{1-u^2/c^2}}=\gamma\tau_0 \tag{8.3.1}$$

式中因子 $\gamma=\dfrac{1}{\sqrt{1-u^2/c^2}}$ 称为时间延缓因子。因为 $\gamma>1$，恒有 $\tau_0<\tau$，即原时总是最短的。在相对 S' 系运动的其他惯性系中的观察者看来，S' 系中的时钟变慢了，称为**时间延缓效应**或时间**膨胀效应**。

运动的时钟变慢(时间延缓效应)与时钟自身的任何机械原因和原子内部过程无关。它是指一切发生在运动物体上的过程相对静止的观测者来说都变慢了。需要指出的是，时间膨胀效应是相对的，即在 S 系中的观察者看来，S' 系中的钟由于运动变慢了，而反过来 S' 系中的观察者也会认为是 S 系中的钟变慢了。

三、长度测量的相对性(长度收缩效应)

通常我们测量某物体的长度，只要分别测量该物体两端的空间坐标，物体长度即为这两个空间坐标之差，也即物体长度等于这两个测量事件的空间间隔。当被测物体相对参考

系静止不动时，测量物体两端空间坐标的事件可以同时进行，也可以不同时，均不会影响测量的结果。而当被测物体相对参考系运动时，测量物体两端位置的事件必须同时进行。若先测前部后测尾部，会使测量结果偏小；若先测尾部后测前部，会使测量结果偏大。由于"同时性"的相对性，导致关于物体长度测量也具有相对性。

如图 8.3.5 所示，设惯性系 S' 以速度 $\boldsymbol{u}$ 沿 X 轴相对 S 系运动，有一把直尺沿 X 轴放置且相对 S' 系静止。测量直尺左右两个端点 A 和 B 位置的事件，在 S 系中时空坐标分别为 (x_1, t_1) 和 $(x_2$ 和 $t_2)$，在 S' 系中分别为 (x'_1, t'_1) 和 (x'_2, t'_2)。为保证测量的准确性，务必使两个测量事件在 S 系中同时进行，即 $t_1 = t_2$，S 系中测得的直尺长度称为**测量长度**，表示为 $L = x_2 - x_1 = \Delta x$。S' 系中测得的物体长度称为**固有长度或原长**，表示为 $L_0 = x'_2 - x'_1 = \Delta x'$。根据式(8.2.3)，得

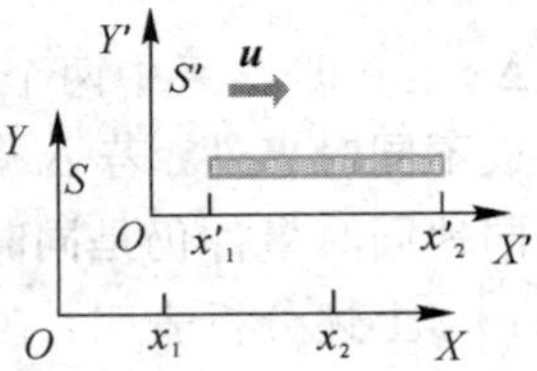

图 8.3.5　长度收缩效应

$$L_0 = \Delta x' = \frac{\Delta x - u\Delta t}{\sqrt{1 - u^2/c^2}}$$

由于 $\Delta t = 0$，$L = \Delta x$，则

$$L_0 = \frac{L}{\sqrt{1 - u^2/c^2}}$$

写成

$$L = L_0\sqrt{1 - u^2/c^2} \tag{8.3.2}$$

可见在 S 系中测得的物体的测量长度 L 总是小于 S' 系中测得的固有长度，即物体相对参考系运动时，测得的长度缩短了，称为长度收缩效应。长度收缩效应表明了空间的相对性：在任一惯性系中观测，相对本惯性系运动的物体在其运动方向上的长度会收缩，这种收缩只发生在运动方向上，在与运动方向垂直的方向上不发生长度收缩。相对论长度收缩效应是时空的属性，与物体的具体组成、结构及物质间的相互作用无关。

时间膨胀效应和长度收缩效应已经为大量的近代物理实验所证实。

例 8.3.1　某种介子静止时的寿命是 $\tau_0 = 10^{-8}$ s。如它在实验室中的速率为 $u = 2\times10^8$ m/s，求在实验室观测的该种介子能飞行的距离。

解　介子静止时的寿命是固有时间，由于它相对于实验室运动，实验室观测的寿命是测量时间。根据时间延缓效应，在实验室观测的介子寿命为

$$\tau = \frac{\tau_0}{\sqrt{1 - \frac{u^2}{c^2}}} = \frac{10^{-8}}{\sqrt{1 - \frac{(2\times10^8)^2}{(3\times10^8)^2}}} = \frac{3\times10^{-8}}{\sqrt{5}} = 1.342\times10^{-8}\ \text{s}$$

所以介子能飞行的距离为

$$\Delta s = u\tau = 2.68\ \text{m}$$

8.4　狭义相对论动力学简介

一、相对论力学基本方程与质速关系

根据相对性原理，一切惯性系中物理规律具有相同的数学表达形式，即应满足洛伦兹

变换的不变性。经典力学的牛顿第二定律 $\boldsymbol{F}=\frac{\mathrm{d}(m\boldsymbol{v})}{\mathrm{d}t}$ 中，若将质量 m 看做与速度无关的常量，则此方程不满足洛伦兹变换的不变性，这也与高能物理实验结果矛盾。因此需要重新定义相对论的质量、动量等概念，使此方程满足洛伦兹变换的不变性，并且在速度远小于光速情况下仍可近似为原来的经典形式。如果仍然定义质点动量等于质量与速度乘积，并假设动量守恒和能量守恒在高速条件下也成立，则可以结合全同粒子的完全非弹性碰撞问题证明物体质量随速率变化的关系为

$$m=\frac{m_0}{\sqrt{1-v^2/c^2}}=\gamma m_0 \tag{8.4.1}$$

式中 m_0 为物体相对惯性系静止时测得的质量，称为静止质量。m 为物体运动速率为 v 时测得的质量，称为相对论质量。如图 8.4.1 所示的曲线，物体被加速至速率接近光速时，速率不再线性增加，且不能超越光速。

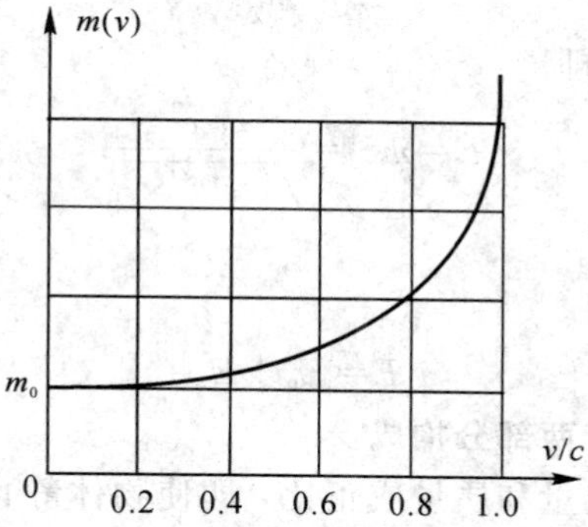

图 8.4.1　质速关系曲线

相对论动量为相对论质量与速度的乘积，即

$$\boldsymbol{p}=m\boldsymbol{v}=\frac{m_0}{\sqrt{1-v^2/c^2}}\boldsymbol{v} \tag{8.4.2}$$

于是经典的牛顿第二定律在相对论条件下仍可表示为

$$\boldsymbol{F}=\frac{\mathrm{d}(m\boldsymbol{v})}{\mathrm{d}t}=\frac{\mathrm{d}}{\mathrm{d}t}\left(\frac{m_0\boldsymbol{v}}{\sqrt{1-v^2/c^2}}\right) \tag{8.4.3}$$

这就是相对论质点动力学的基本方程。显然在 $v\ll c$ 即物体运动速率远小于光速时，式(8.4.3)中相对论质量就近似等于静止质量，方程就近似变为原来的牛顿方程，或者说牛顿方程是相对论动力学方程的低速近似。

二、相对论质量与能量关系

设质点在力 $\boldsymbol{F}$ 作用下从静止开始运动。由于相对论动力学方程式(8.4.3)形式上与经典力学的牛顿第二定律一致，可以认为由其导出的动能定理也仍然成立，即力 $\boldsymbol{F}$ 做功等于质点动能的增量：$\mathrm{d}E_\mathrm{k}=\boldsymbol{F}\cdot\mathrm{d}\boldsymbol{r}$，代入 $\boldsymbol{F}=\frac{\mathrm{d}(m\boldsymbol{v})}{\mathrm{d}t}$ 可得

$$\mathrm{d}E_\mathrm{k}=\mathrm{d}(m\boldsymbol{v})\cdot\frac{\mathrm{d}\boldsymbol{r}}{\mathrm{d}t}=\mathrm{d}(m\boldsymbol{v})\cdot\boldsymbol{v}=(\mathrm{d}m)\boldsymbol{v}\cdot\boldsymbol{v}+m\mathrm{d}\boldsymbol{v}\cdot\boldsymbol{v}=v^2\mathrm{d}m+mv\mathrm{d}v \tag{8.4.4}$$

将质速关系式(8.4.1)整理为 $m^2v^2=m^2c^2-m_0^2c^2$，等式两边求微分可得 $v^2\mathrm{d}m+mv\mathrm{d}v=c^2\mathrm{d}m$，将此关系式代入式(8.4.4)得 $\mathrm{d}E_k=c^2\mathrm{d}m$，两边积分得

$$E_k=\int_{m_0}^{m}c^2\mathrm{d}m=mc^2-m_0c^2 \tag{8.4.5}$$

该式即相对论动能。

显然相对论动能与经典动能形式完全不同，但是当物体运动速率远小于光速时，质速关系式可以展开为

$$m=\frac{m_0}{\sqrt{1-v^2/c^2}}=m_0\left[1+\frac{1}{2}\left(\frac{v}{c}\right)^2+\cdots\right]\approx m_0\left[1+\frac{1}{2}\left(\frac{v}{c}\right)^2\right]$$

则此时动能近似为 $E_k\approx\frac{1}{2}m_0v^2$ 又回到经典动能形式。

将式(8.4.5)中 m_0c^2 项定义为物体的**静能**，即

$$E_0=m_0c^2 \tag{8.4.6}$$

mc^2 项定义为物体的总能量，即

$$E=mc^2=\frac{m_0c^2}{\sqrt{1-v^2/c^2}} \tag{8.4.7}$$

该式即为**质能关系式。**

式 (8.4.5) 也可写成

$$E=E_0+E_k \tag{8.4.8}$$

即物体的总能量由静能和动能两部分构成。

质能关系式表明物体的能量和质量成正比，即使物体静止仍然具有静能。相对论中质量和能量是不可分割的，质量的变化必然导能量变化，即

$$\Delta E=\Delta mc^2 \tag{8.4.9}$$

对孤立系统而言，能量守恒 $\Delta E=\Delta E_k+\Delta E_0=0$，有

$$\Delta E_k=-\Delta E_0=-\Delta m_0c^2 \tag{8.4.10}$$

即系统静止质量减少时，动能将增加，这是核能利用的理论基础。

例 8.4.1 太阳上时刻不停地进行着氢原子结合为氦原子的核聚变反应，其中一种反应为

$${}_1^2\mathrm{H}+{}_1^3\mathrm{H}\rightarrow{}_2^4\mathrm{He}+{}_0^1\mathrm{n}$$

即两个氢的同位素原子氘和氚聚合为一个氦原子并释放出一个中子。已知粒子的静止质量分别为 $m_0({}_1^2\mathrm{H})=3.3437\times10^{-27}$ kg ，$m_0({}_1^3\mathrm{H})=5.0049\times10^{-27}$ kg，$m_0({}_2^4\mathrm{He})=6.6425\times10^{-27}$ kg，$m_0({}_0^1\mathrm{n})=1.6750\times10^{-27}$ kg。

求此反应释放出的能量。

解 反应前系统总静止质量为

$$m_{10}=m_0({}_1^2\mathrm{H})+m_0({}_1^3\mathrm{H})=8.3486\times10^{-27}\ \mathrm{kg}$$

反应后系统总静止质量为

$$m_{20}=m_0({}_2^4\mathrm{He})+m_0({}_0^1\mathrm{n})=8.3175\times10^{-27}\ \mathrm{kg}$$

反应后系统总静止质量比反应前减少了，**质量亏损**为

$$-\Delta m_0=m_{10}-m_{20}=0.0311\times10^{-27}\ \mathrm{kg}$$

静止质量减少(即质量亏损)意味着系统静能减少，减少的静能将转化为反应后粒子的动能，而动能又可以通过适当的方式转变为其他形式的能量释放出来。此反应释放能量为

$$\Delta E_k = -\Delta m_0 c^2 = 2.80 \times 10^{-12}\ \text{J} = 17.5\ \text{MeV}$$

需要强调的是，反应前后系统相对论性的总质量和总能量都是守恒的，只是总静止质量减少，一部分静能转化成了动能。

三、动量与能量关系

根据质速关系式 $m=\dfrac{m_0}{\sqrt{1-v^2/c^2}}$，可得

$$m^2v^2c^2 = m^2c^4 - m_0^2c^4$$

根据相对论动量、能量及静能的定义，上式可写为

$$p^2c^2 = E^2 - E_0^2 \text{或} E^2 = E_0^2 + p^2c^2 \tag{8.4.11}$$

此即为相对论的动量与能量关系式。

可以用直角三角形的勾股弦来形象表示这一关系，如图 8.4.2 所示。

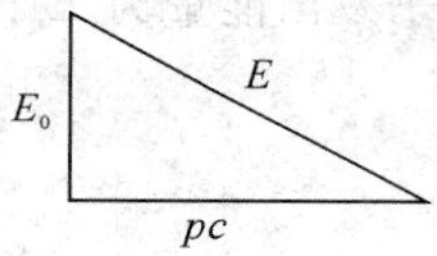

图 8.4.2　相对论动量与能量关系

有些粒子，如光子等静止质量为零的粒子，必然有 $E=pc=mc^2$，即 $p=mc$，粒子运动速率 $v=c$。这表明静止质量为零的粒子必然以光速运动。而低速($v \ll c$)运动的物体，动量 $p \approx m_0 v$，动能 $E_k \approx \dfrac{1}{2}m_0v^2 = \dfrac{p^2}{2m_0}$，总能量 $E=E_0+\dfrac{p^2}{2m_0}$ 。

习　题　8

8.1　牛顿力学的时空观与相对论的时空观的根本区别是什么？二者有何联系？

8.2　狭义相对论的两个基本原理是什么？

8.3　你是否认为在相对论中，一切都是相对的？有没有绝对性的方面？有那些方面？举例说明。

8.4　设 S'系相对 S 系以速度 u 沿着 x 正方向运动，现有两事件对 S 系来说是同时发生的，问在以下两种情况中，它们对 S'系是否同时发生？

(1) 两事件发生于 S 系的同一地点；

(2) 两事件发生于 S 系的不同地点。

8.5　惯性系 S'相对另一惯性系 S 沿 x 轴作匀速直线运动，取两坐标原点重合时刻作为计时起点。在 S 系中测得两事件的时空坐标分别为 $x_1=6\times10^{-4}$ m，$t_1=2\times10^{-4}$ s，以及 $x_1=12\times10^{-4}$ m，$t_1=1\times10^{-4}$ s. 已知在 S'系中测得该两事件同时发生，试问：

(1) S'系相对 S 系的速度是多少？

(2) S'系中测得的两事件的空间间隔是多少？

8.6　在 S 系中有一静止的正方形，其面积为 100 m^2，观察者 S'以 $0.8c$ 的速度沿正方形的对角线运动，S'系中测得的该正方形面积是多少？

8.7　飞船 A 中的观察者测得飞船 B 正以 $0.4c$ 的速率尾随而来，一地面站测得飞船 A 的速率为 $0.5c$，求：

(1) 地面站测得飞船 B 的速率；

(2) 飞船 B 测得飞船 A 的速率。

8.8　正负电子对撞机可以把电子加速到动能 $E_k=2.8\times10^9$ eV。这种电子速率比光速差多少？这样的一个电子动量是多大？(与电子静止质量相应的能量为 $E_0=0.511\times10^8$ eV)

8.9　在惯性系中，有两个静止质量都是 m_0 的粒子 A 和 B，它们以相同的速率 v 相向运动，碰撞后合成为一个粒子，求这个粒子的静止质量.

8.10　已知 μ 子的静止能量为 105.7 MeV，平均寿命为 2.2×10^{-6} s，试求动能为 150 MeV 的 μ 子的速度 v 和平均寿命 τ。

8.11　质量为 m_0 的静止原子核(或原子)受到能量为 E 的光子撞击，原子核(或原子)将光子的能量全部吸收，则此合并系统的速度(反冲速度)以及静止质量各为多少？

8.12　静止质量为 m_0 的静止原子发出能量为 E 的光子，则发射光子后原子的静止质量为多大？

第 9 章　量子物理基础

9.1　黑体辐射和普朗克量子假设

一、热辐射

物体在一定温度下不断地对外辐射电磁波，这种由于物体中分子或原子受热激发而辐射电磁波的现象称为**热辐射**，它是物体和外界交换能量的一种基本方式，具有连续的辐射能谱，波长自红外区域延伸至紫外区域，并且辐射出的能量按波长分布，与温度有关。例如，暖水瓶或保温杯的内壁通常镀上一层明亮的金属膜，就是为了增强水的内向反射而减少对外热辐射达到保温的目的。

物体在一定温度下热辐射的本领用**辐射出射度**表示，它定义为单位时间内，物体单位面积辐射出的电磁波能量，简称**辐出度**。假设物体的温度为 T，$\mathrm{d}t$ 的时间内，物体表面微元大小为 $\mathrm{d}S$ 的某处，辐射出的能量为 $\mathrm{d}E$，那么辐出度为

$$M(T)=\frac{\mathrm{d}E}{\mathrm{d}t\mathrm{d}S} \tag{9.1.1}$$

其单位为 $\mathrm{J/(s\cdot m^2)}$。又因为 $\frac{\mathrm{d}E}{\mathrm{d}t}$ 具有功率的量纲，因此辐出度也可以看作物体单位面积上的辐射功率。

物体的热辐射和温度有着密切的关系。当白炽灯中的钨丝温度低于530℃时，辐射出的能量主要集中在红外波段，只能感受到灯丝发热，但是超过该温度后，钨丝开始呈现出红色，能量逐渐朝着红光波段集中，继续升温，电磁波的能量不断朝着短波部分集中。以上现象说明，在同一温度下，不同波长的电磁波对辐出度的贡献不同，并随着温度的升高，辐出度中波长短的电磁波贡献越来越大。

为了描述物体辐出电磁波能量随波长的变化的规律，引入单色辐出度的概念。设物体的温度为 T 时，其辐射出的电磁波波长在 λ—$\lambda+\mathrm{d}\lambda$ 区间内的辐出度为 $\mathrm{d}M(T)$，则**单色辐射出射度或单色辐出度定义**为

$$M_\lambda(T)=\frac{\mathrm{d}M(T)}{\mathrm{d}\lambda} \tag{9.1.2}$$

实验指出：M_λ 与辐射物体的温度和辐射波长有关，是 λ 和 T 的函数，常表示为 $M_\lambda(T)$ 或 $M_\lambda(\lambda, T)$。它表示在单位时间内，从物体表面单位面积内发射的波长在 λ 附近，单位波长间隔内的辐射能。单色辐出度反映了物体在不同温度下辐射能按波长分布的情况，单位为 $\mathrm{W/m^3}$。若从实验中测得物体的单色辐出度曲线，则可用式(9.1.2) 获得辐出度：

$$M(T)=\int \mathrm{d}M(T)=\int M_{\lambda}(T)\mathrm{d}\lambda$$

该式说明，辐出度等于单色辐出度曲线下的面积。

物体除了辐射电磁波外，还可以从环境吸收电磁波。当电磁波入射至物体表面时，一部分电磁波被反射，一部分从物体透射，剩余的部分被物体吸收。经研究发现，**物体吸收电磁波的本领和辐射电磁波的本领成正比，即物体辐射本领强，相应吸收本领也强。**在忽略其他能量交换方式后，当物体单位时间内辐射电磁波和吸收电磁波的能量相同时，物体的辐射达到热平衡，这时的热辐射称为**平衡热辐射**。

二、黑体

如果一个物体可以完全吸收任何波长的入射电磁波而不发生反射和透射，则这样的物体称为**绝对黑体**或者**黑体**。黑体的吸收本领最大，因而其辐射本领也是最大的。绝对黑体严格意义上是不存在的，但是有一些物质非常接近绝对黑体。例如，烟煤可以吸收99%的入射光能，接近黑体。用材料加工成封闭的空腔，在空腔壁上开凿一小孔，如图9.1.1所示，由于电磁波进入孔后，在空腔内不断反射吸收，几乎不再从小孔射出，因此小孔可以看成黑体。白天观察远处楼房的窗户都是黑色的，也可将其看成与小孔类似的黑体。

一定温度下，利用光栅等色散装置，可以测量单色辐出度随波长的变化曲线，如图9.1.2所示不同温度下单色辐出度的峰值对应的波长不同，温度越高，波长越短，这和前述钨丝发光现象一致。根据实验结果，维恩总结出了单色辐出度峰值对应的波长(峰值波长)和温度的关系：

$$T\lambda_{\mathrm{m}}=b \tag{9.1.3}$$

此结果称为维恩位移定律。式(9.1.3)中：T 为热力学温度；λ_{m} 为峰值波长，$b=2.898\times10^{-3}$ m·K 为维恩常数。利用维恩位移定律有许多实际的应用，例如通过测定星体的谱线的分布来确定其热力学问题，通过比较物体表面不同区域的颜色变化情况来确定物体表面的温度分布。我国古代瓷器烧制中的“看火候”方法，即通过观察炉火的颜色来判断炉温的方法与维恩位移定律在原理上是一致的。

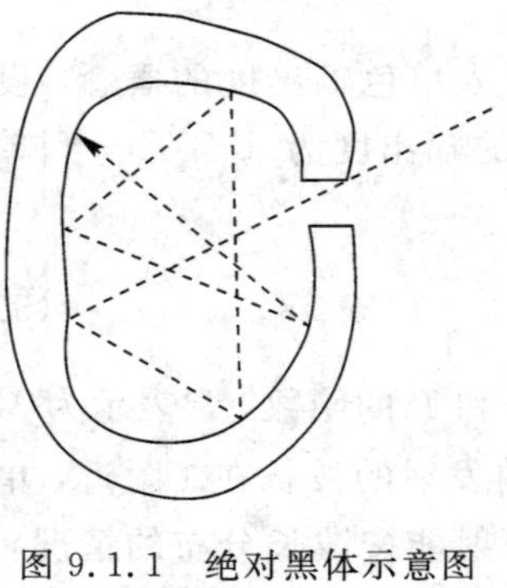

图 9.1.1　绝对黑体示意图

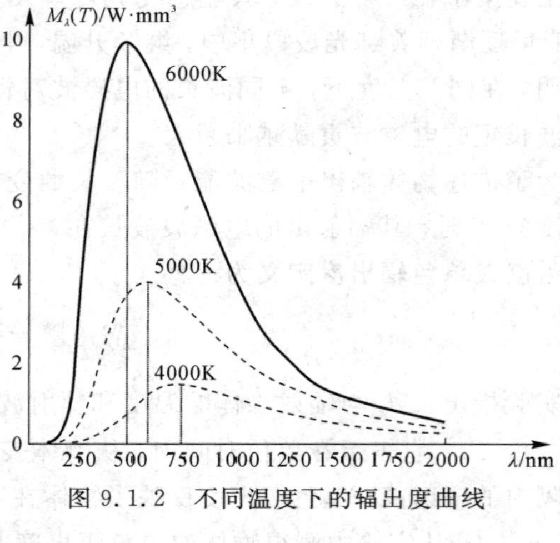

图 9.1.2　不同温度下的辐出度曲线

在不同的温度下，黑体单色辐出度曲线下的面积即辐出度是不同的。温度越高，曲线下的面积越大，辐出度越大。通过对不同温度下的辐出度研究，斯特藩和玻尔兹曼发现，黑体的辐出度正比于温度的四次方，即

$$M(T)=\sigma T^4 \tag{9.1.4}$$

其中，常数 $\sigma=5.670\times10^{-8}$ W/($\mathrm{m^2\cdot K^4}$)。式(9.1.4)称为斯特藩-玻尔兹曼公式。

三、普朗克量子假设

1900—1905 年间，瑞利和金斯根据电磁场理论和经典统计物理导出了一个描述单色辐出度的公式，它在波长较长区域与实验曲线相符，而在波长较短区域出现发散现象，史称“紫外灾难”。普朗克总结前人的经验，成功地获得了一个满足黑体辐射实验规律的经验公式，即

$$M_\lambda(T)=\frac{2\pi hc^2\lambda^{-5}}{\mathrm{e}^{hc/\lambda kT}-1} \tag{9.1.5}$$

式中：c 为真空中的光速；k 为玻尔兹曼常数；$h=6.626\times10^{-34}$ J·s 为普朗克常数；λ 为波长；T 为热力学温度。式(9.1.5)称为普朗克公式。

为了给出普朗克公式的物理意义，普朗克做出了两条假设，其中特别有价值的是提出了谐振子能量不能连续变化，只能取分立值，是最小能量 ε 的整数倍，即 ε，2ε，3ε，…，$n\varepsilon$。对于频率为 ν 的谐振子，最小能量为

$$\varepsilon=h\nu \tag{9.1.6}$$

在经典物理中的谐振子的能量 $\varepsilon=\frac{1}{2}kA^2$ 与振幅有关，并可连续变化。而普朗克的能量子概念打破了经典物理关于能量是连续的认识，为后来的科学家如爱因斯坦、玻尔等人解释量子现象提供了一定的依据。黑体辐射问题的成功解决被看作量子物理学的开端。

9.2 光电效应

早在电子发现之前，科学家赫兹研究电磁现象时偶然发现，当用紫外光照射金属电极时，电极之间更容易出现放电现象。后来人们认识到这是金属中的电子吸收光的能量逸出的现象，称之为**光电效应**。

一、光电效应实验规律

光电效应实验装置如图 9.2.1 所示，在一个真空玻璃管 S 内安装两个电极，阳极为 A，阴极为 K，其材质为金属。管口有一石英窗口，入射光透过窗口照射在阴极表面，使阴极发射出电子，称为光电子。在电极两端施加电压，则光电子在加速电场的作用下飞向阳极，形成回路中的光电流。通过电路中的滑动变阻器调节电场大小，通过双向开关改变电场方向。根据电流表Ⓖ和电压表Ⓥ读取电压和电流的关系。实验结果归纳如下：

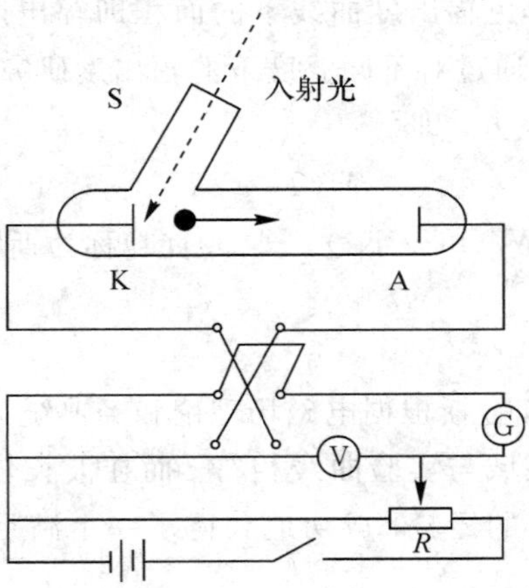

图 9.2.1　光电效应示意图

(1) 饱和电流。**阴极单位时间内发射的光电子数与入射光光强成正比。**如图 9.2.2 所示为入射光频率相同、强度 $I_2>I_1$ 对应的两条曲线。电路里的电流(光电流)随电压 U 的增大而增大，但当电压 U 增大至一定值后，光电流不再变化，这时对应的电流称为**饱和电流**。光电流增大直至饱和的现象可以解释为：当电压较小时，从阴极 K 激发出的电子只有少部分具有足够动能通过真空管到达阳极，因此光电流较小；随着电压的增大，更多的光电子在电场的加速下到达阳极，光电流增大。入射光的光强大，对应的饱和电流也大($I_{S_2}>I_{S_1}$)，说明单位时间内从阴极逸出的光电子数目正比于入射光的强度。

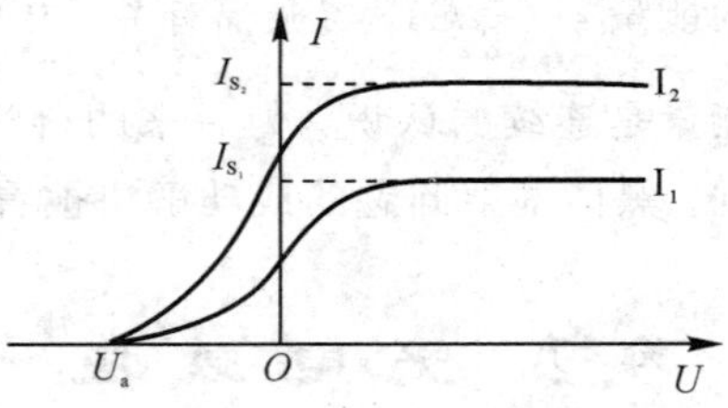

图 9.2.2　光电效应伏安曲线

(2) 遏止电压。图 9.2.2 中，$U=0$ 处对应的光电流不为零，说明即使没有加速电压，电路中依然存在光电流，这是由于光电子逸出时就具有一定初动能，可形成光电流。当改变电压方向(通过双向开关)后，增加反向电压，光电流迅速减少为零。光电流为零时的电压称为**遏止电压** U_a。遏止电压 U_a 和光电子的最大初动能之间满足：

$$eU_a=\frac{1}{2}mv_m^2 \tag{9.2.1}$$

式中，m 为电子的质量，v_m 为光电子中初速度最大值。遏止电压和光强无关，不同强度的光对应的遏止电压相同，说明光电子的最大初动能仅与频率有关，与光强无关。

(3) 截止频率。入射光的频率必须大于一个最低值 ν_0 才会出现光电效应，这一频率称为**截止频率**或者**红限**。不同的金属，ν_0 大小不同。对于同种金属，遏止电压和频率呈如图 9.2.3 所示的线性关系，即

$$U_a=k(\nu-\nu_0) \tag{9.2.2}$$

图 9.2.3 中直线的斜率 k 是与金属材料无关的常量。结合式(9.2.1)可以得到

$$\frac{1}{2}mv_m^2=ek(\nu-\nu_0) \tag{9.2.3}$$

(4) 弛豫时间。实验发现，从入射光出现到光电子逸出，几乎是瞬时的，弛豫时间不超过10^{-9} s。

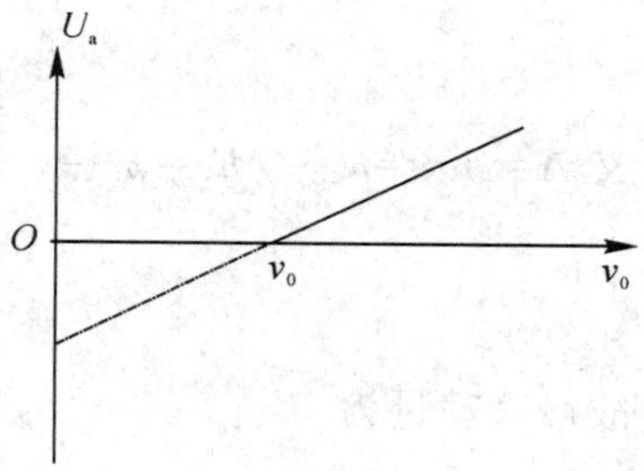

图 9.2.3　遏止电压和入射光频率的关系

二、经典物理解释的困难

经典物理认为电子吸收光的能量是通过受迫振动实现的。根据该理论，电子吸收的能量应该是连续的，只要光强足够大，电子总是可以获得足够能量的，因此不应该出现截止频率。在光强较弱时，电子吸收能量少，因此需要足够长的时间积累才可以逸出光电子，而不应该是瞬时发射出光电子。

三、爱因斯坦光电效应方程

为了解释光电效应的实验现象，爱因斯坦在普朗克的启发下提出了**光子**假设。他认为光束是由很多以速度 c 运动的光子构成的，对于频率为 ν 的单色光而言，其光子的能量为 $\varepsilon=h\nu$，h 为普朗克常数。

按照光子假设，光电效应是由于金属中的电子吸收了光子的能量，克服金属的束缚从表面逸出的现象。假设入射光的频率为 ν，金属中一个电子吸收一个光子能量，一部分克服逸出功 A，若无其他能量损失，另一部分转变为光电子的初动能，按照能量守恒，有

$$h\nu=A+\frac{1}{2}mv_m^2 \tag{9.2.4}$$

该方程，称为**爱因斯坦光电效应方程**，它仅表示具有最大初动能的光电子的能量转换过程。

由于存在逸出功 A，如果入射光子的能量低，将无法将电子激发出金属，而光子的能量和频率有关，因此必然存在一个截止频率 ν_0，满足：

$$A=h\nu_0 \tag{9.2.5}$$

即电子需要获得的最小能量。不同的金属逸出功不同，自然截止频率不同。由于电子吸收整个光子是瞬间完成的，不需要积累时间，因此发射时间也非常短。光束是由光子构成的，可以把光波看成光子的定向移动。单位时间内达到金属表面的光子数取决于光强，光强越强，激发的光电子越多，饱和电流越大。

光电子从金属中逸出时，动能大小不同，这取决于电子的初始状态。但是总会有一些电子动能最大，如果这些电子也无法到达阳极，则电流为零。根据式(9.2.1)、式(9.2.4)、式(9.2.5)，可得

$$U_a=\frac{h}{e}(\nu-\nu_0) \tag{9.2.6}$$

它表明遏止电压和频率呈线性关系，并且斜率 $k=h/e$ 为常数。

例 9.2.1　已知某种金属对应的红限波长为 λ_0，用波长为 $\lambda<\lambda_0$ 的单色光照射该金属，求逸出电子的最大动量。设电子质量为 m，光速为 c。

解　由于爱因斯坦光电效应方程为

$$\frac{1}{2}mv_{m}^{2}=h\nu-A$$

又 $A=h\nu_0=h\,\frac{c}{\lambda_0}$，$h\nu=h\,\frac{c}{\lambda}$，将其代入爱因斯坦光电效应方程中可解出

$$v_m=\sqrt{\frac{2hc(\lambda_0-\lambda)}{m\lambda_0\lambda}}$$

故最大动量为

$$p=mv_m=\sqrt{\frac{2mhc(\lambda_0-\lambda)}{\lambda_0\lambda}}$$

需要注意的是，爱因斯坦光电效应方程是能量守恒的体现，该过程中不存在碰撞，和动量守恒无关。

四、光的波粒二象性

光的波动性用波长 λ 和频率 ν 表示，光子的粒子性用动量 p 和能量 ε 表示。根据狭义相对论和爱因斯坦光子假设，其能量为

$$E=m_{\varphi}c^{2}=h\nu \tag{9.2.7}$$

其中，m_{φ} 为光子的质量，即

$$m_{\varphi}=\frac{h\nu}{c^{2}}=\frac{h}{c\lambda} \tag{9.2.8}$$

光子的动量为

$$p=m_{\varphi}c=\frac{h\nu}{c}=\frac{h}{\lambda} \tag{9.2.9}$$

可以看出，光的波长和动量、频率和能量存在一一对应的关系，这一特性称为光的**波粒二象性**。光电效应实验和爱因斯坦光电效应方程不仅进一步证明了普朗克量子假说的合理性，并且揭示了物质具有波粒二象性，加深了人类对微观世界的认识。光电效应有很多的应用。例如光纤入户后连接的“光猫”，它的功能是把光信号转化为电信号，然后通过有线或者无线的方式发送到终端设备上。另外，将光信号转化为电信号还可以实现对机械装置的控制，实现生产、监控的自动化。除此之外，光伏发电是一种清洁能源，它的基本原理就是半导体的光电效应。

9.3 康普顿效应

X 射线照射在物质上后会在各个方向上产生散射光线。1923 年，物理学家康普顿以及之后的吴有训通过一系列 X 射线的散射实验发现，当单色 X 射线被物质散射后，散射光出现了两种波长的 X 射线，其中一种散射线的波长等于入射 X 射线波长，而另一种则比入射线的波长更长，它的波长的改变量与散射物质无关，随散射角增大而增大，这种现象称为**康普顿效应或康普顿散射**。

一、X 射线散射实验和实验发现

图 9.3.1 所示为康普顿效应实验示意图。从 X 射线管发出的波长为 λ_0 的 X 射线，通过

光阑 B_1 和 B_2 照射在石墨上，散射光的波长和强度利用光谱仪测量，散射方向和入射方向的夹角称为散射角 φ。如图 9.3.2 所示，实验得到两个重要结论：第一，散射线中除了和原波长 λ_0 相同的射线外，还有波长 $\lambda>\lambda_0$ 的射线；第二，波长的改变量 $\Delta\lambda=\lambda-\lambda_0$ 随散射角 φ 增大而增大，并且对于不同的散射物质，在相同的散射角下，波长的该变量均相同。经实验发现波长变化量和散射角之间满足：

$$\Delta\lambda=\lambda-\lambda_0=\frac{2h}{m_0 c}\sin^2\frac{\varphi}{2} \tag{9.3.1}$$

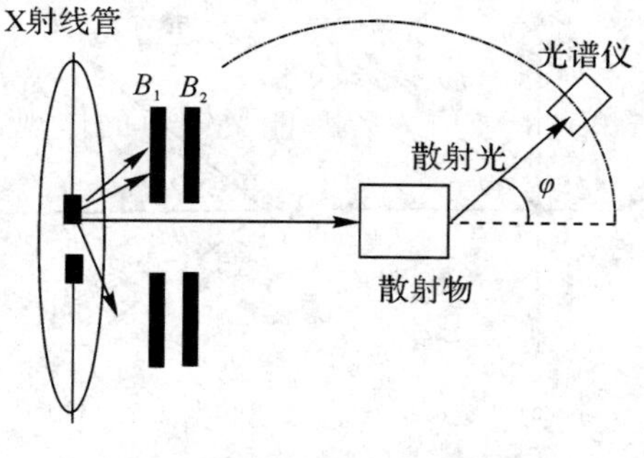

图 9.3.1 康普顿效应实验示意图

按照波动理论，散射物在 X 光照射下，散射物中电子作受迫振动，其发射 X 射线频率应该和入射光频率一致，不应该出现 $\lambda>\lambda_0$ 的 X 射线。为了解决这一问题，康普顿利用光子和电子的相对论性碰撞成功地解释了这一现象。

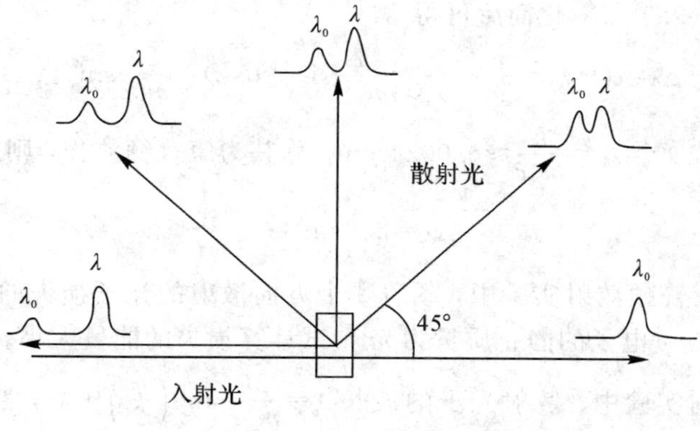

图 9.3.2 散射结果示意图

二、理论解释

当 X 射线照射晶体时，光子和晶体中的电子发生碰撞。晶体中的电子依据其状态可以分为两类：一类电子受到原子核的束缚较弱，可以看作自由电子；另一类电子处于原子壳层深处，受到原子核的束缚较强。光子和自由电子碰撞，由于电子热运动的能量远小于 X 射线的能量(相差 2～3 个数量级)，从此电子的动能可以忽略不计，因而可以将碰撞看作是一个光子和静止的电子的**完全弹性碰撞**过程。

如图 9.3.3(a)所示，设电子的静止质量为 $\boldsymbol{m}_0$，静止能量为 m_0c^2，动量为零。设入射光的频率为 ν_0，则光子的能量为 $h\nu_0$，动量为 $\frac{h\nu_0}{c}\boldsymbol{n}_0$，其中$\boldsymbol{n}_0$代表入射光子动量方向的单位矢

量。设碰撞后，电子获得动能，其能量变为 mc^2，这里的 m 为电子的相对论质量，动量变为 $m\boldsymbol{v}$。被散射的光子能量为 $h\nu$，动量为 $\frac{h\nu}{c}\tilde{\boldsymbol{n}}_0$，这里矢量 $\boldsymbol{v}$ 和 $\tilde{\boldsymbol{n}}_0$ 的方向如图 9.3.3(b)所示。其中 $\tilde{\boldsymbol{n}}_0$ 和 $\boldsymbol{n}_0$ 的夹角即为散射角 φ，碰撞后电子的运动方向和水平方向夹角为 θ，运动的电子也称为反冲电子。根据动量守恒，有

$$\frac{h\nu_0}{c}\boldsymbol{n}_0=\frac{h\nu}{c}\tilde{\boldsymbol{n}}_0+m\boldsymbol{v} \tag{9.3.2}$$

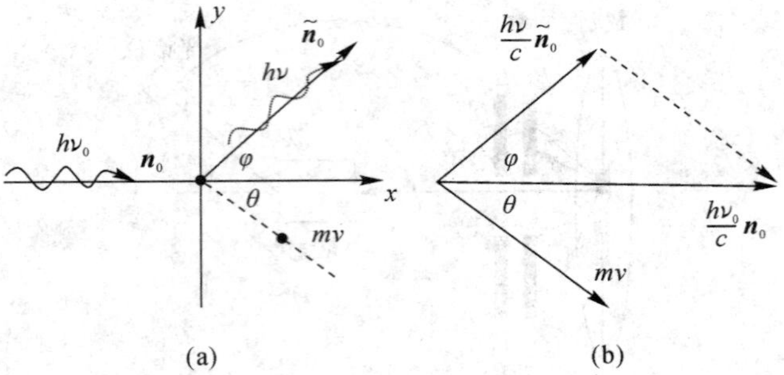

图 9.3.3　光子和电子碰撞原理图

根据相对论能量-动量关系和碰撞过程能量守恒：

$$p^2c^2=mc^2-m_0c^2 \tag{9.3.3}$$

$$h\nu_0+m_0c^2=mc^2+h\nu \tag{9.3.4}$$

利用式(9.3.2)～式(9.3.4)，化简后可得

$$\Delta\lambda=\lambda-\lambda_0=\frac{c}{\nu}-\frac{c}{\nu_0}=\frac{h}{m_0c}(1-\cos\varphi)=\frac{2h}{m_0c}\sin^2\frac{\varphi}{2} \tag{9.3.5}$$

此即康普顿散射公式。令 $\lambda_c=\frac{h}{m_0c}\approx 0.0024$ nm，称其为康普顿波长，则式(9.3.5)可写为

$$\Delta\lambda=2\lambda_c\sin^2\frac{\varphi}{2}$$

例 9.3.1　在康普顿散射实验中，朝着哪个方向散射的光子损失的能量最大？假设入射 X 射线的波长为 λ_0，电子的静止质量为 m_0，试计算损失的能量大小。

解　康普顿散射实验中，散射光子的波长 $\lambda=\frac{2h}{m_0c}\sin^2\left(\frac{\varphi}{2}\right)+\lambda_0$，散射光子波长越长，对应的能量越小，损失的能量越多。因此，当 $\varphi=\pi$ 时，损失的能量最多，其大小为

$$\Delta E=\frac{hc}{\lambda_0}-\frac{hc}{\lambda_0+\frac{2h}{m_0c}}=\frac{2h^2}{m_0\lambda_0\left(\lambda_0+\frac{2h}{m_0c}\right)}$$

以上解释了散射光中 $\lambda>\lambda_0$ 射线的来源，而散射光中原有波长 λ_0 的部分，可考虑光子和束缚电子的完全弹性碰撞，由于光子的质量远小于原子核的质量，碰撞后光子的能量不发生变化，因此在散射线中保留与入射 X 光相同的成分。

康普顿效应和光电效应相同的地方在于两个过程均满足能量守恒，不同之处共有两点：第一，光电效应中光子能量相对较低，而康普顿效应中 X 射线能量很高，因此在康普顿散射中，相对论效应明显；第二，康普顿效应中光子和电子碰撞满足动量守恒，而光电效应中并无此要求。

9.4　物质波和不确定关系

一、物质波

在光的波粒二象性启发下，1924 年法国物理学家德布罗意将这种特征推广至所有实物粒子。他认为诸如电子、质子、中子等一切实物粒子均具有波粒二象性。1927 年戴维逊和革末通过电子在晶体表面的散射实验，证实了电子的波动性。

类比于光子，假设实物粒子能量为 E，动量为 p，其对应的物质波频率为 ν，波长为 λ，那么动量和波长、能量和频率有如下关系：

$$\begin{cases} p = mv = \dfrac{h}{\lambda} \\ E = mc^2 = h\nu \end{cases} \tag{9.4.1}$$

考虑相对论效应，波长和频率可表示如下：

$$\begin{cases} \lambda = \dfrac{h}{p} = \dfrac{h}{mv} = \dfrac{h}{m_0 v}\sqrt{1-v^2/c^2} \\ \nu = \dfrac{E}{h} = \dfrac{mc^2}{h} = \dfrac{m_0 c^2}{h\sqrt{1-v^2/c^2}} \end{cases} \tag{9.4.2}$$

式(9.4.2)称为德布罗意公式，实物粒子对应的波称为**德布罗意波**或者**物质波**。波粒二象性是物质的固有属性，利用电子的波动性制造的电子显微镜，已经广泛应用于金属、半导体、生物、化学、医学和新材料领域。

例 9.4.1　计算质量 $m=0.01$ kg 的子弹，以速率 $v=300$ m/s 飞行时对应的物质波波长。

解　由德布罗意关系即式(9.4.2)，有

$$\lambda = \frac{h}{mv} = 2.2\times 10^{-34}\ \text{m}$$

由于该波长相对于子弹的尺寸非常小，因此对子弹的运动几乎没有影响，故在宏观世界中，物体的量子效应可以忽略。

二、物质波的统计解释

尽管德布罗意提出了物质波的概念，但是他本人无法解释这种波的本质。爱因斯坦曾经为了解释电磁波和光子之间的关系，提出了利用概率来解释光的衍射现象。在单缝夫琅禾费衍射中，光强大的地方，光子达到的概率大，而光强小的地方，光子达到的概率小。1926 年，玻恩用同样的观点成功地解释了电子衍射实验现象。他认为，在电子衍射实验中，对于个别电子，出现在屏幕上是随机无规则的，具有一定的偶然性，但是大量电子在空间不同位置出现的概率满足一定的统计规律。**物质波的波动性指的是统计意义上的波动性。**

三、不确定关系

根据经典力学，只要给出粒子运动的初始条件，原则上，通过牛顿第二定律就可以精

确地预测任意时刻粒子的位置和动量。然而由于粒子具有波动性，它的空间位置需要用概率来描述，因此任意时刻粒子不再具有精确的位置和动量，这一特点可以通过电子单缝衍射实验加以说明。

如图 9.4.1 所示，假设有一束电子沿 y 方向(水平方向)通过宽为 Δx 的单缝，由于电子的波动性，其落在屏幕上形成类似于光的单缝夫琅禾费衍射的图样，即一系列明暗相间的条纹。对于一个电子而言，它可以从单缝中的任意位置穿过，因此它在 x 方向的位置具有不确定量，其大小为缝的宽度 Δx，称为**位置的不确定度**。电子衍射的明条纹出现在屏幕多处，说明电子在 x 方向的动量 $p_x \neq 0$。我们先以强度最大的中央明纹区域来分析，考虑到达中央明纹中的电子，某些电子穿过单缝后到达中央明纹中央，其动量在 x 方向无分量，即 $p_x = 0$，还有一些电子到达中央明纹边缘，其在 x 方向的分量 $p_x = p\sin\varphi$，这里 φ 为第一级暗纹对应的衍射角，其他电子在 x 方向的动量居于两者之间，因此处于中央明纹中电子的动量在 x 方向的不确定度为

$$\Delta p_x = p\sin\varphi$$

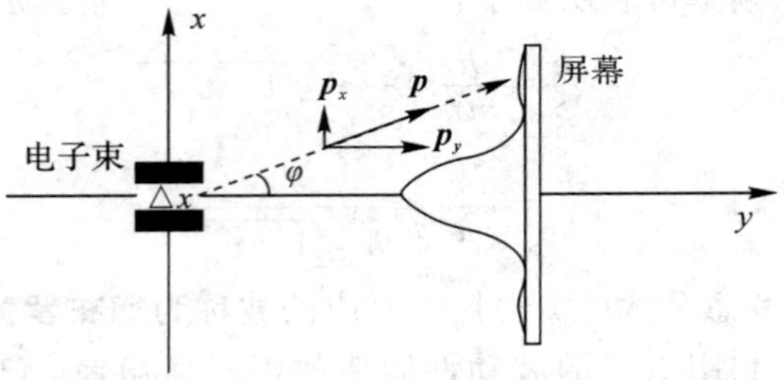

图 9.4.1　电子单缝衍射示意图

根据衍射公式，有

$$\sin\varphi = \frac{\lambda}{\Delta x}$$

结合式(9.4.2)并考虑到动量和波长的关系(即式 9.4.1)得到

$$\Delta p_x = p\sin\varphi = \frac{p\lambda}{\Delta x} = \frac{h}{\Delta x}$$

故

$$\Delta x \Delta p_x = h \tag{9.4.3}$$

鉴于衍射条纹中还存在第一级、第二级等其他明纹，即实际电子动量的不确定度大于式(9.4.3)给出的结果，利用更严格的量子力学知识可证明：

$$\Delta x \Delta p_x \geqslant \frac{\hbar}{2} \tag{9.4.4}$$

该式称为位置和动量的**不确定关系**或者**海森堡测不准关系**，其中的 $\hbar = \frac{h}{2\pi}$ 为约化普朗克常数。结果表明，粒子在空间分布越集中，即空间不确定度越小，那么动量的分布就会越大，即动量变化区间就越大，反之亦然。

例 9.4.2　原子的线度为 0.1 nm，求原子中电子速度的不确定度。

解　电子在原子中的位置不确定度即为原子的线度，根据不确定关系 $\Delta x \Delta p_x \geqslant \frac{\hbar}{2}$，其

中 $\Delta p_x = m\Delta v_x$，可得

$$\Delta v_x \geqslant \frac{\hbar}{2m\Delta x} \approx 5.8\times10^5 \text{ m/s}$$

一般而言，原子中电子的线速度约10^6 m/s，因此其速度的不确定度会产生较大的影响，或者说量子效应比较显著。

除了位置和动量具有不确定关系外，能量和时间之间也具有不确定关系：

$$\Delta E\Delta t \geqslant \frac{\hbar}{2} \tag{9.4.5}$$

该式表明粒子的能量也具有不确定性，利用这一公式可以解释激发态寿命、光谱展宽、隧穿效应等现象。海森堡不确定关系是波粒二象性的必然结果，它表明经典力学中的概念在微观世界的局限性。

9.5　波函数和薛定谔方程

微观粒子的波粒二象性使得经典物理的描述方式失效，而玻恩指出物质波的波动性是统计意义上的波动性，它与粒子出现在空间的概率联系在一起，因此可以从波动性的角度出发，首先写出物质波所满足的波函数，然后建立波函数演化所满足的微分方程。

一、波函数

为了得到波函数普遍的形式，首先考虑自由运动粒子的波函数。在经典物理意义下，自由运动的粒子一定作匀速直线运动，取粒子的轨迹为 x 轴，则该粒子的动量 p 和能量 E 守恒。根据波粒二象性，该粒子对应的物质波的波长为 $\lambda=\frac{h}{p}$，频率为 $\nu=\frac{h}{E}$，且它们在整个运动过程中保持不变。在经典物理中，波长和频率不变的波对应的是平面简谐波，其波函数为

$$y(x, t)=A\cos\left[2\pi\left(\nu t-\frac{x}{\lambda}\right)\right] \tag{9.5.1}$$

将式(9.5.1)改写为复数形式，即 $y(x, t)=A\mathrm{e}^{-\mathrm{i}2\pi\left(\nu t-\frac{x}{\lambda}\right)}$。若只取实数部分，则该式恰好对应经典波函数。利用波粒二象性公式，将频率和波长用能量和动量替换，并利用**约化普朗克常数** $\hbar=\frac{h}{2\pi}$表示，自由粒子波动性的平面物质波可写为

$$\Psi(x, t)=\psi_0\mathrm{e}^{-\frac{\mathrm{i}}{\hbar}(Et-px)} \tag{9.5.2}$$

为了和经典平面波函数区别开来，在式(9.5.2)中用 Ψ 和 ψ_0 代表式(9.5.1)中的 y 和 A，这便是一维自由运动粒子对应的物质波波函数。将该波函数推广至一般情况，任意**单粒子波函数**可以表示为 $\Psi(\boldsymbol{r}, t)$，利用该波函数可以表示粒子在 t 时刻，空间 $\boldsymbol{r}$ 附近体积元 $\mathrm{d}V$ 中的概率，即

$$\mathrm{d}W=|\Psi(\boldsymbol{r}, t)|^2\mathrm{d}V \tag{9.5.3}$$

这就是波函数的物理意义。

由于在空间任一点粒子出现的概率应该是**唯一和有限**的，因此波函数必须满足**单值性**、**有限性**和**连续性**。除此之外，波函数还应该满足归一化条件：

$$\int |\Psi(\boldsymbol{r},t)|^2 \mathrm{d}V = 1 \tag{9.5.4}$$

二、薛定谔方程和定态薛定谔方程

为了获得物质波波函数所满足的微分方程，1926 年，薛定谔通过分析和类比，建立了势场中微观粒子在低速运动时所满足的波动方程，现在人们把它称为**薛定谔方程**。由于获得这一方程的过程并不完全基于经典物理，因此它并无严格意义上的推理，方程的正确性可通过实验验证。这里直接给出薛定谔方程：

$$-\frac{\hbar^2}{2m}\left(\frac{\partial^2\Psi}{\partial x^2}+\frac{\partial^2\Psi}{\partial y^2}+\frac{\partial^2\Psi}{\partial z^2}\right)+U(x,y,z,t)=\mathrm{i}\hbar\frac{\partial\Psi}{\partial t} \tag{9.5.5}$$

式中，m 为粒子的质量；$U(x,y,z,t)$为粒子的势能。只要知道粒子的质量和它在势场的势能函数 U 的具体形式，就可以写出薛定谔方程。

如果粒子所处的势场 U 与时间无关，仅与空间坐标有关，那么粒子运动的能量 E 不随时间变化，粒子所处的状态称之为定态，粒子的波函数称为定态波函数。定态波函数所满足的薛定谔方程：

$$\frac{\hbar^2}{2m}\left(\frac{\partial^2\Psi}{\partial x^2}+\frac{\partial^2\Psi}{\partial y^2}+\frac{\partial^2\Psi}{\partial z^2}\right)+(E-U(x,y,z))\Psi=0 \tag{9.5.6}$$

称为**定态薛定谔方程**。

求解该方程已经远超出本书的要求，然而它却在我们的生活中有着巨大的应用价值，例如半导体芯片、量子点发光等问题，均可由方程(9.5.6)解释。

9.6 氢原子的玻尔理论和量子力学描述

氢原子的光谱问题和氢原子的结构有着密切的关系，在量子力学的早期，玻尔基于原子结构行星模型，利用量子化成功解释了氢原子光谱问题，它证明了能量量子化的正确性。而在量子力学建立后，它继续证明了薛定谔方程的正确性。本节首先介绍氢原子光谱及其规律，随后讨论玻尔氢原子理论，最后指出氢原子薛定谔方程解的主要结论，并与玻尔理论进行比较。

一、氢原子光谱

原子光谱是原子在外部条件的激发下发射出的电磁波谱，它能反映原子的内部结构。历史上，科学家对于氢原子的光谱进行了大量的研究，总结出以下特点：

(1) 氢原子的光谱是彼此分立的线状光谱，每一条谱线具有确定的波长或频率，如图 9.6.1 所示。

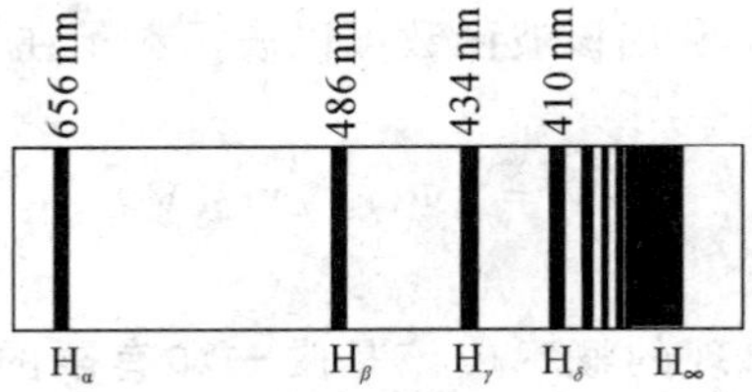

图 9.6.1 氢原子巴耳末系光谱

（2）每一条光谱的波数即波长的倒数满足如下关系：

$$\tilde{\nu}=\frac{1}{\lambda}=R_{H}\left(\frac{1}{k^{2}}-\frac{1}{n^{2}}\right) \tag{9.6.1}$$

式中：$k=1, 2, 3, 4, \cdots$；$n=k+1, k+2, k+3, \cdots$；R_H 为氢光谱的里德伯常数，其测量值为 $R_H=1.096\ 775\ 8\times10^{7}\ m^{-1}$，式(9.6.1)又称里德伯-利兹合并原则。当 k 取某一个整数值时，对应一系列谱线（即波数不同的电磁波）构成一个谱系。例如，1880 年左右，巴耳末发现了 $k=2$ 对应的这些谱线，称为巴耳末系。除此之外，还有拉曼系($k=1$)、帕邢系($k=3$)、布喇开系($k=4$)等，如图 9.6.2 所示。

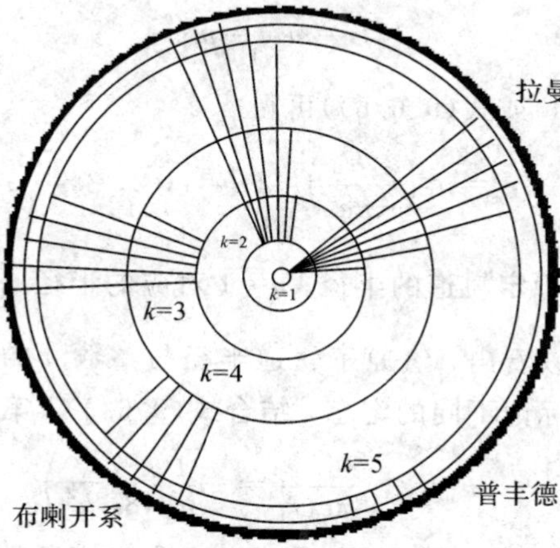

图 9.6.2　氢原子不同谱系

二、玻尔氢原子理论

为了解释氢原子光谱的规律，玻尔借鉴了卢瑟福原子结构模型，认为原子的结构为**核型结构**，即原子是由原子核和电子构成的，原子核带正电，电子带负电并绕原子核作圆周运动，类似于太阳系中行星绕着恒星运动。该模型虽然有合理之处，但是它与经典电磁学并不相容。经典电磁学认为电子在核外转动时不断对外辐射电磁波，电子的能量持续衰减直至坠落到原子核上，这样的原子结构是不稳定的。针对这些问题，玻尔对于氢原子中的电子运动提出了以下三条假设：

（1）定态假设。氢原子系统中仅存在一些不连续的能量状态，电子只能在这些能量对应的轨道上作圆周运动，并且电子不会对外辐射电磁波，这样的状态称为稳定态（定态）。

（2）轨道量子化假设。电子在这些定态轨道上的角动量 L 满足量子化，即

$$L=n\hbar \tag{9.6.2}$$

式中，$n=1, 2, 3, \cdots$为整数，称为角动量量子数。

（3）跃迁假设。氢原子中的电子从一个能量为 E_n 的定态跃迁到另一个能量为 E_k 的定态时，就要发射或吸收一个频率为 ν_{nk} 的光子：

$$\nu_{nk}=\frac{|E_n-E_k|}{h} \tag{9.6.3}$$

如果 $E_n > E_k$ 代表发射光子，则 $E_n < E_k$ 代表吸收光子。

根据以上三点假设，结合经典力学，可以计算出氢原子中定态对应的轨道半径和能量。电子绕原子核运动时，原子核对电子的库仑力等于其绕核作圆周运动的向心力，即

$$\frac{1}{4\pi\varepsilon_0}\frac{e^2}{r^2}=m\frac{v^2}{r} \tag{9.6.4}$$

式中，m 为电子质量，v 为电子运动速度，r 为轨道半径。电子作圆周运动的机械能为

$$E_n=\frac{1}{2}mv^2-\frac{e^2}{4\pi\varepsilon_0 r}=-\frac{e^2}{8\pi\varepsilon_0 r} \tag{9.6.5}$$

又由于圆周运动角动量满足量子化条件：

$$L=mvr=n\frac{h}{2\pi} \tag{9.6.6}$$

故利用以上三式(式(9.6.4)或式(9.6.6))可得

$$r_n=n^2\left(\frac{\varepsilon_0 h^2}{\pi m e^2}\right)\quad(n=1,\ 2,\ 3,\ \cdots) \tag{9.6.7}$$

这就是原子中第 n 个稳定轨道的半径，$n=1$ 对应的半径 $r_1=\frac{\varepsilon_0 h^2}{\pi m e^2}=0.0529$ nm 称为玻尔半径。从该结果中还可以看出，氢原子轨道半径与整数 n 的平方成正比，是不能连续变化的。通常用量子数 n 来标记不同的定态，结合式(9.6.5)，第 n 个定态上的能量为

$$E_n=-\frac{1}{8\pi\varepsilon_0}\frac{e^2}{r_n}=-\frac{1}{n^2}\left(\frac{me^4}{8\varepsilon_0^2 h^2}\right) \tag{9.6.8}$$

它表明氢原子的能量只能取一些不连续的分立值，称为能量量子化。能量对应的数值称为能级，其中 $n=1$ 对应的能级 $E_1=-\frac{me^4}{8\varepsilon_0^2 h^2}=-13.6$ eV 最低，对应的状态称为基态，其他能级对应的状态称为激发态，能量为 $E_n=\frac{E_1}{n^2}$。

利用玻尔氢原子理论的态假设可以得到式(9.6.9)，当电子从高能级 E_n 跃迁至低能级 E_k 时，其发射光子的频率为

$$\nu_{nk}=\frac{E_n-E_k}{h}=\left(\frac{1}{n^2}-\frac{1}{k^2}\right)E_1 \tag{9.6.9}$$

波数为

$$\tilde{\nu}=\frac{1}{\lambda_{nk}}=\frac{\nu_{nk}}{c}=\frac{E_1}{hc}\left(\frac{1}{n^2}-\frac{1}{k^2}\right)=R_{\mathrm{H}}\left(\frac{1}{k^2}-\frac{1}{n^2}\right) \tag{9.6.10}$$

其中 $R_{\mathrm{H}}=\frac{E_1}{hc}$，理论计算的结果为 $R_{\mathrm{H}}=1.097\ 373\ 1\times10^7\ \mathrm{m^{-1}}$，与实验值非常接近。

例 9.6.1 将氢原子中的电子从基态激发到第二激发态所需的能量为多少？

解 氢原子基态对应的量子数 $n=1$，第二激发态对应的量子数 $n=3$，根据 $E_n=\frac{E_1}{n^2}$，有

$$\Delta E=E_1-E_3=\left(1-\frac{1}{3^2}\right)E_1=-12.1\ \mathrm{eV}$$

式中，$E_1=-13.6$ eV，为基态能量。$\Delta E<0$ 表明该过程要吸收能量，大小为 12.1 eV。

玻尔理论的成功之处在于说明了氢原子包括类氢离子 He^{+}、Li^{2+} 的光谱结构，其通过经典物理和量子化假设相结合的方法具有明显的局限性，这些困难可以用量子力学的方法解决。

三、氢原子的薛定谔方程及主要结论

在氢原子中，由于原子核的质量是电子的数千倍，因此原子的性质主要取决于电子的状态，所以只需求解电子的薛定谔方程即可。假设原子核静止，处于坐标原点，电子在质子的库仑电场中运动，电子的势能函数为

$$U(r)=\frac{e^2}{4\pi\varepsilon_0 r} \tag{9.6.11}$$

式中，$r=\sqrt{x^2+y^2+z^2}$ 是电子离核的距离。由于势函数不含时，因此对应的定态薛定谔方程为

$$\frac{\hbar^2}{2m}\left(\frac{\partial^2\Psi}{\partial x^2}+\frac{\partial^2\Psi}{\partial y^2}+\frac{\partial^2\Psi}{\partial z^2}\right)+\left(E+\frac{e^2}{4\pi\varepsilon_0 r}\right)\Psi=0 \tag{9.6.12}$$

该方程的解法需要较深的数学基础，这里主要介绍方程的如下重要结论：

(1) 能量量子化。求解方程(9.6.12)可得电子的能量：

$$E_n=-\frac{1}{n^2}\left(\frac{me^4}{8\varepsilon_0^2 h^2}\right) \tag{9.6.13}$$

式中，$n=1, 2, 3, \cdots$ 称为主量子数。这一结果和玻尔理论得到的能级公式(9.6.8)相同，它一方面印证了薛定谔方程的正确性，另一方面又是薛定谔方程的自然结果，未作任何人为假设。

(2) 角动量量子化。电子绕核运动具有角动量，在玻尔理论中，其量子化条件以假设的形式出现，现在通过求解薛定谔方程，可以得到角动量的大小为

$$L=\sqrt{l(l+1)}\,\hbar \quad (l=0, 1, 2, 3, \cdots, n-1) \tag{9.6.14}$$

式中，l 称为角量子数或者副量子数，因此电子绕核运动的角动量也是量子化的，但其量值与玻尔理论不同。例如，当 $n=3$ 时，玻尔理论的角动量 $L=3\hbar$，薛定谔方程给出的角动量取值 $L=0$、$\sqrt{2}\hbar$、$\sqrt{6}\hbar$ 与实验相同。

(3) 角动量空间量子化。除了轨道角动量取值本身是量子化的外，其角动量在空间方向(以 z 轴方向为例)的投影值也是量子化的，即

$$L_z=m\hbar \quad (m=0, \pm1, \pm2, \cdots, \pm l) \tag{9.6.15}$$

式中，m 称为磁量子数。例如，对于角量子数 $l=1$，磁量子数 $m=0$，±1，其投影值 $L_z=0$，$\pm\hbar$，即在角动量 $L=\sqrt{2}\hbar$ 确定的情况下，其在 z 轴方向的投影只能取 3 个不连续的值，如图 9.6.3(a)所示，即角动量在空间的取向是量子化的，称为空间量子化。角动量大小取其他值时的情况，如图 9.6.3(b)和(c)所示，分别对应 $l=2$ 和 $l=3$ 的结果。将原子放置在磁场当中，磁量子数产生的效应就会显现出来，对应的现象称为**塞曼效应**。

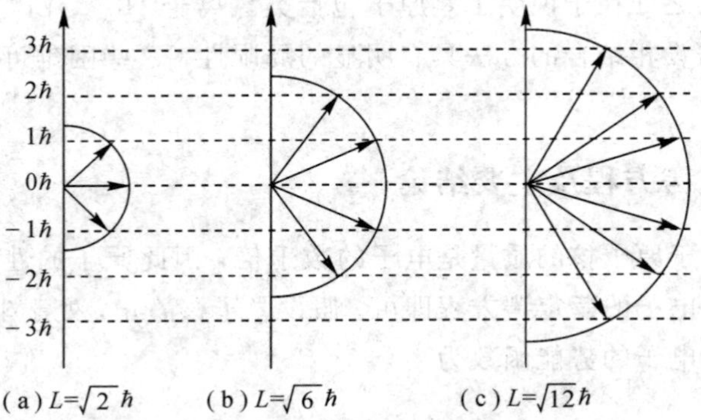

图 9.6.3 角动量空间量子化示意图

四、斯特恩盖拉赫实验和电子自旋

如图 9.6.4 所示，一原子发射源 O 射出一束原子射线，通过磁场后，原子沉积在底板 P 上。根据理论分析，由于不同原子中电子的磁量子数不同，受到磁场的作用也不同，因此在磁场作用下偏转的角度应该不同，磁量子数越大，偏转角度越大。磁量子数用 m 表示。$m=0$ 的原子不会受到磁场影响，因此应该在底板正中央形成一条沉积线。$m=1$ 的原子受到向上力的作用，向上偏转，而 $m=-1$ 的原子向下偏转。由于 m 可能的取值总是为奇数，因此在底板上应该形成奇数条沉积线。然而，1921 年德国物理学家斯特恩和盖拉赫用银原子进行实验，底板上却只出现了两条沉积线，如图 9.6.4 所示。改用其他类氢原子进行实验也出现了相同现象，这说明电子存在一种额外的属性。

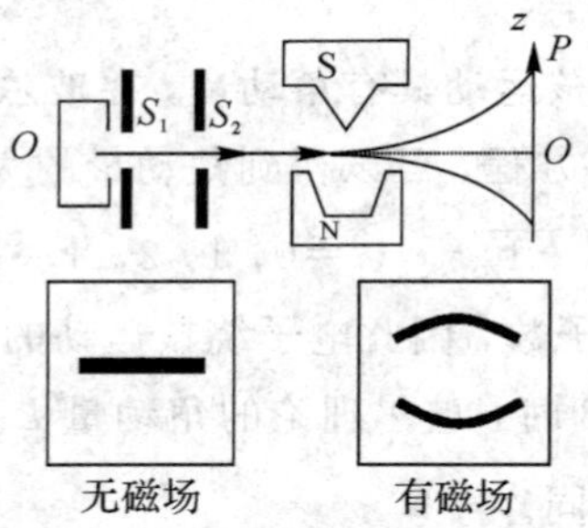

图 9.6.4 斯特恩盖拉赫实验装置示意图

1925 年，乌伦贝克和哥得斯施密特提出电子自旋假说，圆满地解释了上述现象。他们认为电子的自旋对应角动量可类比于轨道角动量：

$$S=\sqrt{s(s+1)}\hbar \tag{9.6.16}$$

式中，s 为自旋量子数，它只能取一个值，即

$$s=\frac{1}{2} \tag{9.6.17}$$

自旋角动量在 z 轴的投影同样类似于角动量空间量子化，即：

$$S_z=m_s\hbar,\ m_s=\pm\frac{1}{2} \tag{9.6.18}$$

式中，m_s 称为自旋磁量子数，它只能取$\pm\frac{1}{2}$这两个数值。

考虑电子自旋后，氢原子中电子的状态可以由以下**四个量子数**完全决定：

(1) 主量子数 $n=1, 2, 3, \cdots$，决定电子的能量；

(2) 角量子数 $l=0, 1, 2, \cdots, n-1$，决定电子绕核运动的角动量；

(3) 磁量子数 $m=0, \pm1, \pm2, \cdots, \pm l$，决定电子绕核运动的角动量的空间取向；

(4) 自旋磁量子数 $m_s=\pm\frac{1}{2}$，决定自旋角动量的空间取向。

9.7　原子的壳层结构

氢原子由于仅包含一个电子，其薛定谔方程相对易于求解，因此理论和实验吻合较好。对于其他原子而言，原子内有多个电子，相互作用比较复杂，无法求出其精确解。然而 X 射线实验表明，其他原子中的电子排布与氢原子有类似之处。

1916 年，柯塞尔在实验的基础上提出了多电子原子中核外电子按壳层分布的模型。他认为主量子数 n 相同的电子处于一个壳层，该壳层称为主壳层，用量子数 $n=1, 2, 3, \cdots$表示，还可以用大写字母 $K, L, M, N, O, P, \cdots$命名，与主量子数一一对应。主量子数越大，壳层离原子核越远。

按副量子数 l，每一个主壳层又分成若干个支壳层。与氢原子中主量子数和副量子数的关系一样，对于主量子数为 n 的主壳层，其子壳层可以用 $l=0, 1, 2, 3, \cdots, n-1$ 命名，或者用小写字母 $s, p, d, f, g, \cdots$与之一一对应。对于原子中的电子，可以用主壳层和支壳层对电子进行命名，通常用阿拉伯数字表示主壳层，用小写字母表示支壳层，如 $1s$，$2s$，sp，$3s$，$3p$，$3d$，…。

1. 泡利不相容原理

1925 年，泡利根据光谱实验总结出如下规律：在同一个原子内，不可能存在两个或者两个以上的电子处于完全相同的量子态，即在一个原子内，任何两个电子都不可能具有一组完全相同的量子数(n, l, m, m_s)，此脚**泡利不相容原理**。根据这一原理，可以推算出主壳层 n 最多可以容纳电子的数目。对于支壳层 l，可允许的磁量子数 $m=0, \pm1, \pm2, \cdots, \pm l$ 一共有 $2l+1$ 个取值，每一个磁量子数 m 可对应两个自旋状态，因此该支壳层最多可以排布 $4l+2$ 个电子。主壳层中一共包含 n 个支壳层，因此最多可以容纳电子数为

$$Z_n = \sum_{l=0}^{n-1}(4l+2) = 2n^2 \tag{9.7.1}$$

2. 能量最小原理

原子处于正常状态时，电子都趋向于占据可能的最低能级。因此，能级越低即离核越近的壳层首先被电子填满，其余电子依次填充尚未被占据的最低能级，直到所有电子填满可能的最低能级为止。原子的能级由主量子数 n 和副量子数 l 决定。一般来说，主量子数越小，能级越低；主量子数相同，副量子数越低，能量越低。例如，锂原子的电子排布可以记为 $1s^2 2s^1$，右上角的符号表示支壳层的电子数。原子中不同支壳层的能量排布如图 9.7.1 所示，主量子数从上到下逐次增大，角量子数从左向右逐渐增大，能级较高时，壳层的能量

沿着虚线箭头方向从低到高依次排布，例如 $1s^2 2s^2 2p^6 3s^2 \cdots$。需要注意的是，主量子数大的支壳层能量并不一定比主量子数小的支壳层能量高。例如，$4s$ 支壳层的能量低于 $3d$ 支壳层的能量。例如，钾原子最外层的电子排布为 $1s^2 2s^2 2p^6 3s^2 3p^6 4s^1$，跳过了 $3d$ 支壳层。为此，我国科学工作者总结出了利用 $n+0.7l$ 来确定能量大小的规律。利用原子的壳层结构理论，可以解释元素周期性的来源、原子发光的光谱、化学反应、材料性质等科学问题。

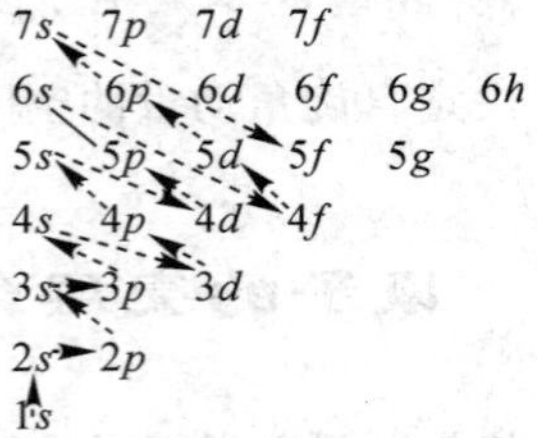

图 9.7.1　原子壳层分布图

习　题　9

9.1　已知金属铝的逸出功为 4.2 eV，那么铝对应的红限频率是多少？

9.2　用两种频率分别为 ν_1 和 ν_2 的单色光照射同一种金属，均出现光电效应，已知金属的红限为 ν_0，两次照射对应的遏止电压 $U_{a1}=3U_{a2}$，试写出 ν_1 和 ν_2 的关系。

9.3　用波长为 $\lambda=0.0708$ nm 的 X 光照射石蜡，计算散射角为 $\frac{\pi}{2}$ 方向的 X 射线波长。

9.4　波长为 300 nm 的光沿着 X 轴传播，已知其波长的不确定度 $\Delta\lambda=1$ nm，它的位置不确定度是多少？

9.5　在氢原子光谱的巴耳末系中，波长最大的谱线和最短的谱线频率之比是多少？

9.6　在磁感应强度为 $\boldsymbol{B}$ 的匀强磁场中，一个质量为 m、带电量为 q 的粒子作半径为 R 的圆周运动，其德布罗意波长为多少？

9.7　已知金属汞的红限为 $\nu_0=1.09\times10^{15}$ Hz，其逸出功的大小是多少？

9.8　主量子数 $n=2$ 的壳层，最多可以容纳多少个电子？

9.9　已知光子的波长为 0.1 nm，其动量和能量分别是多少？

9.10　假设电子的静止质量为 m_0，其与能量为 E 的光子发生碰撞，能够获得的最大动能是多少？

9.11　在第五代通信技术(5G)中，使用的高频频段的电磁波频率超过 20 GHz，试计算 28 GHz 的电磁波对应的波长和能量。

9.12　已知金属铯的逸出功为 1.9 eV，普通激光笔的激光波长为 635 nm，问用激光笔照射到金属铯上，是否可以发生光电效应？

9.13　在巴耳末系中，波长为 486.1 nm 的可见光是电子从哪个能级跃迁产生的？

9.14　从氦(He)原子中拿去一个电子变成 He^+ 离子，它是一种类氢离子，试计算 He^+ 中电子的基态能量和第一激发态能量。